国家示范性高等职业院校建设规划教材
建筑工程技术专业理实一体化特色教材

房屋建筑与装饰工程计量与计价

主　编　何　芳
副主编　谢　颖　刘　雯
主　审　满广生

黄河水利出版社
·郑州·

内容提要

本书是国家示范性高等职业院校建设规划教材、建筑工程技术专业理实一体化特色教材，是安徽省地方高水平大学理实一体化项目建设系列教材之一，根据高职高专教育房屋建筑与装饰工程计量与计价课程标准及理实一体化教学要求编写完成。本书主要内容包括：建筑工程计量与计价基础认知、房屋建筑与装饰工程工程量清单编制、工程量清单计价等。

本书可供高职高专院校建筑类专业教学使用，也可供土建类相关专业及从事建筑工程专业的技术人员学习参考。

图书在版编目(CIP)数据

房屋建筑与装饰工程计量与计价/何芳主编.—郑州：黄河水利出版社，2017.8

国家示范性高等职业院校建设规划教材

ISBN 978-7-5509-1829-0

Ⅰ.①房… Ⅱ.①何… Ⅲ.①建筑工程-工程造价-高等职业教育-教材②建筑装饰-工程造价-高等职业教育-教材 Ⅳ.①TU723.32

中国版本图书馆 CIP 数据核字(2017)第 214249 号

组稿编辑：王路平　电话：0371-66022212　E-mail：hhslwlp@163.com

出 版 社：黄河水利出版社　　网址：www.yrcp.com

地址：河南省郑州市顺河路黄委会综合楼 14 层　　邮政编码：450003

发行单位：黄河水利出版社

发行部电话：0371-66026940、66020550、66028024、66022620(传真)

E-mail：hhslcbs@126.com

承印单位：河南承创印务有限公司

开本：787 mm×1 092 mm　1/16

印张：16.5

字数：380 千字　　印数：1—2 100

版次：2017 年 8 月第 1 版　　印次：2017 年 8 月第 1 次印刷

定价：40.00 元

前　言

本书是根据高职高专教育建筑工程技术专业人才培养方案和课程建设目标并结合安徽省地方高水平大学立项建设项目的建设要求进行编写的。

本套教材在编写过程中，充分汲取了高等职业教育探索培养技术应用型专门人才方面取得的成功经验和研究成果，使教材编写更符合高职学生培养的特点；教材内容体系上坚持“以够用为度，以实用为主，注重实践，强化训练，利于发展”的理念，淡化理论，突出技能培养这一主线；教材内容组织上兼顾“理实一体化”教学的要求，将理论教学和实践教学进行有机结合，便于教学组织实施；注重课程内容与现行规范和职业标准的对接，及时引入行业新技术、新材料、新设备、新工艺，注重教材内容设置的新颖性、实用性、可操作性。

本书依据国家现行《建设工程工程量清单计价规范》（GB 50500—2013）、《房屋建筑与装饰工程工程量计算规范》（GB 50854—2013，简称《计算规范》）、《关于印发〈建筑安装工程费用项目组成〉的通知》（建标〔2013〕44 号）、《建筑工程建筑面积计算规范》（GB/T 50353—2013）、《财政部 国家税务总局关于全面推开营业税改增值税试点的通知》（财税〔2016〕36 号）等规范、标准，结合房屋建筑工程实际案例，坚持课程内容的理论知识与实务训练有机结合。本书采用“任务引领”模式编写，通过“知识 + 实例 + 实践”方式呈现，打破传统的单一的知识传授教学模式。在能力本位的课程体系构架下，课程教学方法由传统的归纳、分析、综合等方法向项目教学法、案例教学法、现场教学法等模式转换，实现“教、学、做”合一。

本书由安徽水利水电职业技术学院承担编写工作，编写人员及编写分工如下：何芳编写项目 1、项目 3，谢颖编写项目 2 任务 2.1 ~ 任务 2.7，刘雯编写项目 2 任务 2.8 ~ 任务 2.11。本书由何芳担任主编并负责全书统稿；由谢颖、刘雯担任副主编；由满广生担任主审。

本书的编写出版，得到了安徽水利水电职业技术学院各级领导、建筑工程系领导及专业老师，以及黄河水利出版社的大力支持，在此一并表示衷心的感谢！

由于编者水平有限，书中难免存在错漏和不足之处，恳请广大师生及专家、读者批评指正。

编　者

2017 年 6 月

目 录

项目1 建筑工程计量与计价基础认知

任务1.1 基本建设与建设项目的划分

【任务介绍】 多层框架结构办公楼项目划分。

本部分的学习任务是阅读图纸及说明,依据建设项目划分理论对该项目进行项目划分。完成关于投标报价编制工作必须具备的基础知识。在投标报价编制之前,必须熟悉建设项目划分的规定。

【知识目标】

1. 了解基本建设的概念和程序;
2. 掌握建设项目及其划分层次;
3. 明确建设项目、单项工程、单位工程、分部分项工程的概念。

【能力目标】

1. 阅读图纸及说明;
2. 理解建设项目划分的四个层次,会划分建设项目。

【相关知识】

1.1.1 基本建设

1.1.1.1 基本建设的概念

基本建设是国民经济各个部门为了扩大再生产而进行的增加固定资产的建设工作,也就是指建造、购置和安装固定资产的活动以及与此有关的其他工作。

基本建设是形成固定资产的生产活动。固定资产是指在其有效使用期内重复使用而不改变其实物形态的主要劳动资料,它是人们生产和活动的必要物质条件。基本建设是一个物质资料生产的动态过程,这个过程概括起来,就是将一定的物资、材料、机器设备通过购置、建造和安装等活动将其转化为固定资产,形成新的生产能力或使用效益的建设工作。

1.1.1.2 基本建设的内容

基本建设的内容很广,主要包括以下几点。

1. 建筑工程

建筑工程是指通过对各类房屋建筑及其附属设施的建造和其配套的线路、管道、设备的安装活动所形成的工程实体。主要包括以下几类:

(1)永久性和临时性的各种建筑物及构筑物,如住宅、办公楼、厂房、医院、学校、矿井、水塔、栈桥等新建、扩建、改建或复建工程。

(2)各种民用管道和线路的敷设工程,如与房屋建筑及其附属设施相配套的电气、给排水、暖通、通信、智能化、电梯等线路、管道、设备的安装活动。

(3)设备基础。

(4)炉窑砌筑。

(5)金属结构工程。

(6)农田水利工程等。

2. 设备及工器具购置

设备及工器具购置是指按设计文件规定,对用于生产或服务于生产的达到固定资产标准的设备、工器具的加工、订购和采购。

3. 设备安装工程

设备安装工程是指永久性和临时性生产、动力、起重、运输、传动等设备的装备、安装工程,以及附属于被安装设备的管线敷设、绝缘、保温、刷油等工程。

4. 工程建设其他工作

工程建设其他工作是指除上述三项工作外与建设项目有关的各项工作。其内容因建设项目性质的不同而有所差异。如新建工程项目要包括征地、拆迁安置、七通一平、勘察、设计、设计招标、施工招标、竣工验收和试车等。

1.1.2　建设项目

1.1.2.1　建设项目的概念

建设项目又称基本建设项目,是基本建设活动的最终体现。建设项目是指具有设计任务书,按一个总体设计进行施工,经济上实行独立核算,建设和运营中具有独立法人负责的组织机构,并且是由一个或一个以上的单项工程组成的新增固定资产投资项目的统称,如一座工厂、一个矿山、一条铁路、一所医院、一所学校等。

1.1.2.2　建设项目的分类

由于建设项目种类繁多,为了适应科学管理的需要,正确反映建设项目的性质、内容和规模,可以从不同角度对建设项目进行分类。

1. 按建设项目的建设性质分类

按建设项目的建设性质不同可以将其分为新建、扩建、改建、迁建和恢复等项目。

(1)新建项目。是指根据国民经济和社会发展的近远期规划,按照规定的程序立项,从无到有、“平地起家”建设的工程项目;或对原有项目重新进行总体设计,并使其新增固定资产价值超过原有固定资产价值3倍以上的建设项目。

(2)扩建项目。是指现有企事业单位在原有场地内或其他地点,为扩大产品的生产能力或增加经济效益而增建的生产车间、独立的生产线或分厂的项目;事业和行政单位在原有业务系统的基础上扩充规模而进行的新增固定资产投资项目。

(3)改建工程。是指现有企事业单位对原有厂房、设备、工艺流程等进行技术改造或固定资产更新的项目。包括挖潜、节能、安全、环境保护等工程项目。

(4)迁建项目。是指原有企事业单位根据自身生产经营和事业发展的要求,按照国家调整生产力布局的经济发展战略的需要或出于环境保护等其他特殊要求,搬迁到异地而建设的项目。不论规模是维持原状还是扩大建设，均称作迁建项目。

(5)恢复项目：是指原有企事业单位和行政单位，因在自然灾害或战争中使原有固定资产遭受全部或部分报废，需要进行投资重建来恢复生产能力和作业条件、生活福利设施等工程项目。这类项目，不论是按原有规模恢复建设，还是在恢复过程中同时进行扩建，都属于恢复项目。但对尚未建设投产或交付使用的项目，受到破坏后，若仍按原设计重建的，原建设性质不变；如果按新设计重建，则根据新设计内容来确定其性质。

工程项目按其性质分为上述五类，一个工程项目只能有一种性质，在项目按总体设计全部建成以前，其建设性质是始终不变的。

2. 按投资作用划分

按投资作用划分，工程项目可分为生产性建设项目和非生产性建设项目。

(1)生产性建设项目，是指直接用于物质生产或直接为物质资料生产服务的工程项目。主要包括：

①工业建设项目。包括工业、国防和能源建设项目。

②农业建设项目。包括农、林、牧、渔、水利建设项目。

③基础设施建设项目。包括交通、邮电、通信建设项目，地质普查、勘探建设项目等。

④商业建设项目。包括商业、饮食、仓储、综合技术服务事业的建设项目。

(2)非生产性建设项目，是指用于满足人民物质生活和文化、福利需要的建设和非物质资料生产部门的建设项目。主要包括：

①办公用房。包括国家各级党政机关、社会团体、企业管理机关的办公用房。

②居住建筑。包括住宅、公寓、别墅等。

③公共建筑。包括科学、教育、文化艺术、广播电视、卫生、博览、体育、社会福利事业、公共事业、咨询服务、宗教、金融和保险业等建设项目。

④其他工程项目。不属于上述各类的其他非生产性建设项目。

3. 按项目规模划分

为适应对工程项目分级管理的需要，国家规定基本建设项目分为大型、中型、小型三类；更新改造项目分为限额以上和限额以下两类。不同等级标准的工程项目，国家规定的审批机关和报建程序也不尽相同。

4. 按项目的效益和市场需求划分

按项目的效益和市场需求不同可以将建设项目划分为竞争性项目、基础性项目和公益性项目。

(1)竞争性项目。主要指投资效益比较高、竞争性比较强的一般性建设项目。其投资主体一般为企业，由企业自主决策、自担投资风险。

(2)基础性项目。主要指具有自然垄断性、建设周期长、投资风险大而收益低的基础设施和需要政府重点扶持的一部分基础工业项目，以及直接增强国力的符合经济规模的支柱产业项目。政府应集中必要的财力、物力通过经济实体进行投资，同时，应广泛吸收企业参与投资，有时还可吸收外商直接投资。

(3)公益性项目。主要包括科技、文教、卫生、体育和环保等设施，公检法等政权机关以及政府机关、社会团体办公设施、国防建设等。公益性项目的投资主要由政府用财政资

金来安排。

5. 按项目的投资来源划分

按项目的投资来源不同可以将建设项目划分为政府投资项目和非政府投资项目。

(1)政府投资项目。是指为了适应和推动国民经济或区域经济的发展,满足社会的文化、生活需要,以及出于政治、国防等因素的考虑,由政府通过财政投资、发行国债或地方财政债券、利用外国政府捐赠款以及国家财政担保的国内外金融组织的贷款等方式独资或合资兴建的工程项目。在国外也称为公共工程。

按照其盈利性不同,政府投资项目又可分为经营性政府投资项目和非经营性政府投资项目。经营性政府投资项目应实行项目法人责任制,由项目法人对项目的策划、资金筹措、建设实施、生产经营、债务偿还和资产的保值增值,实行全过程负责,使项目的建设与建成后的运营实现一条龙管理。非经营性政府投资项目应推行"代建制",即通过招标等方式,选择专业化的项目管理单位负责建设实施,严格控制项目投资、质量和工期,待工程竣工验收后再移交给使用单位,从而使项目的"投资、建设、监管、使用"实现四分离。

(2)非政府投资项目。是指企业、集体单位、外商和私人投资兴建的工程项目。这类项目一般均实行项目法人责任制,使项目的建设与建成后的运营实现一条龙管理。

1.1.2.3　建设项目的划分

我国每年都要进行大量的工程建设,为了准确地确定每一个建设项目的全部建设费用,必须对整个基本建设工程进行科学的分析、研究,进行合理划分,以便计算出工程建设费用。为此,我们必须根据由大到小、从整体到局部的原则对工程建设项目进行多层次的分解和细化。计算工程造价时则是按照由小到大、从局部到整体的顺序先求出每一个基本构成要素的费用,然后逐层汇总计算出整个建设项目的工程造价。所以,基本建设项目按照基本建设管理和合理确定工程造价的需要,划分为建设项目、单项工程、单位工程、分部工程、分项工程5个项目层次。

1. 建设项目

建设项目一般是指具有设计任务书和总体规划、经济上实行独立核算、管理上具有独立组织形式的基本建设单位。如一座工厂、一所学校、一所医院等均为一个建设项目。

2. 单项工程

单项工程是指在一个工程项目中,具有独立的设计文件,竣工后能独立发挥生产能力或效益的一组配套齐全的工程项目。单项工程是工程项目的组成部分,一个工程项目可能就是一个单项工程,也可能包括若干个单项工程。生产性工程项目的单项工程,一般是指独立生产的车间,它包括厂房建筑、设备的安装及设备、工具、器具、仪器的购置等。非生产性工程项目的单项工程,如一所学校的教学楼、办公楼、图书馆等。

3. 单位工程

单位工程是单项工程的组成部分。单位工程是指具有独立设计文件,可以独立组织施工,但建成后一般不能独立发挥生产能力或使用效益的工程。如办公楼是一个单项工程,该办公楼的土建工程、室内给水排水工程、室内电气照明工程等,均属于单位工程。

4. 分部工程

分部工程是单位工程的组成部分。分部工程是指在一个单位工程中,按工程部位及使用的材料和工种进一步划分的工程。如一般土建单位工程的土石方工程、桩基础工程、砌筑工程、脚手架工程、混凝土和钢筋混凝土工程、金属结构工程、构建运输及安装工程、楼地面工程、屋面工程、装饰工程等,均属于分部工程。

5. 分项工程

分项工程是分部工程的组成部分。分项工程是指在一个分部工程中,按不同的施工方法、不同的材料和规格,对分部工程进一步划分的用较为简单的施工过程就能完成,以适当的计量单位就可以计算其工程量的基本单元。如砌筑工程可划分为砖基础、内墙、外墙、空斗砖墙、砖柱等分项工程。

划分建设项目一般是分析它包含几个单项工程,然后按单项工程、单位工程、分部工程、分项工程的顺序逐步细分。一个工程建设项目费用的形成过程,是在确定项目划分的基础上进行的。具体计算工作由分项工程量的计算开始,并以其相应分项工程计价为依据。从分项工程开始,按分项工程、分部工程、单位工程、单项工程、建设项目的顺序计算,最后汇总形成整个建设项目的造价(见图1-1),这就是确定建设项目和建筑产品价格的基本原理。

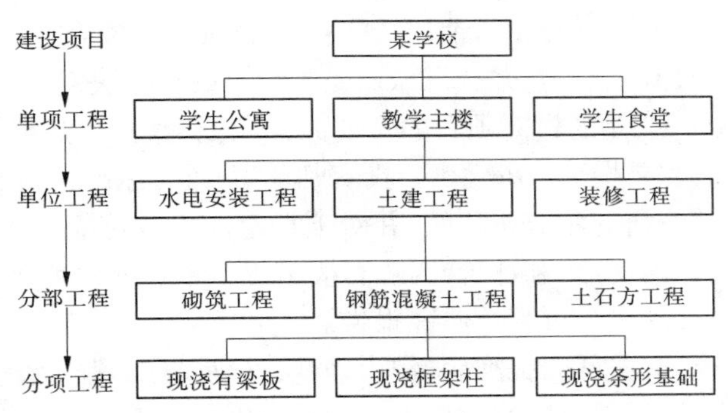

图1-1　建设项目划分示意图

1.1.3　基本建设程序

基本建设程序是指建设项目从设想、选择、评估、决策、设计、施工到竣工验收、投产生产等整个建设过程中,各项工作必须遵循的先后次序法则。

按照建设项目发展的内在联系和发展过程,建设程序分为若干阶段,这些发展阶段有严格的先后次序,不能随意颠倒。

目前,我国建设项目现行的基本建设程序划分为七个阶段和若干个建设环节,如图1-2所示。

图1-2　我国工程建设程序

1.1.3.1　前期决策阶段

前期决策阶段的任务主要包括编制项目建议书和可行性研究报告两项内容。

1. 编制项目建议书

项目建议书是根据区域发展和行业发展规划的要求,结合与该项目相关的自然资源、生产力状况和市场预测等信息,经过调查分析,说明拟建项目建设的必要性、条件的可行性、获利的可能性,向国家和省、市、地区主管部门提出的立项建议书。

项目建议书的主要内容有:项目提出的依据和必要性;拟建设规模和建设地点的初步设想;资源情况、建设条件、协作关系、引进技术和设备等方面的初步分析;投资估算和资金筹措的设想;项目的进度安排;经济效果和投资效益的分析与初步估价等。

2. 编制可行性研究报告

有关部门根据国民经济发展规划以及批准的项目建议书,运用多种科学研究方法(政治上、经济上、技术上等),对建设项目投资决策前进行的技术经济论证,并得出可行与否的结论,即可行性研究报告。其主要任务是研究基本建设项目的必要性、可行性和合理性。可行性研究又可以分为两个阶段:初步可行性研究和详细可行性研究。

(1)初步可行性研究(筛选方案),也称预可行性研究,是在机会研究的基础上,对项目方案进行的进一步技术经济论证,为项目是否可行进行初步判断。

研究的主要目的是判断项目是否值得投入更多的人力和资金进行进一步深入研究,判断项目的设想是否具有生命力,并据以做出是否投资的初步决定。

(2)详细可行性研究,是通过对项目的主要内容和配套条件,如市场需求、资源供应、建设规模、工艺线路、设备选型、环境影响、投资估算、资金筹措、盈利能力等,从技术、经济、工程等方面进行调查研究和分析比较,并对项目建成以后可能取得的财务、经济效益及社会环境影响进行预测、分析和评价,为项目决策提供依据的一种综合性的系统分析方法。可行性研究的最后结果是可行性研究报告。

可行性研究报告经有关部门批准后,作为确定建设项目、编制设计文件的依据。经批准的可行性研究报告,不得随意修改和变更。如有变更应经原批准机关同意。

与前期决策阶段相对应的造价是建设项目的投资估算造价。投资估算是指在投资决策阶段,由业主或其委托的具有相应资质的咨询机构,根据投资估算指标、类似工程的造价资料、现行的设备材料价格并结合工程的实际情况,对拟建项目所需投资进行预先测算和确定的过程,内容包括拟建项目从筹建、施工直至竣工投产所需的全部费用。投资估算是判断项目可行性、进行项目决策的主要依据之一,也是项目筹资和控制造价的主要依据。

1.1.3.2　勘察设计阶段

1. 勘察的主要任务

勘察的主要任务是根据建设工程的要求,对建设场地的地形、地质构造等进行实地调查和勘探,查明、分析、评价建设场地的地质、地理环境特征和岩土工程条件,编制建设工程勘察文件,为建设项目的设计提供准确的地质资料。

2. 设计阶段的主要任务

建设项目设计是指根据建设项目的要求,对建设项目所需的技术、经济、资源、环境等条件进行综合分析、论证,编制建设项目设计文件的活动。可行性研究报告和选址报告批准后,建设单位或其主管部门可以委托或通过设计招标投标方式选择设计单位,按可行性研究报告中的有关要求，编制设计文件。

设计文件是安排建设项目和组织工程施工的主要依据。

对于一般的大中型项目，一般采用两阶段设计，即初步设计和施工图设计；对于技术上复杂且缺乏设计经验的项目，应增加技术设计阶段。

1）初步设计

初步设计的目的是确定建设项目在确定地点和规定期限内进行建设的可能性与合理性，从技术上和经济上对建设项目做出全面规划与合理安排，做出基本技术决定和确定总的建设费用，以便取得最好的经济效益。

在初步设计阶段编制的造价是设计概算造价。设计概算是指在初步设计阶段，由设计单位在投资估算的控制下，根据初步设计图纸及说明、概算定额、各项费用定额、设备与材料预算价格等资料，编制和确定的建设项目从筹建到竣工交付使用所需全部费用的文件。设计概算是初步设计文件的重要组成部分，与投资估算相比，准确性有所提高，但应在投资估算造价控制之内，并且是控制拟建项目投资的最高限额。概算造价可分为建设项目概算总造价、单项工程概算综合造价和单位工程概算造价三个层次。当总概算超过可行性研究报告投资估算的10%以上或其他主要指标需要变动时，重新报批。

2）技术设计

为了研究和决定初步设计所采用的工艺过程、建筑与结构形式等方面的主要技术问题，补充完善初步设计。

在技术设计阶段编制的造价是修正概算造价。修正概算造价是指当采用三阶段设计时，在技术设计阶段，随着对初步设计的深化，建设规模、结构性质、设备类型等方面的修改和变动，由设计单位对初步设计概算进行修正和调整。修正概算造价比设计概算准确，但不能超过设计概算。

3）施工图设计

施工图设计是在批准的初步设计基础上制定的，比初步设计具体、准确，是进行建筑安装工程、管道铺设、钢筋混凝土和金属结构、房屋构造等施工所采用的施工图，是现场施工的依据。

在施工图设计阶段编制的造价是施工图预算。施工图预算又称预算造价，是指在施工图设计阶段，由施工单位根据施工图纸以及各种计价依据和有关规定计算的工程预期造价。它比设计概算或修正概算更为详尽和准确，但不能超过设计概算或修正概算，其费用内容为建筑安装工程造价。

1.1.3.3 建设准备阶段

为了保证工程按期开工并顺利进行，在开工建设前必须做好各项准备工作。这一阶段的准备工作主要包括：征地，拆迁，七通一平，招标投标选择施工单位、监理单位、材料和设备供应商，办理施工许可证等。

在建设准备阶段编制的造价主要是招标控制造价和投标报价或合同价。合同价是指在工程招标投标阶段，签订总承包合同、建筑安装工程施工承包合同、设备材料采购合同时，由发包方和承包方共同协商一致作为双方结算基础的工程合同价格。合同价属于市场价格的性质，它是由承发包双方根据市场行情共同议定和认可的成交价格，但它并不等

同于最终决算的实际工程造价,其费用内容与合同标的有关。

1.1.3.4 施工阶段

施工阶段是将设计方案变成工程实体的阶段,建设单位取得施工许可证后方可开工。施工阶段的主要任务是:按照设计施工图进行施工安装,建成工程实体,实现项目质量、进度、投资、安全、环保等目标。

在施工阶段编制的造价主要是工程结算。结算价是指在合同实施阶段,以合同价为基础,同时考虑影响工程造价的设备与材料价差、工程变更等因素,按合同规定的调价范围和调价方法对合同价进行必要的修正与调整后确定的价格。结算价反映的是该承发包工程的实际价格,其结算的费用内容为已完工程的建安造价。

1.1.3.5 项目投产前的准备阶段

在项目竣工投产前,根据项目的实际情况,由建设单位组织专门团队或机构,有计划地做好项目的准备工作:

(1)组建管理机构,制定管理制度和相关规定。

(2)招收并培训生产人员,组织生产人员参加设备的安装、调试和验收。

(3)对原料、材料、协作产品、水、电、燃料等供应及运输协议的签订。

项目投产前的准备工作是由建设阶段转入经营阶段的一个关键环节。

1.1.3.6 竣工验收阶段

当工程项目按设计文件的规定内容和施工图纸的要求全部完成后,由施工单位向建设单位提出竣工验收申请报告,由建设单位组织验收。竣工验收是工程建设过程的最后一环,是全面考核建设成果、检验设计和工程质量的重要步骤,也是项目建设转入生产和使用的标志。其目的为:

(1)检验设计和工程质量,及时发现和解决影响生产的问题,保证项目按设计要求的技术经济指标正常生产。

(2)建设单位对验收合格的项目可以及时移交固定资产,使其由建设系统转入生产或投入使用。凡符合竣工条件而不及时办理竣工验收的,一切费用不准再由投资中支出。

根据有关规定,竣工验收分为初步验收和竣工验收。

验收合格后,施工单位编制竣工结算,建设单位编制竣工决算。竣工决算价是指在整个建设项目或单项工程竣工验收移交后,由业主的财务部门及有关部门以竣工结算等为依据编制的反映建设项目实际造价和投资效果的文件,是竣工验收报告的重要组成部分。其费用内容包括建设项目从筹建、施工直至竣工投产所实际支出的全部费用。

1.1.3.7 项目后评价阶段

项目后评价是在项目竣工投产运营一段时间后,对项目的立项决策、设计施工、竣工投产、生产运营和建设效益等进行系统评价的一种技术活动。项目竣工验收是工程建设完成的标志,但不是工程建设程序的结束。项目是否达到投资决策时所确定的目标,只有经过生产经营或使用后,根据取得的实际效果进行准确判断。只有经过项目后评价,才能反映项目投资建设活动所取得的效益和存在的问题。

项目后评价也是项目建设程序中的一个重要环节。

任务1.2　定额的应用

【任务介绍】 安徽省消耗量定额的使用要求。

通过安徽省消耗量定额的使用要求的学习，明确定额消耗量的组成，掌握定额表中各项内容的含义，能够使用安徽省消耗量定额计算某项目(部分)分部分项工程人工、材料、机械台班的消耗量。

【知识目标】

1. 明确定额消耗量的组成；
2. 掌握定额表中各项内容的含义；
3. 掌握定额的使用要求。

【能力目标】

学会使用定额，能够进行分项工程计量的直接套用或换算套用，完成工料分析。

【相关知识】

1.2.1　工程定额概述

1.2.1.1　工程定额的概念

1. 工程定额

工程定额是指在合理的劳动组织、合理地使用材料及机械的条件下，完成一定计量单位的合格建筑产品所必须消耗资源的数量标准。应从以下几方面理解工程定额：

(1)工程定额是专门为建设生产而制定的一种定额，是生产建设产品消耗资源的限额规定。

(2)工程定额的前提条件是劳动组织合理、材料及机械得到合理的使用。

(3)工程定额是一个综合概念，是各类工程定额的总称。

(4)合格是指建筑产品符合施工验收规范和业主的质量要求。

(5)建筑产品是个笼统概念，是工程定额的标定对象。

(6)消耗的资源包括人工、材料和机械。

2. 工程定额的用途

实行工程建设定额的目的是力求用最少的资源生产出更多合格的建设工程产品，取得更加良好的经济效益。

工程定额是工程造价计价的主要依据。在编制设计概算、施工图预算、竣工决算时，无论是划分工程项目、计算工程量，还是计算人工、材料和施工机械台时费的消耗量，都是以工程定额为标准依据的。

1.2.1.2　工程定额的分类

工程定额是一个综合概念，是各类工程定额的总称。因此，在工程造价的计价中，需要根据不同的情况套用不同的定额。工程定额的种类很多，根据不同的分类标准可以划分为不同的定额，下面重点介绍几种主要的分类方法。

1. 按生产要素分类

按生产要素分,工程定额主要分为劳动定额、材料消耗定额和机械台班使用定额三种,如图 1-3 所示。

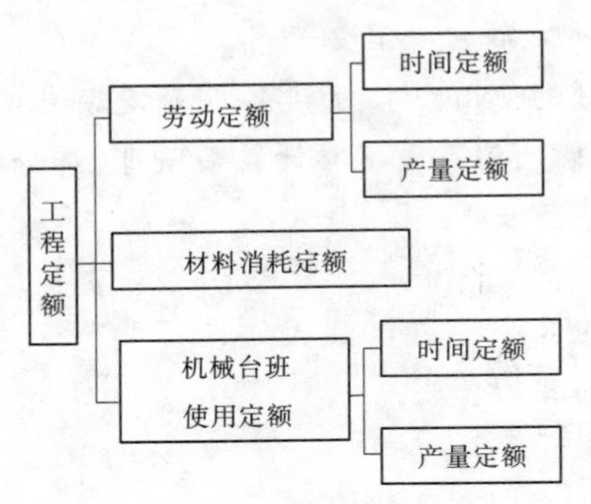

图 1-3　按生产要素分类

1) 劳动定额

劳动定额,又称人工定额,是指在正常生产条件下,完成单位合格产品所需要消耗的劳动力的数量标准。劳动定额反映的是活劳动消耗。按照反映活劳动消耗的方式不同,劳动定额表现为两种形式:时间定额和产量定额,如图 1-3 所示。

(1) 人工时间定额是指在一定的生产技术和生产组织条件下,生产单位合格产品所必须消耗的劳动的时间数量标准,其计量单位为工日。按照我国现行的工作制度,1 工日 =8 工时。

(2) 人工产量定额是指在一定的生产技术和生产组织条件下,生产工人在单位时间内生产合格产品的数量标准。其计量单位没有统一的单位,以产品的计量单位为准。

2) 材料消耗定额

材料消耗定额是指在节约和合理使用材料的条件下,生产单位合格产品需要消耗的一定品种、一定规格的建筑材料的数量标准。包括原材料、成品、半成品、构配件、燃料及水、电等资源。

3) 机械台班使用定额

机械台班使用定额,又称机械使用定额,是指在正常生产条件下,完成单位合格产品需要消耗的机械的数量标准。按照反映机械消耗的方式不同,机械台班使用定额同样表现为两种形式:时间定额和产量定额,如图 1-3 所示。

(1) 机械时间定额。机械时间定额是指在一定的生产技术和生产组织条件下,生产单位合格产品所消耗的机械的时间数量标准。其计量单位为台班。按现行工作制度,1 台班 =1 台机械工作 8 h。

(2) 机械产量定额。机械产量定额是指在一定的生产技术和生产组织条件下,机械在单位时间内生产合格产品的数量标准。其计量单位没有统一的单位,以产品的计量单位为准。

2. 按编制的程序和用途分类

按编制的程序和用途分,工程定额主要分为以下几种定额,如图 1-4 所示。

1)施工定额

施工定额是以同一施工过程为标定对象,确定一定计量单位的某种建筑产品所需要消耗的人工、材料和机械台班使用的数量标准。

施工定额是施工单位内部管理的定额,是生产、作业性质的定额,属于企业定额的性质。其用途有两个:一是用于编制施工预算、施工组织设计、施工作业计划,考核劳动生产率和进行成本核算的依据;二是编制预算定额的基础资料。

施工定额是一种计量性定额,即只有工料机消耗的数量标准。

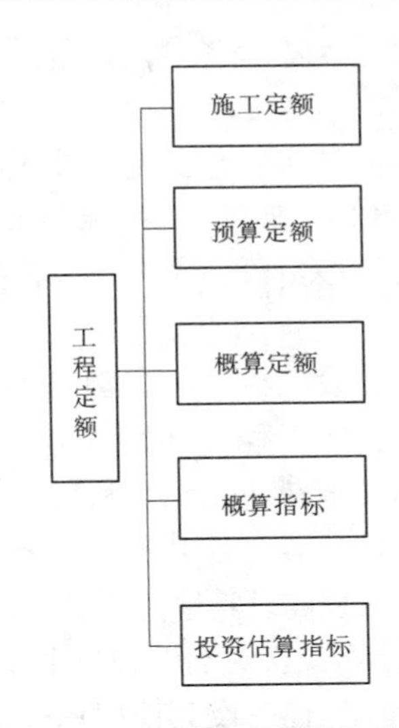

图1-4　按编制的程序和用途分类

2)预算定额

预算定额是以扩大分项工程为标定对象,确定一定计量单位的某种建筑产品所必须消耗的人工、材料和施工机械台班使用的数量及费用标准。

预算定额是以施工定额为基础编制的,它是在施工定额的基础上综合和扩大。其用途有两个:一是用以编制施工图预算,确定建筑安装工程造价,编制施工组织设计和工程竣工决算的依据;二是编制概算定额和概算指标的基础。

3)概算定额

概算定额是以扩大分项工程为标定对象,确定一定计量单位的某种建筑产品所必须消耗的人工、材料和施工机械台班使用的数量及费用标准。

概算定额是预算定额的扩大与合并,包括的工程内容很综合,非常概略。其用途是方案设计阶段编制设计概算的依据。

4)概算指标

概算指标是以整个建筑物为标定对象,确定每100 m^2 建筑面积所必须消耗的人工、材料和施工机械台班使用的数量及费用标准。

概算指标比概算定额更加综合和扩大,概算指标中各消耗量的确定,主要来自于各种工程的概预算和决算的统计资料。其用途是编制设计概算的依据。

5)投资估算指标

投资估算指标是以独立的单项工程或完整的建设项目为对象,确定的人工、材料和施工机械台班使用的数量及费用标准。

投资估算指标是决策阶段编制投资估算的依据,是进行技术经济分析、方案比较的依据,对于项目前期的方案选定和投资计划编制有着重要的作用。

预算定额、概算定额、概算指标和投资估算指标都是一种计价性定额。

3. 按投资的费用性质分类

按投资的费用性质分,工程定额主要分为以下几种定额,如图1-5所示。

1)建筑工程定额

建筑工程定额是建筑工程的施工定额、预算定额、概算定额、概算指标的统称。它是

计算建筑工程各阶段造价的主要参考依据。

2)安装工程定额

安装工程定额是安装工程的施工定额、预算定额、概算定额、概算指标的统称。它是计算安装工程各阶段造价的主要参考依据。

3)建设工程费用定额

建设工程费用定额是关于建筑安装工程造价中除直接工程费外的其他费用的取费标准。它是计算措施费、间接费、利润和税金的主要参考依据。

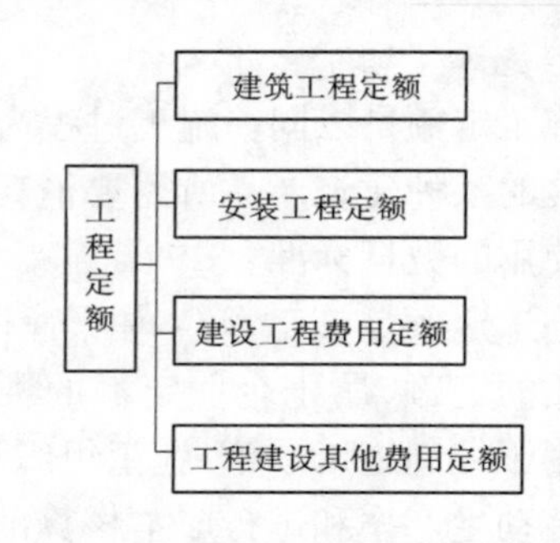

图 1-5 按投资的费用性质分类

4)工程建设其他费用定额

工程建设其他费用定额是独立于建筑安装工程、设备和工器具购置之外的其他费用开支的标准,它的发生和整个项目的建设密切相关,其他费用定额按各项费用分别制定。它是计算工程建设其他费用的主要参考依据。

4. 按专业性质分类

按专业性质分,工程定额可以分为以下几类,如图 1-6 所示。

1)建筑工程消耗量定额

建筑工程是指房屋建筑的土建工程。

建筑工程消耗量定额,是指各地区(或企业)编制确定的完成每一建筑分项工程(每一土建分项工程)所需人工、材料和机械台班消耗量标准的定额。它是业主或建筑施工企业(承包商)计算建筑工程造价的主要参考依据。

2)装饰工程消耗量定额

装饰工程是指房屋建筑室内外的装饰装修工程。

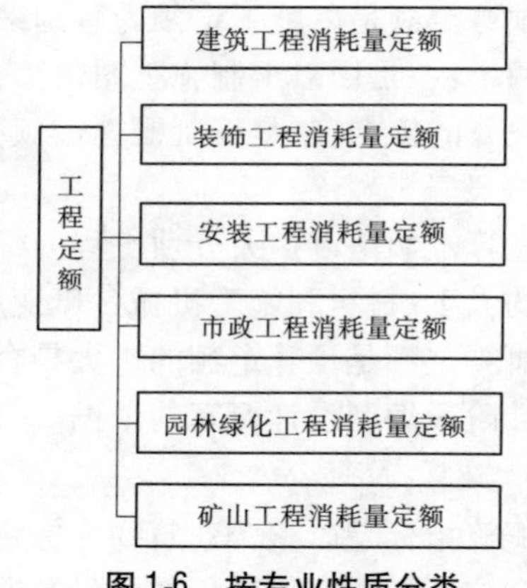

图 1-6 按专业性质分类

装饰工程消耗量定额,是指各地区(或企业)编制确定的完成每一装饰分项工程所需人工、材料和机械台班消耗量标准的定额。它是业主或装饰施工企业(承包商)计算装饰工程造价的主要参考依据。

3)安装工程消耗量定额

安装工程是指房屋建筑室内外各种管线、设备的安装工程。

安装工程消耗量定额,是指各地区(或企业)编制确定的完成每一安装分项工程所需人工、材料和机械台班消耗量标准的定额。它是业主或安装施工企业(承包商)计算安装工程造价的主要参考依据。

4)市政工程消耗量定额

市政工程是指城市道路、桥梁等公用公共设施的建设工程。

市政工程消耗量定额,是指各地区(或企业)编制确定的完成每一市政分项工程所需人工、材料和机械台班消耗量标准的定额。它是业主或市政施工企业(承包商)计算市政工程造价的主要参考依据。

5）园林绿化工程消耗量定额

园林绿化工程是指城市园林、房屋环境等的绿化统称。

园林绿化工程消耗量定额，是指各地区（或企业）编制确定的完成每一园林绿化分项工程所需人工、材料和机械台班消耗量标准的定额。它是业主或园林绿化施工企业（承包商）计算市政工程造价的主要参考依据。

6）矿山工程消耗量定额

矿山工程是指自然矿产资源的开采、矿物分选、加工的建设工程。

矿山工程消耗量定额，是指各地区（或企业）编制确定的完成每一矿山分项工程所需人工、材料和机械台班消耗量标准的定额。它是业主或矿山施工企业（承包商）计算矿山工程造价的主要参考依据。

5. 按编制单位和执行范围分类

按编制单位和执行范围分，工程定额主要分为以下几类，如图1-7所示。

1）全国统一定额

全国统一定额是由国家建设行政主管部门制定发布，在全国范围内执行的定额。如全国统一建筑工程基础定额、全国统一安装工程预算定额。

2）行业统一定额

行业统一定额是由国务院行业行政主管部门制定发布，一般只在本行业和相同专业性质的范围内使用的定额。如冶金工程定额、水利工程定额、铁路或公路工程定额。

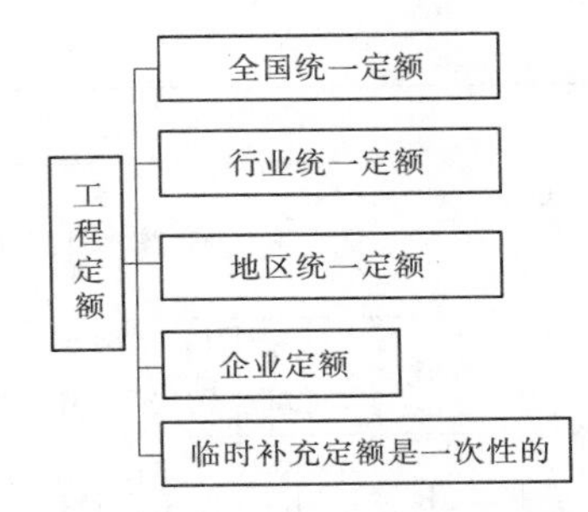

图1-7　按编制单位和执行范围分类

3）地区统一定额

地区统一定额是由省、自治区、直辖市建设行政主管部门制定颁布，一般只在规定的地区范围内使用的定额。如××省建筑工程预算定额、××省装饰工程预算定额、××省安装工程预算定额等。

4）企业定额

企业定额是由建筑施工企业考虑本企业生产技术和组织管理等具体情况，参照统一部门或地方定额的水平制定的，只在本企业内部使用的定额。

5）临时补充定额

临时补充定额是指某工程有统一定额和企业定额中未列入的项目，或在特殊施工条件下无法执行统一的定额。由注册造价师和有经验的工作人员根据本工程的施工特点、工艺要求等直接估算的定额。临时补充定额制定后必须报上级主管部门批准。临时补充定额是一次性的，只适合本工程项目。

1.2.2　施工定额工料机消耗量的编制

施工定额是按编制程序和用途分类的一种最基础的定额。由劳动定额、材料消耗定额、机械台班使用定额组成，是一种计量性定额。施工定额是按照社会平均先进生产力水

平编制的,反映企业的施工水平、装备水平和管理水平,是考核施工企业劳动生产力水平、管理水平的标尺,是施工企业确定工程成本和投标报价的依据。

1.2.2.1　劳动消耗定额的确定

1. 劳动消耗定额的概念

劳动消耗定额又称人工消耗定额,简称劳动定额或人工定额,是指在正常施工技术组织条件下,完成单位合格产品所必需的劳动消耗量的标准。劳动定额应反映生产工人劳动生产力的平均水平。

2. 劳动消耗定额的表现形式

劳动定额有两种基本的表现形式,即时间定额和产量定额。定额表中有单式、复式两种表示方法,复式表示方法见表1-1。

表1-1　砖墙

工作内容:包括砌墙面艺术形式、墙垛、平磁及安装平磁模板,梁板头砌砖,梁板下塞砖,楼梯间砌砖,留楼梯踏步斜槽,留孔洞,砌各种凹进处,山墙泛水槽,安放木砖、铁件,安放60 kg以内的预制混凝土门窗过梁、隔板、垫块以及调整立好后的门窗框等。

每1 m^3 砌体的劳动定额

项目		双面清水				单面清水					序号
		0.5砖	1砖	1.5砖	2砖及2砖以外	0.5砖	0.75砖	1砖	1.5砖	2砖及2砖以外	
综合	塔吊	$\frac{1.49}{0.671}$	$\frac{1.2}{0.833}$	$\frac{1.14}{0.877}$	$\frac{1.06}{0.943}$	$\frac{1.45}{0.69}$	$\frac{1.41}{0.709}$	$\frac{1.16}{0.862}$	$\frac{1.08}{0.926}$	$\frac{1.01}{0.99}$	一
	机吊	$\frac{1.69}{0.592}$	$\frac{1.41}{0.709}$	$\frac{1.34}{0.746}$	$\frac{1.26}{0.794}$	$\frac{1.64}{0.61}$	$\frac{1.61}{0.621}$	$\frac{1.37}{0.73}$	$\frac{1.28}{0.781}$	$\frac{1.22}{0.82}$	二
砌砖		$\frac{0.996}{1}$	$\frac{0.69}{1.45}$	$\frac{0.62}{1.62}$	$\frac{0.54}{1.85}$	$\frac{0.952}{1.05}$	$\frac{0.908}{1.1}$	$\frac{0.65}{1.54}$	$\frac{0.563}{1.78}$	$\frac{0.494}{2.02}$	三
运输	塔吊	$\frac{0.412}{2.43}$	$\frac{0.418}{2.39}$	$\frac{0.418}{2.39}$	$\frac{0.418}{2.39}$	$\frac{0.412}{2.43}$	$\frac{0.415}{2.41}$	$\frac{0.418}{2.39}$	$\frac{0.418}{2.39}$	$\frac{0.418}{2.39}$	四
	机吊	$\frac{0.61}{1.64}$	$\frac{0.619}{1.62}$	$\frac{0.619}{1.62}$	$\frac{0.169}{1.62}$	$\frac{0.61}{1.64}$	$\frac{0.613}{1.63}$	$\frac{0.619}{1.62}$	$\frac{0.619}{1.62}$	$\frac{0.169}{1.62}$	五
调制砂浆		$\frac{0.081}{12.3}$	$\frac{0.096}{10.4}$	$\frac{0.101}{9.9}$	$\frac{0.102}{9.8}$	$\frac{0.081}{12.3}$	$\frac{0.085}{11.8}$	$\frac{0.096}{10.4}$	$\frac{0.101}{9.9}$	$\frac{0.102}{9.8}$	六
编号		4	5	6	7	8	9	10	11	12	

1)时间定额

时间定额又称工时定额,是指某种专业的工人班组或个人,在合理的劳动组织与合理使用材料的条件下,完成质量合格的单位产品所必需的工作时间。

时间定额一般采用工日为计量单位,即:工日/ m^3 、工日/ m^2 、工日/ m……。

每个工日工作时间,按现行制度规定为8 h。

时间定额的计算公式为:

$$时间定额 = \frac{工人工作时间}{完成产品数量} \tag{1-1}$$

2）产量定额

产量定额又称每工产量，是指某种专业的工人班组或个人，在合理的劳动组织与合理使用材料的条件下，单位工日应完成符合质量要求的产品数量。

产量定额的计量单位，通常是以一个工日完成合格产品的数量表示，即：m^3/工日、m^2/工日、m/工日……。

产量定额的计算公式为：

$$产量定额 = \frac{完成产品数量}{工人工作时间} \tag{1-2}$$

3）时间定额与产量定额的关系

时间定额与产量定额是互为倒数关系。即

$$时间定额 \times 产量定额 = 1 \tag{1-3}$$

或

$$时间定额 = \frac{1}{产量定额} \tag{1-4}$$

3. 劳动消耗定额的编制方法

由上述可知，劳动消耗定额根据其表现形式的不同，分为时间定额和产量定额，而且劳动定额一般采用时间定额形式。因此，确定劳动定额时首先根据工人工作时间的划分确定其时间定额，然后倒数求其产量定额。

1）工人工作时间及其分类

工人工作时间是指工人在工作班内消耗的工作时间。按照我国现行的工作制度，工人在一个工作班内消耗的工作时间是 8 h。按其消耗的性质，基本可以分为两大类：定额时间和非定额时间，如图 1-8 所示。

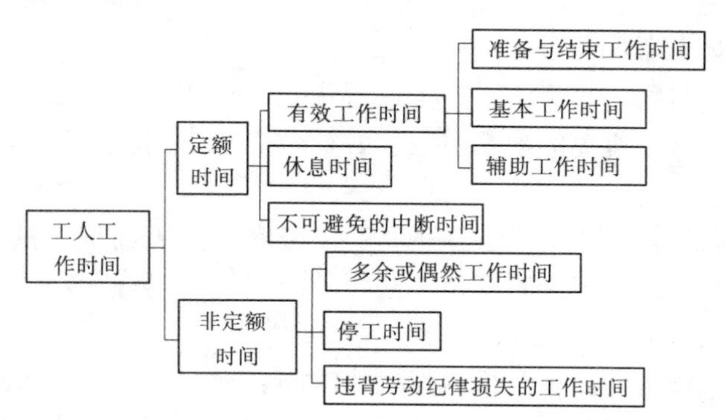

图 1-8　工人工作时间的分类

（1）定额时间。定额时间是指在正常施工条件下，工人为完成一定产品所必须消耗的工作时间。包括有效工作时间、休息时间和不可避免的中断时间，如图 1-8 所示。

①有效工作时间是从生产效果来看与产品生产直接有关的时间消耗，它又可分为基本工作时间、辅助工作时间、准备与结束工作时间，如图 1-8 所示。

a. 基本工作时间。

基本工作时间是指直接与施工过程的技术作业发生关系的时间消耗，其时间消耗的多少与任务量的大小成正比。如在砌砖工作中，从选砖开始到将砖铺放到砌体上的全部

时间消耗即属于基本工作时间。基本工作时间工作的最大的特点是通过基本工作,使劳动对象直接发生变化。具体表现如下:

(a)改变材料的外形,如钢管煨弯;

(b)改变材料的结构和性质,如混凝土制品的生产;

(c)改变材料的位置,如构件的安装;

(d)改变材料的外部及表面性质,如油漆、粉刷等。

b. 辅助工作时间。

辅助工作时间是指与施工过程的技术作业没有直接关系的工序,为保证基本工作能顺利完成而做的辅助工作消耗的时间。辅助工作时间工作的特点是不直接导致产品的形态、性质、结构位置发生变化,其时间消耗的多少与任务量的大小成正比。如工具磨快、移动人字梯等。

c. 准备与结束工作时间。

准备与结束工作时间是指在正式工作开始前或结束后准备工作和收拾整理工作所需要花费的时间。一般分为班内的准备与结束工作时间和任务内的准备与结束工作时间两种。班内的准备与结束工作具有经常性的每天的工作时间消耗特性,如每天上班领取料具、交接班等。任务内的准备与结束工作,由工人接受任务的内容决定,如接受任务书、技术交底等。其时间消耗的多少与任务的复杂程度有关,而与工人接受任务的数量大小无直接关系。

②休息时间。是指工人在施工过程中为恢复体力所必需的短暂的间歇及因个人需要而消耗的时间(如喝水、上厕所等)。其目的是保证工人精力充沛地工作,但午休时间不包括在休息时间之中。休息时间的长短和劳动条件有关,劳动繁重紧张、劳动条件差(如高温天气),则工作休息时间长。

③不可避免中断时间。是指由于施工过程中技术或组织的原因,以及独有的特性而引起的不可避免的或难以避免的中断时间,如汽车司机在等待装卸货物和交通信号时所消耗的时间。

(2)非定额时间。非定额时间是指一个工作班内因停工而损失的时间,或执行非生产性工作所消耗的时间。非定额时间是不必要的时间消耗,包括多余或偶然工作时间、停工时间和违背劳动纪律损失的工作时间。如图1-8所示。

①多余或偶然工作时间。多余或偶然工作时间是指在正常施工条件下不应发生的时间消耗或由于意外情况而引起的工作所消耗的时间,如质量不符合要求,返工造成的多余的时间消耗。多余工作的工时损失,一般都是由工程技术人员和工人的差错而引起的,不应计入定额时间中。

偶然工作也是工人在任务外进行的工作,但能够获得一定产品。如抹灰工不得不补上偶然遗漏的墙洞等。从偶然工作的性质看,在定额中不应考虑它所占用的时间,但是由于偶然工作能够获得一定产品,拟定定额时要适当考虑它的影响。

②停工时间。是指工人在工作中因某种原因未能从事生产活动损失的时间。包括施工本身造成的停工时间和非施工本身造成的停工时间两种。

施工本身造成的停工时间,是由于施工组织和劳动组织不善、材料供应不及时、工作

面准备工作做得不好、工作地点组织不良等情况引起的停工时间。

非施工本身引起的停工时间,如设计图纸不能及时到达,水源、电源临时中断,以及由于气象条件(如大风、风暴、严寒、酷暑等)所引起的停工时间,这是由于外部原因的影响,非施工单位的责任而引起的停工。

③违背劳动纪律损失的工作时间。违背劳动纪律损失的工作时间,是指工人不遵守劳动纪律而造成的时间损失,如上班迟到、早退、擅自离开工作岗位、工作时间内聊天,以及个别人违反劳动纪律而使别的工人无法工作的时间损失。

2)劳动定额消耗量的确定

基本工作时间是时间定额中的主要时间,通常根据计时观察法的资料确定。其他几项时间可按计时观察法的资料确定,也可按工时规范中规定的占工作日或基本工作时间的百分比计算。利用工时规范计算时间定额的公式如下:

$$\text{工序作业时间} = \frac{\text{基本工作时间}}{1-\text{辅助工作时间}(\%)} \tag{1-5}$$

$$\text{定额时间} = \frac{\text{工序作业时间}}{1-\text{规范时间}(\%)} \tag{1-6}$$

或

$$\text{定额时间} = \frac{\text{基本工作时间}}{1-\text{规范时间}(\%)} \tag{1-7}$$

把定额时间换算为以工日为单位,即为劳动定额的时间定额,再根据时间定额算出其产量定额。

1.2.2.2 材料消耗定额的确定

1. 材料消耗定额的概念

材料消耗定额,简称材料定额,是指在正常施工和合理使用材料的条件下,生产合格的单位产品所必需消耗的原材料、成品、半成品等材料的数量标准。

材料消耗定额由两部分组成(见图1-9):一部分是直接构成工程实体的材料用量,称为材料净用量;另一部分是生产操作过程中损耗的材料量,称为材料损耗量。

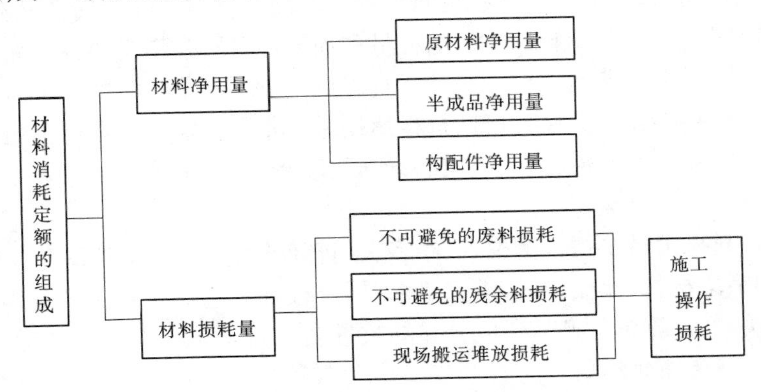

图1-9 材料消耗定额组成

材料损耗量通常采用材料损耗率,即材料的损耗量与材料总消耗量的百分比率表示。其计算公式为:

$$材料损耗率 = \frac{材料损耗量}{材料总消耗量} \times 100\% \tag{1-8}$$

$$材料总消耗量 = 材料净用量 + 材料损耗量 = 材料净用量 \times (1 + 损耗率) \tag{1-9}$$

一般材料损耗率见表1-2。

表1-2　工程材料、成品、半成品损耗率参考表

材料名称	工程项目	损耗率(%)	材料名称	工程项目	损耗率(%)
标准砖	基础	0.4	陶瓷锦砖		1
标准砖	实砖墙	1	铺地砖	(缸砖)	0.8
标准砖	方砖柱	3	砂	混凝土工程	1.5
白瓷砖		1.5	砾石		2
生石灰		1	混凝土(现浇)	地面	1
水泥		1	混凝土(现浇)	其余部分	1.5
砌筑砂浆	砖砌体	1	混凝土(预制)	桩基础、梁、柱	1
混合砂浆	抹墙及墙裙	2	混凝土(预制)	其余部分	1.5
混合砂浆	抹顶棚	3	钢筋	现浇、预制混凝土	4
石灰砂浆	抹顶棚	1.5	铁件	成品	1
石灰砂浆	抹墙及墙裙	1	钢材		6
水泥砂浆	抹顶棚	2.5	木材	门窗	6
水泥砂浆	抹墙及墙裙	2	玻璃	安装	3
水泥砂浆	地面、屋面	1	沥青	操作	1

2. 材料消耗定额的表现形式

根据材料使用次数的不同,建筑材料可分为非周转性材料和周转性材料两类,因此在定额中的消耗量也分为非周转性材料消耗量和周转性材料摊销量两种。

1)非周转性材料消耗量

非周转性材料消耗量又称直接性材料消耗量。非周转性材料是指在建筑工程施工中构成工程实体的一次性消耗材料、半成品,如砖、砂浆、混凝土等。

2)周转性材料摊销量

周转性材料摊销量是指一次投入,经多次周转使用,分次摊销到每个分项工程上的材料数量,如脚手架材料、模板材料、支撑垫木、挡土板等。它们根据不同材料的耐用期、残值率和周转次数,计算单位产品所应分摊的数量。

3. 材料消耗定额的编制方法

1)非周转性材料消耗量的确定

非周转性材料消耗量的制定方法有现场技术测定法、实验室试验法、现场统计法、理论计算法等。

(1)现场技术测定法。现场技术测定法也叫观测法,是指根据对材料消耗过程的测定与观察,通过完成的建筑产品数量和材料消耗数量的计算而确定各种材料消耗定额的一种方法。它主要用于确定材料的损耗定额。采用观测法,首先要选择典型的工程项目。观测中要区分不可避免的材料损耗和可以避免的材料损耗。

(2)实验室试验法。是指在实验室中进行试验和测定的工作,这种方法一般用于确定各种材料的配合比,如测定各种混凝土、砂浆、耐腐蚀胶泥等不同强度等级及性能的配合比和配合比中各种材料的消耗量。利用实验室试验法主要是编制材料净用量定额,不能取得在施工现场实际条件下,由于各种客观因素对材料耗用量影响的实际数据。

(3)现场统计法。是指通过统计现场各分部分项工程的进料数量、用料数量、剩余数量及完成产品数量,并对大量统计资料进行分析计算,获得材料消耗的数据。由于该方法分不清材料消耗的性质,因此不能作为确定净用量和损耗定额的精确依据。

(4)理论计算法。是指根据施工图纸,运用一定的数学计算公式计算材料的耗用量。该方法只能计算出单位产品的材料净用量,材料的损耗量还要在现场通过实测取得。该方法主要适用于板块类材料的计算。

①每立方米砖砌体材料消耗量计算。

砖的消耗量:

$$N_{净} = \frac{墙厚砖数 \times 2}{墙厚 \times (砖长 + 灰缝) \times (砖厚 + 灰缝)}(块) \tag{1-10}$$

$$N_{消} = 砖净用量 \times (1 + 损耗率)(块) \tag{1-11}$$

砂浆的消耗量:

$$V = (1 - 砖净用量 \times 单块砖体积) \times (1 + 损耗率)(m^3) \tag{1-12}$$

②块料面层材料消耗量计算。

块料指瓷砖、锦砖、缸砖、预制水磨石块、大理石、花岗岩板等。块料面层定额以100 m^2为计量单位。

$$块料面层材料用量 = \frac{100}{(块料长 + 灰缝) \times (块料宽 + 灰缝)} \times (1 + 损耗率)(块) \tag{1-13}$$

$$灰缝砂浆用量 = (100 - 块料净用量 \times 块料长 \times 块料宽) \times 块料厚度 \times (1 + 损耗率)(m^3) \tag{1-14}$$

2)周转性材料消耗量的确定

根据现行的工程造价计价方法,周转性材料部分资源消耗支付已列为施工措施项目。按其使用特点制定消耗量时,应当按照多次使用、分期摊销方法进行计算。周转性材料消耗量通常用摊销量表示,计算公式为:

$$摊销量 = \frac{一次使用量 \times (1 + 损耗率)}{周转次数} \tag{1-15}$$

或

$$摊销量 = 一次使用量 \times 摊销率 \tag{1-16}$$

1.2.2.3 机械台班消耗定额的确定

1.机械台班消耗定额的概念

机械台班消耗定额又称机械台班使用定额,简称机械定额,是指在合理组织施工和合

理使用机械的正常施工条件下，完成单位合格产品所需消耗的一定品种、规格的机械台班数量标准。

2. 机械台班消耗定额的表现形式

机械定额也有时间定额和产量定额两种基本表现形式，通常以台班产量定额为主。机械定额的表示方法见表1-3。

表1-3　混凝土楼板梁、连系梁、悬臂梁、过梁安装

工作内容：包括15 m以内构件移位、绑扎起吊、对正中心线、安装在设计位置上、校正、垫好垫铁。

每1台班的劳动定额　　（单位：根）

<table>
<tr><th colspan="2" rowspan="2">项目</th><th rowspan="2">施工方法</th><th colspan="3">楼板梁(t以内)</th><th colspan="3">连系梁、悬臂梁、过梁(t以内)</th><th rowspan="2">序号</th></tr>
<tr><th>2</th><th>4</th><th>6</th><th>1</th><th>2</th><th>3</th></tr>
<tr><td rowspan="5">安装高度(层以内)</td><td rowspan="3">三</td><td>履带式</td><td>$\frac{0.22}{59}$ 13</td><td>$\frac{0.271}{48}$ 13</td><td>$\frac{0.317}{41}$ 13</td><td>$\frac{0.217}{60}$ 13</td><td>$\frac{0.245}{53}$ 13</td><td>$\frac{0.277}{47}$ 13</td><td>一</td></tr>
<tr><td>轮胎式</td><td>$\frac{0.26}{50}$ 13</td><td>$\frac{0.317}{41}$ 13</td><td>$\frac{0.317}{35}$ 13</td><td>$\frac{0.255}{51}$ 13</td><td>$\frac{0.289}{45}$ 13</td><td>$\frac{0.325}{40}$ 13</td><td>二</td></tr>
<tr><td>塔式</td><td>$\frac{0.191}{68}$ 13</td><td>$\frac{0.236}{55}$ 13</td><td>$\frac{0.277}{47}$ 13</td><td>$\frac{0.188}{69}$ 13</td><td>$\frac{0.213}{61}$ 13</td><td>$\frac{0.241}{61}$ 13</td><td>三</td></tr>
<tr><td>六</td><td rowspan="2">塔式</td><td>$\frac{0.21}{62}$ 13</td><td>$\frac{0.25}{52}$ 13</td><td>$\frac{0.302}{43}$ 13</td><td>$\frac{0.232}{56}$ 13</td><td>$\frac{0.26}{50}$ 13</td><td>$\frac{0.31}{42}$ 13</td><td>四</td></tr>
<tr><td>七</td><td>$\frac{0.232}{56}$ 13</td><td>$\frac{0.283}{46}$ 13</td><td>$\frac{0.342}{38}$ 13</td><td></td><td></td><td></td><td>五</td></tr>
<tr><td colspan="3">编号</td><td>676</td><td>677</td><td>678</td><td>679</td><td>680</td><td>681</td><td></td></tr>
</table>

1）机械时间定额

机械时间定额是指在合理组织施工和合理使用机械的条件下，某种类型的机械为完成质量合格的单位产品所必须消耗的机械工作时间，单位以“台班”或“台时”表示。一台机械工作8 h为一个台班。

2）机械产量定额

机械产量定额是指在合理组织施工和合理使用机械的条件下，某种类型的机械在单位机械工作时间内，应完成的质量合格产品数量。

3）机械时间定额和机械产量定额的关系

机械时间定额和机械产量定额互为倒数关系。

3. 机械台班定额的编制方法

由上述可知，机械台班定额根据其表现形式的不同，分为时间定额和产量定额，而且机械台班定额一般采用时间定额形式。但是，确定机械台班消耗定额时首先确定其产量定额，然后求倒数得到其时间定额。

1）机械工作时间及其分类

机械工作时间是指机械在工作班内消耗的工作时间。按其性质可以分为定额时间和非定额时间两类，如图1-10所示。

（1）定额时间。是指在正常施工条件下，机械为完成一定产品所必须消耗的工作时间，包括有效工作时间、不可避免的无负荷工作时间和不可避免的中断时间，如图1-10所示。

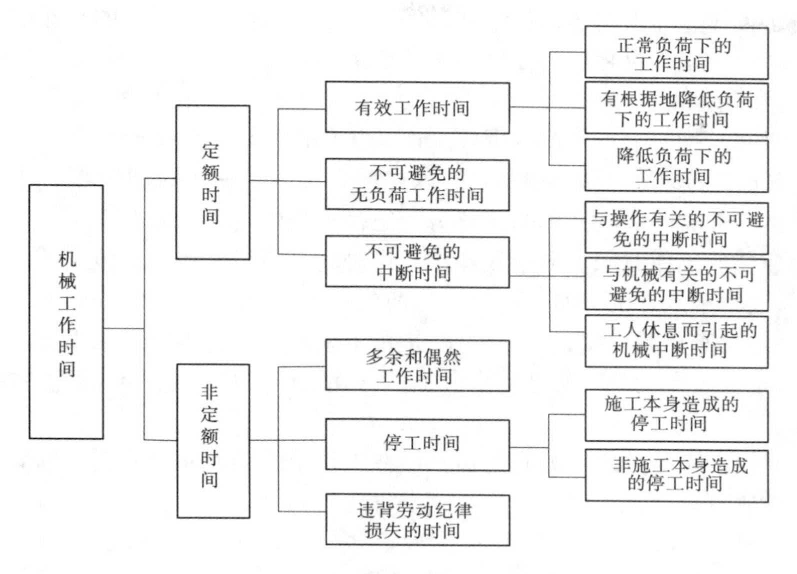

图1-10　机械工作时间分类

①有效工作时间。是指机械与完成产品直接有关的时间消耗，包括正常负荷下和有根据地降低负荷下的工作时间消耗。

a. 正常负荷下的工作时间。是指在机械在与机械说明书中规定的负荷相等的正常负荷下进行工作的时间。

b. 有根据地降低负荷下的工作时间。是指在个别情况下由于技术上的原因，机械在低于其计算负荷下工作的时间。如汽车运输重量轻而体积大的货物时，不能充分利用汽车的载重吨位，因而不得不降低其计算负荷。此种情况视为正常负荷下工作。

c. 降低负荷下的工作时间。是指由于施工管理人员或工人的过失，以及机械陈旧或发生故障等原因，使机械在降低负荷的情况下进行工作的时间。如工人装车的砂石数量不足引起的汽车在低负荷情况下工作所延续的时间。

②不可避免的无负荷工作时间。是指由施工过程的特性和机械结构的特点造成的机械无负荷工作时间。如筑路机在工作区末端掉头的时间等。

③不可避免的中断时间。是指由于施工过程的技术和组织的特性造成的机械工作中断时间，包括与操作有关的不可避免的中断时间、与机械有关的不可避免的中断时间和由于工人休息而引起的中断时间。

a. 与操作有关的不可避免的中断时间。与操作有关的不可避免的中断分为循环的和定期的两种，循环的不可避免的中断是在机械工作的每一个循环中重复一次，如汽车装货和卸货时的停车，其停车时间为循环的不可避免的中断时间；定期的不可避免的中断是经过一定时间重复一次，如把灰浆泵由一个工作地点转移到另一工作地点时的工作中断，其所需要的时间为定期的不可避免的中断时间。

b. 与机械有关的不可避免的中断时间。与机械有关的不可避免的中断时间，是由于工人进行准备与结束工作或辅助工作时，机器停止工作而引起的中断工作时间。它是与机器的使用和保养有关的不可避免的中断时间。

c. 由于工人休息而引起的机械中断时间。由于工人休息而引起的机械中断时间是指驾驶机械的司机在工作过程中为恢复体力所必需的短暂休息和生理需要的时间消耗。

(2)非定额时间。

非定额时间是指一个工作班内因停工而损失的时间,或执行非生产性工作所消耗的时间。非定额时间是不必要的时间消耗,以往并未计入机械的时间定额。非定额时间包括多余或偶然工作时间、停工时间,违背劳动纪律损失的时间。如图 1-10 所示。

①多余或偶然工作时间。多余或偶然工作时间是指机械在正常施工条件下不应发生的时间消耗,或由于意外情况而引起的工作所消耗的时间。机械的多余或偶然工作包括两种情况:一是可避免的机械无负荷工作,是指工人没有及时供给机械用料而使机械空运转的时间;二是机械在负荷下所做的多余工作,如混凝土搅拌机搅拌混凝土时超过规定搅拌时间,即属于多余工作时间。

②停工时间。机械的停工时间是指机械在工作中因某种原因未能从事生产活动损失的时间。按性质可分为施工本身和非施工本身造成的停工。前者是由于施工组织不善引起的机械停工时间,如临时没有工作面、未及时供给机械燃料而引起的停工,以及机械损坏等所引起的机械停工时间。后者是由于外部的影响引起机械停工的时间。如水源、电源中断(不是施工原因),以及气候条件(暴雨、冰冻等)的影响而引起的机械停工时间。

③违反劳动纪律损失时间。违反劳动纪律损失时间,是指由于操作机械的工人违反劳动纪律而引起的机械停工时间。

2)机械台班消耗量定额的编制方法

(1)确定正常的施工条件。主要是拟定工作地点的合理组织和合理的工人编制。

工作地点的合理组织,是指对机械的放置位置、材料的放置位置、工人的操作场地等做出合理的布置,最大限度地发挥机械的工作性能。

拟定合理的工人编制,是指根据施工机械的性能和设计能力、工人的专业分工和劳动工效,合理确定操纵机械的工人和直接参加机械化施工过程的工人的编制人数。应满足保持机械的正常生产率和工人正常的劳动工效的要求。

(2)确定机械 1 h 纯工作正常生产率。机械纯工作 1 h 的正常生产率就是在正常施工组织条件下,具有必要知识和技能的技术工人操作机械 1 h 的生产率。

根据机械工作的特点不同,机械纯工作 1 小时的正常生产率的确定方法也不同。主要有以下两种。

①循环动作机械。

a. 确定机械循环一次的正常延续时间。

机械循环一次由几部分组成,因此根据现场观察资料和机械说明书确定循环一次各组成部分的延续时间,将各组成部分的延续时间相加,减去各组成部分之间的交叠时间,即可求出机械循环一次的正常延续时间。

其计算公式为:

$$\text{机械循环一次的正常延续时间} = \sum(\text{循环各组成部分的正常延续时间}) - \text{交叠时间} \tag{1-17}$$

b. 计算机械纯工作 1 h 的正常循环次数

$$\text{机械纯工作 1 h 循环次数} = \frac{60 \times 60(\text{s})}{\text{一次循环的正常延续时间}} \tag{1-18}$$

c. 计算机械纯工作 1 h 的正常生产率

$$\text{机械纯工作 1 h 的正常生产率} = \text{机械纯工作 1 h 正常循环次数} \times \text{一次循环生产的产品数量} \tag{1-19}$$

②连续动作机械。对于连续动作机械，要根据机械的类型、结构特征以及工作过程的特点来确定机械纯工作 1 h 的正常生产率，其确定方法如下：

$$\text{连续动作机械纯工作 1 h 的正常生产率} = \frac{\text{工作延续时间内生产的产品数量}}{\text{工作延续时间(h)}}$$

工作延续时间内生产的产品数量和工作延续时间的消耗，要通过多次现场观察和机械说明书来取得数据。

(3)确定施工机械的正常利用系数。施工机械的正常利用系数又称机械时间利用系数，是指机械在工作班内对工作时间的利用率。

$$\text{施工机械正常利用系数} = \frac{\text{工作班纯工作时间}}{\text{工作班的延续时间}} \tag{1-20}$$

(4)确定机械台班产量定额。计算施工机械台班产量定额是编制机械使用定额工作的最后一步。其机械产量定额计算公式如下：

①施工机械台班产量定额。

$$\text{施工机械台班产量定额} = \text{机械纯工作 1 h 正常生产率} \times \text{工作班纯工作时间} \tag{1-21}$$

或

$$\text{施工机械台班产量定额} = \text{机械纯工作 1 h 正常生产率} \times \text{工作班延续时间} \times \text{机械正常利用系数} \tag{1-22}$$

②施工机械时间定额。

$$\text{施工机械时间定额} = \frac{1}{\text{施工机械台班产量定额}} \tag{1-23}$$

1.2.3　预算定额的组成

1.2.3.1　预算定额

1. 预算定额的概念

预算定额是确定一定计量单位分项工程或结构构件的人工、材料、机械台班和资金消耗的数量标准，由此可见，预算定额是计价性定额。

预算定额是由各省、市有关部门组织编制并颁布的一种指导性指标，反映的是当地完成一定计量单位分项工程或结构构件的人工、材料、机械台班消耗量的平均水平。

2. 预算定额的用途及编制依据

预算定额是编制施工图预算的主要依据，是确定工程造价和控制工程造价的基础。预算定额的编制依据是施工定额。

1.2.3.2　预算定额中工料机和资金消耗量的确定

1. 人工消耗量的确定

1) 人工消耗量

预算定额中人工消耗量是指完成一定计量单位的分项工程或结构构件所必需的各种

用工量，包括基本用工和其他用工，如图1-11所示。

2）基本用工

基本用工指完成分项工程的主要用工量。例如，砌筑各种墙体工程的砌砖、调制砂浆及运输砖和砂浆的用工量。预算定额是一项综合性定额，要按组成分项工程内容的各工序综合而成。因此，它包括的工程内容比较多，如墙体砌筑工程中包括门窗洞口、附墙烟窗、垃圾道、墙垛、各种形式的砖碹等，其用工量比砌筑一般墙体的用工量多，需要另外增加的用工也属于基本用工内容。

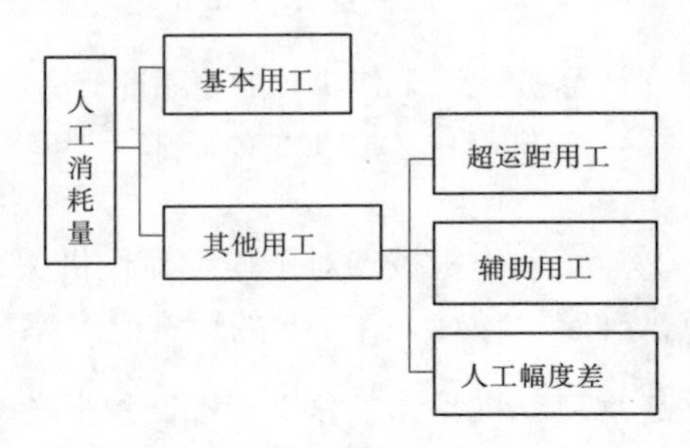

图1-11　人工消耗指标的构成

3）其他用工

其他用工是辅助消耗的工日，包括超运距用工、辅助用工和人工幅度差三种。

（1）超运距用工。超运距是指预算定额中取定的材料及半成品的场内水平运距超过劳动定额规定的水平距离的部分，即

超运距 = 预算定额取定的运距 - 劳动定额已包括的运距

超运距用工是指完成材料及半成品的场内水平超运距部分所增加的用工。

（2）辅助用工。辅助用工是指技术工种劳动定额内不包括而在预算定额内又必须考虑的用工。如机械土方工程配合、材料加工（包括洗石子、筛沙子、淋石灰膏等）、模板整理等用工。

（3）人工幅度差。人工幅度差是指预算定额与劳动定额的定额水平不同而产生的差异，它是劳动定额作业时间之外，预算定额内应考虑的、在正常施工条件下所发生的各种工时损失。包括的内容如图1-12所示。

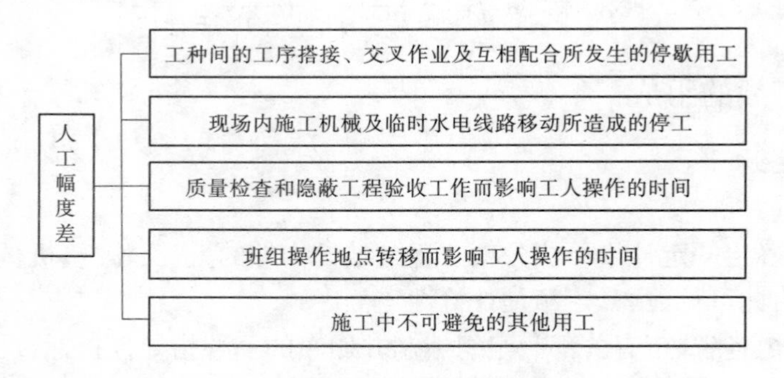

图1-12　人工幅度差包括的内容

人工幅度差计算公式如下：

人工幅度差 =（基本用工 + 超运距用工 + 辅助用工）× 人工幅度差系数　（1-24）

人工幅度差系数一般取10% ~15%。

2. 材料消耗量的确定

1）材料消耗量及其分类

预算定额中的材料消耗量是指为完成单位合格产品所必需消耗的材料数量。

材料按用途分为主要材料、次要材料、零星材料和周转材料，如图1-13所示。

预算定额中的材料消耗量指标由材料净用量和材料损耗量构成,如图1-14所示。

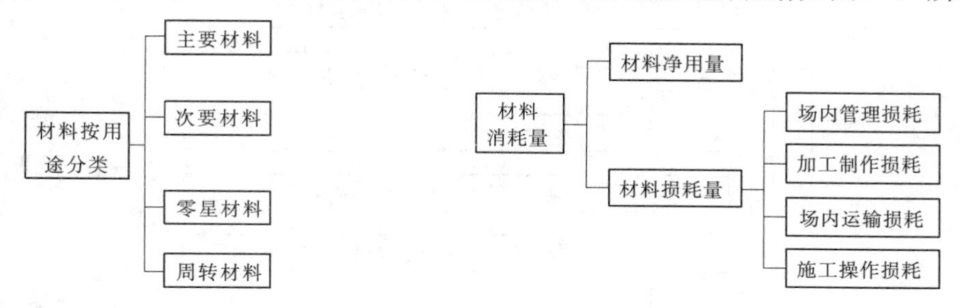

图1-13　材料按用途分类　　图1-14　预算定额中材料消耗量的构成

2)主要材料

主要材料是指能够计量的消耗量较多、价值较大的直接构成工程实体的材料。

与施工定额的确定方法一样,凡能计量的材料、成品、半成品均按品种、规格逐一列出数量,其主要材料的消耗量为:

$$材料消耗量 = 材料净用量 + 材料损耗量 \approx 材料净用量 \times (1 + 材料损耗率) \tag{1-25}$$

3)次要和零星材料

次要材料是指直接构成工程实体,但其用量很小,不便计算其用量,如砌砖墙中的木砖、混凝土中的外加剂等。

零星材料是指不构成工程实体,但在施工中消耗的辅助材料,如草袋、氧气等。

总的来说,这些次要材料和零星材料用量不多、价值不大,不便在定额中一一列出,采用估算的方法计算其总价值后,以"其他材料费"来表示。

3. 机械台班消耗量的编制

1)机械台班消耗量

预算定额中机械台班消耗量是指在正常施工条件下,生产单位合格产品必须消耗的施工机械的台班数量。

机械台班消耗量指标一般是在施工定额的基础上,再考虑一定的机械幅度差进行计算的,即

$$机械台班消耗量 = 施工定额机械台班消耗量 + 机械幅度差 \tag{1-26}$$

2)机械幅度差

机械幅度差是指机械台班消耗定额中未包括的,而机械在合理的施工组织条件下不可避免的机械的损失时间。其包括的内容如图1-15所示。

$$机械台班消耗量指标 = 施工定额机械台班消耗量 \times (1 + 机械幅度差系数) \tag{1-27}$$

4. 预算定额基价的确定

预算定额基价即"预算价格",是完成一定计量单位的分项工程或结构构件所需要的人工费、材料费和施工机械使用费之和,即

$$一定计量单位的分项工程的预算价格 = 人工费 + 材料费 + 机械费 \tag{1-28}$$

式中　人工费 = 工日消耗量 × 日工资单价;

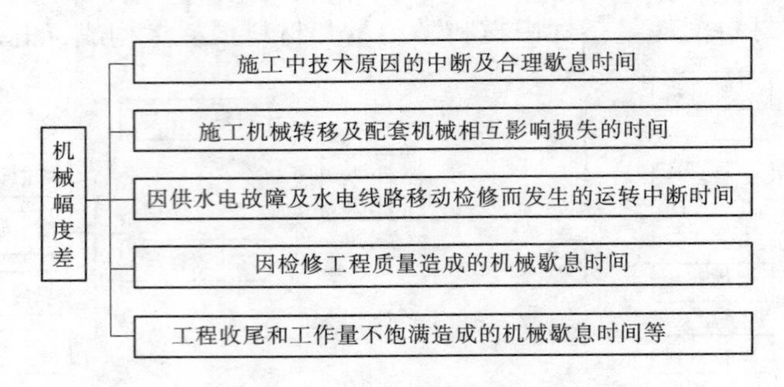

图 1-15 机械幅度差包括的内容

材料费 = 材料费消耗量 × 材料单价；

机械费 = 台班消耗量 × 台班单价。

由此可见，工程造价费用的多少，除取决于预算定额中工料机的消耗量外，还取决于日工资单价、材料单价和台班单价。

预算定额中工料机的消耗量确定前面已经介绍了，日工资单价、材料单价和台班单价的具体内容和确定方法详见“任务 1.3.2 建筑安装工程费用的组成及参考计算方法”相关内容。

1.2.4 预算定额的应用

1.2.4.1 预算定额的主要内容

预算定额一般包括以下主要内容，如图 1-16 所示。

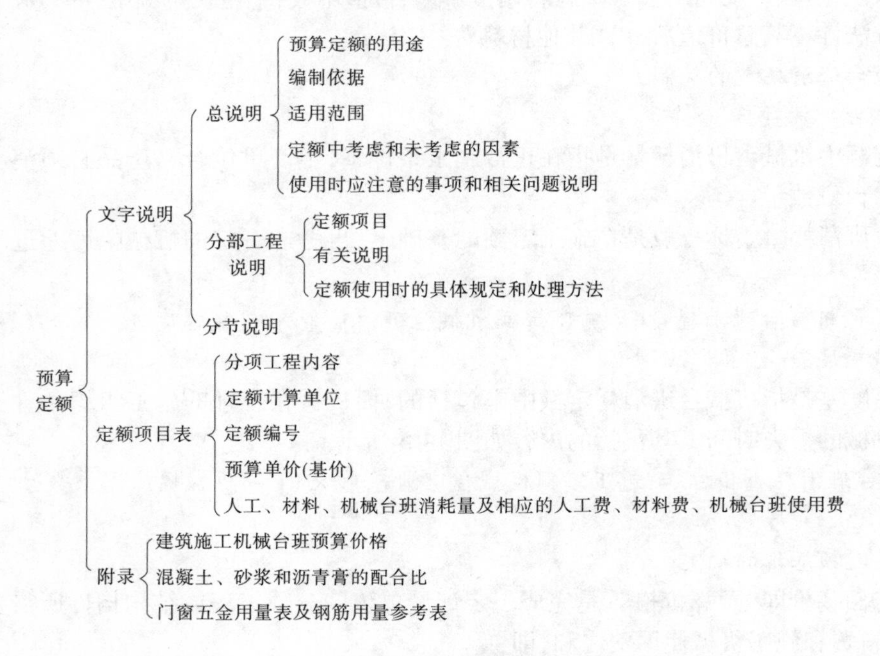

图 1-16 预算定额的组成

定额项目表是预算定额的核心内容，某省建筑工程预算定额现浇混凝土柱示例如

表1-4所示。

表1-4 某省建筑工程预算定额现浇混凝土柱示例

工作内容：混凝土搅拌、运输、浇捣、养护等。（单位：10 m^3）

定额编号				A4－13	A4－14	A4－15
项目				矩形柱	圆形柱	构造柱
预算价格（元）				3 553.58	3 557.62	3 747.73
其中		人工费（元）		1 130.31	1 140.57	1 292.76
		材料费（元）		2 249.82	2 243.60	2 281.52
		机械费（元）		173.45	173.45	173.45
名称		单位	单价（元）	数量		
人工	综合工日	工日	57.0	19.83	20.01	22.6
材料	现浇混凝土（40 mm）C20	m^3	216.97	9.86	9.86	
	现浇混凝土（20 mm）C20		222.92			9.86
	水泥砂浆 1:2	m^3	248.99	0.29	0.29	0.29
	工程用水	m^3	5.6	2.1	2.08	1.97
	其他材料费	元		26.53	20.42	0.29
机械	搅拌机 400 L	台班	142.32	0.63	0.63	0.63
	翻斗车 1 t	台班	132.72	0.52	0.52	0.52
	振捣器	台班	11.82	1.25	1.25	1.25

1.2.4.2 预算定额的直接套用

当设计图纸与定额项目的内容相一致时，可以直接套用预算定额中的预算价格和工料机消耗量，并据此计算该分项工程的直接工程费及工料机需用量。

1.2.4.3 预算定额的换算

1. 预算定额的换算

当设计图纸的要求和定额项目的内容不一致时，为了能计算出设计图纸内容要求项目的工程直接费及工料消耗量，必须对预算定额项目与设计内容要求之间的差异进行调整。这种使预算定额项目内容适应设计内容要求的差异调整就是产生预算定额换算的原因。

2. 预算定额的换算依据

预算定额的换算实际上是预算定额应用的进一步扩展和延伸，为保持预算定额水平，在定额说明中规定了若干条预算定额换算的具体要求，该规定是预算定额换算的主要依据。

3. 预算定额的换算类型

预算定额换算包括人工费和材料费的换算。人工费换算主要是由用工量的增减而引起的，而材料费换算则是由材料消耗量的改变及材料代换所引起的，特别是材料费和材料消耗量的换算占预算定额换算相当大的比重。预算定额换算内容的主要规定如下：

（1）当设计图纸要求的砂浆、混凝土强度等级和预算定额不同时，可按半成品（砂浆、混凝土）的配合比进行换算。

（2）预算定额对抹灰砂浆的规定。当设计内容要求的砂浆种类、配合比或抹灰厚度与预算定额不同时可以换算，但定额中的人工、机械消耗量不得调整。

预算定额的换算主要有三种类型：混凝土的换算、砂浆的换算和系数换算。

4. 预算定额换算的主要方法

1) 混凝土的换算

混凝土的换算包括构件混凝土和楼地面混凝土的换算两种，但主要是构件混凝土强度的换算。

构件混凝土的换算主要是混凝土强度不同的换算，其特点是，当混凝土用量不发生变化，只换算强度时，其换算公式如下：

$$换算后的预算价格 = 原预算价格 + 定额混凝土用量 \times (换入混凝土单价 - 换出混凝土单价) \quad (1\text{-}29)$$

换算步骤如下：

第一步，选择换算定额编号及单价，确定混凝土品种、粗骨料粒径及水泥强度等级。

第二步，确定混凝土品种（确定是塑性混凝土还是低流动性混凝土，石子粒径、混凝土强度），查出换入与换出混凝土的单价。

第三步，换算价格计算。

第四步，确定换入混凝土品种需考虑以下因素：是塑性混凝土还是低流动性混凝土以及混凝土强度；可根据规范要求确定混凝土中石子的最大粒径；再按照设计要求确定采用的是砾石混凝土还是碎石混凝土，以及水泥强度等级。

2) 砂浆的换算

砂浆换算包括砌筑砂浆的换算和抹灰砂浆的换算两种。

(1) 砌筑砂浆的换算方法及计算公式与构件混凝土的换算方法及计算公式基本相同。

(2) 抹灰砂浆的换算。在某省预算定额装饰分部说明中规定：①砂浆种类、配合比与设计不同时可以换算。②抹灰厚度按不同的砂浆分别列在定额项目中，同类砂浆列总厚度，不同类砂浆分别列出厚度。如定额项目中列出（18 + 6）mm，即表示两种不同砂浆的各自厚度。厚度与设计不同时，可按砂浆厚度加装饰定额中相关内容套子目。但定额中的人工、机械消耗量不变。

$$换算价格 = 原预算价格 + (换入砂浆单价 \times 换入砂浆用量) - (换出砂浆单价 \times 换出砂浆用量) \quad (1\text{-}30)$$

式中　换入砂浆用量 = 定额用量/定额厚度 × 设计厚度；

换出砂浆用量 = 定额中规定的砂浆用量。

3) 系数换算

系数换算是指按照预算定额说明中所规定的系数乘以相应的定额基价（或定额中工、料之一部分）后，得到一个新单价的换算。

【典型小案例】

【例 1-1】 现测定一砖基础墙的时间定额，已知每立方米砌体的基本工作时间为 140 min，准备与结束时间、休息时间、不可避免的中断时间占定额时间的百分比分别为 5.45%、5.84%、2.49%，辅助工作时间不计，试确定其时间定额和产量定额。

解：时间定额 = 140/[1 - (5.45% + 5.84% + 2.49%)] = 162.4(min)

$= 162.4 \text{ min}/(8 \text{ h} \times 60 \text{ min}) = 0.34$（工日）

产量定额 $= 1/0.34 = 2.94(m^3)$

【例1-2】 计算每立方米120厚标准砖墙砖和砂浆的消耗量(灰缝为10 mm)。已知损耗率为砖1.0%、砂浆1.0%。

解:计算砖用量:

$$砖净用量 = \frac{0.5 \times 2}{0.115 \times (0.24 + 0.01) \times (0.053 + 0.01)} = 552(块)$$

$$砖消耗量 = 552 \times (1 + 0.01) = 557.52(块)$$

计算砂浆用量:

$$砂浆消耗量 = (1 - 552 \times 0.24 \times 0.115 \times 0.053) \times (1 + 0.01) = 0.194(m^3)$$

【例1-3】 釉面砖规格为200 mm×300 mm×8 mm,灰缝宽度1 mm,釉面砖损耗率为1.5%,砂浆损耗率为2%。试计算100 m^2 墙面釉面砖及灰缝砂浆的消耗量。

解:$$釉面砖消耗量 = \frac{100}{(0.2 + 0.001) \times (0.3 + 0.001)} \times (1 + 0.015)$$

$$= 1\ 652.87 \times (1 + 0.015)$$

$$= 1\ 677.66(块)$$

$$灰缝砂浆消耗量 = (100 - 1\ 652.87 \times 0.2 \times 0.3) \times 0.008 \times (1 + 0.02)$$

$$= 0.007(m^3)$$

【例1-4】 采用机械翻斗车运输砂浆,运输距离200 m,平均行驶速度10 km/h,候装砂浆时间平均每次5 min,每次装载砂浆0.60 m^3,台班时间利用系数0.9。计算机动翻斗车运砂浆的台班产量定额和时间定额。

解:机动翻斗车运砂浆是循环工作的,每循环一次的延续时间由砂浆候装时间和运行时间构成,在计算运行时间时,要注意计算返回时间。

(1)翻斗车每次循环延续时间 $= 5 + (2 \times 200)/(10 \times 1\ 000 \div 60) = 7.4(\text{min})$

(2)净工作1 h生产率 $= 60/7.4 \times 0.60 = 4.86(m^3)$

(3)台班产量定额 $= 4.86\ m^3/h \times 8\ h \times 0.9 = 34.99(m^3)$

(4)台班时间定额 $= 1/34.99 = 0.029$（工日$/m^3$）

【例1-5】 表1-5是某省砖基础和砖墙体预算定额项目表,请根据该表计算采用M5混合砂浆砌筑砖基础200 m^3 的直接工程费及主要材料消耗量。

解:首先确定该分项工程应该套用哪个定额编号,直接套还是间接套?

根据题意,查表1-5,砌筑砖基础分项工程应该套A3-1,又由于该分项工程采用的是M5混合砂浆,与预算定额A3-1中完全一致,因此可以直接套用。

其次计算完成200 m^3 砌筑砖基础工程的直接工程费 $= 2\ 287.14/10 \times 200 = 45\ 742.8$（元）

再次,计算完成200 m^3 砌筑砖基础工程的主要材料消耗量:

混合砂浆M5:$2.42/10 \times 200 = 48.4(m^3)$

标准砖:$5\ 185.5/10 \times 200 = 103.71$（千块）

表 1-5　某省建筑工程预算定额砖基础、砖墙示例

工作内容:1. 砖基础:调、运、铺砂浆,运砖,清理基槽坑,砌砖等。

　　　　2. 砖墙:调、运、铺砂浆,运砖,砌砖等。

(单位:10 m^3)

定额编号				A3－1	A3－2	A3－3
项目				砖基础	内墙	
					115 mm 厚以内	365 mm 厚以内
预算价格(元)				2 287.14	2 624.18	2 464.69
其中		人工费(元)		671.46	986.67	825.36
		材料费(元)		1 576.31	1 605.03	1 599.96
		机械费(元)		39.37	32.48	39.37
名称		单位	单价(元)	数量		
人工	综合工日	工日	57.0	11.78	17.31	14.48
材料	机红砖 240 mm×115 mm×53 mm	块	0.23	5 185.5	5 590.62	5 321.31
	混合砂浆 M5	m^3	153.88	2.42	2.00	2.37
	工程用水	m^3	5.6	2.01	2.04	2.03
机械	灰浆搅拌机 200 L	台班	98.42	0.40	0.33	0.40

【例 1-6】　表 1-4 是某省建筑工程预算定额现浇混凝土柱项目表,请根据该表计算:采用 C30 碎石混凝土现浇截面尺寸为 600 mm×600 mm 的钢筋混凝土柱子 55 m^3 的直接工程费。已知石子最大粒径 40 mm 的碎石混凝土 C20 的单价为 216.97 元,石子最大粒径 40 mm 的碎石混凝土 C30 的单价为 259.32 元。

解:根据题意,该现浇混凝土柱子是矩形的,因此该分项工程应该套 A4－13,但由于该分项工程采用的是 C30 碎石混凝土,而定额 A4－13 中的混凝土强度等级是 C20 碎石混凝土。因此,根据规定,当设计规定的混凝土强度等级与预算定额不同时需要进行换算。根据换算公式得到:

换算后的预算价格＝原预算价格＋定额混凝土用量×(C30 碎石混凝土单价－C20 碎石混凝土单价)＝3 553.58＋9.86×(259.32－216.97)＝3 971.15(元)

55 m^3 的钢筋混凝土柱子分项工程的直接工程费＝3 971.15/10×55＝21 841.33(元)

【自测及相关实训】

(1)人工挖二类土,由测时资料可知:挖 1 m^3 需要消耗基本工作时间 70 min,辅助工作时间占定额时间的 2%,准备与结束时间占定额时间的 1%,不可避免的中断时间占定额时间的 1%，休息时间占定额时间的 20%，试确定人工挖二类土的劳动定额。

(2)计算 1 m^3 1 砖墙厚砖和砂浆的净用量及消耗量，已知砖和砂浆的损耗率都为 1%。

(3)使用 1:2水泥砂浆铺 500 mm×500 mm×12 mm 花岗岩板地面，灰缝宽 1 mm，水泥砂浆黏结层厚 5 mm，花岗岩板损耗率 2%，水泥砂浆损耗率 1%。问题：

①计算每 100 m^2 地面贴花岗岩板材的消耗量。

②计算每 100 m^2 地面贴花岗岩板材的年黏结层砂浆和灰缝砂浆消耗量。

(4)某循环式混凝土搅拌机，其设计容量(即投量容量)为 0.4 m^3，混凝土出料系数为 0.67，混凝土上料、搅拌、出料等时间分别为 60 s、120 s、60 s，搅拌机的时间利用系数为 0.85，求该混凝土搅拌机的产量定额和时间定额为多少?

(5)砌筑一砖半墙的技术测定资料如下：

①完成 1 m^3 砖砌体需基本工作时间 15.8 h，辅助工作时间占定额时间的 5%，准备与结束工作时间占定额时间的 3%，不可避免中断时间占定额时间的 2%，休息时间占定额时间的 15%；

②砖墙采用 M5 水泥砂浆，砖和砂浆的损耗率均为 1%；

③砂浆用 200 L 搅拌机现场搅拌，运料需 185 s，装料需 60 s，搅拌需 85 s，卸料需 35 s，不可避免中断时间为 10 s，搅拌机制投料系数为 0.80，机械利用系数为 0.85。

试确定砌筑 1 m^3 砖墙的人工、材料、机械台班消耗量定额。

(6)某沟槽土方量为 4 351 m^3(密实状态)，采用挖斗容量为 0.5 m^3 的反铲挖掘机挖土，载重量为 5 t 的自卸汽车将开挖土方量的 60% 运走，运距为 3 km，其余土方就地堆放。经现场测试的有关数据如下：

①假设土的松散系数为 1.2，松散状态容重为 1.65 t/m^3。

②假设挖掘机的铲斗充盈系数为 1.0，每循环一次时间为 2 min，机械时间利用系数为 0.85。

③自卸汽车每次装卸往返需 24 min，时间利用系数为 0.80。

试确定所选挖掘机、自卸汽车的台班产量及台班数；如果需 11 个工日内将土方工程完成，至少需要多少台挖掘机和自卸汽车?

任务 1.3　建筑安装工程费用的组成

【任务介绍】　明确建筑安装工程费用项目组成。

根据《关于印发〈建筑安装工程费用项目组成〉的通知》(建标〔2013〕44 号)、《关于全面推开营业税改征增值税试点的通知》(财税〔2016〕36 号)等文件内容，学习我国现行建筑安装工程费用项目组成内容及其参考计算方法。

【知识目标】

掌握我国现行建筑安装工程费用的组成内容及其参考计算方法。

【能力目标】

熟悉我国建筑安装工程费用组成内容，完成某单位工程建筑安装工程费用的计算。

【相关知识】

1.3.1 建设项目总投资及其构成

1.3.1.1 建设项目总投资的概念及其构成

1. 建设项目总投资

建设项目总投资是指为完成工程项目建设并达到使用要求或生产条件,在建设期内预计或实际投入的全部费用总和。

2. 建设项目总投资的构成

建设项目按投资作用可分为生产性项目和非生产性项目。生产性项目总投资包括固定资产投资和流动资金投资两部分,如图 1-17 所示。非生产性项目总投资只有固定资产投资,不含流动资金投资。

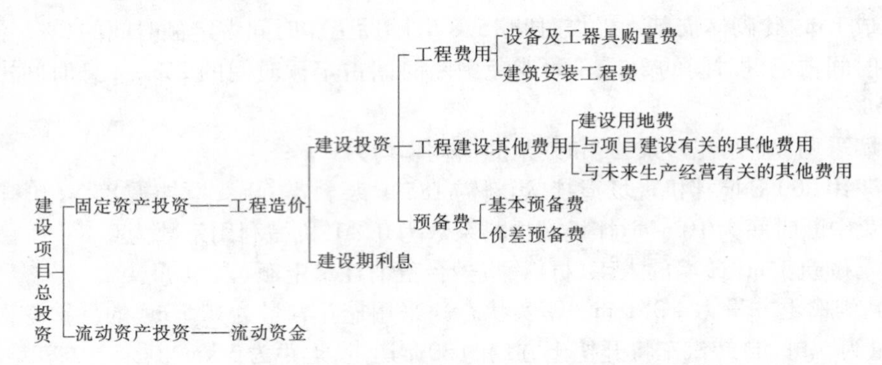

图 1-17 我国现行建设项目总投资构成

1.3.1.2 工程造价及其构成

1. 工程造价

工程造价就是建设项目总投资中的固定资产投资部分,是建设项目从筹建到竣工交付使用的整个建设过程所花费的全部固定资产投资费用。

2. 工程造价的构成

根据国家发展改革委和建设部发布的《建设项目经济评价方法与参数(第三版)》(发改投资〔2006〕1325 号)的规定,工程造价(固定资产投资)包括建设投资和建设期利息两部分,具体构成内容如图 1-17 所示。

1.3.1.3 建筑安装工程费

(见 1.3.2 建筑安装工程费用的组成及参考计算方法)

1.3.1.4 设备及工器具购置费

设备及工器具购置费由设备购置费和工、器具及生产家具购置费组成。

1. 设备购置费

设备购置费是指购置或自制的达到固定资产标准的设备、工器具及生产家具等所需的费用。它由设备原价和设备运杂费构成。其计算公式为:

$$设备购置费 = 设备原价 + 运杂费 \tag{1-31}$$

(1)设备的种类及原价的构成。设备一般分为国产设备和进口设备两种。

国产设备的原价一般是指设备制造厂的交货价或订货合同价，即出厂(场)价。它一般根据生产厂或供应商的询价、报价、合同价确定，或采用一定的方法计算确定。

进口设备的原价是指进口设备的抵岸价，即抵达买方边境港口或边境车站，且交完关税等税费后形成的价格。抵岸价通常由进口设备到岸价(CIF)和进口设备从属费构成。进口设备的到岸价，即设备抵达买方边境港口或边境车站所形成的价格。在国际贸易中，交易双方所使用的交货类别不同，则交易价格的构成内容也有所差异。进口设备从属费用是指进口设备在办理进口手续过程中发生的应计入设备原价的银行财务费、外贸手续费、进口关税、消费税、进口环节增值税及进口车辆的车辆购置税等。

(2)设备运杂费。设备运杂费是国内采购设备自来源地、国外采购设备自到岸港运至工地仓库或指定堆放地点发生的采购、运输、运输保险、保管、装卸等费用。通常由以下各项构成：①运费和装卸费；②包装费；③设备供销部门的手续费；④采购与仓库保管费。其费用按照设备原价乘以设备运杂费费率计算，计算公式为：

设备运杂费 = 设备原价 × 设备运杂费费率　　(1-32)

其中，设备运杂费率按各部门及省、市等的规定计取。

2. 工器具及生产家具购置费

工器具及生产家具购置费，是指新建或扩建项目初步设计规定的，保证初期正常生产必须购置的没有达到固定资产标准的设备、仪器、工卡模具、器具、生产家具和备品备件等的购置费用。一般以设备购置费为基数，按照部门或行业规定的工器具及生产家具费费率计算。计算公式为：

工器具及生产家具购置费 = 设备购置费 × 定额费费率　　(1-33)

1.3.1.5　工程建设其他费用

工程建设其他费用，是指在建设期发生的与土地使用权取得、整个工程项目建设以及未来生产经营有关的构成建设投资但不包括在工程费用(设备及工器具购置费和建筑安装工程费)中的费用。

1. 建设用地费

建设用地费是指为获得工程项目建设土地的使用权而在建设期内发生的各项费用。包括通过划拨方式取得土地使用权而支付的土地征用及拆迁补偿费，或者通过土地使用权出让方取得土地使用权而支付的土地使用权出让金。

2. 与项目建设有关的其他费用

与项目建设有关的其他费用主要包括建设管理费、可行性研究费、研究试验费、勘察设计费、专项评价及验收费、场地准备及临时设施费、引进技术和引进设备其他费用、工程保险费、特殊设备安全监督检验费、市政公用设施费。其费用根据各地与工程建设有关的其他费用的具体构成内容和标准计算。

3. 与未来企业生产经营有关的其他费用

与未来企业生产经营有关的其他费用主要包括联合试运转费、专利及专有技术使用费和生产准备费。

(1)联合试运转费。是指新建或新增加生产能力的工程项目，在交付生产前按照设计文件规定的工程质量标准和技术要求，对整个生产线或装置进行负荷联合试运转所发

生的费用净支出(试运转支出大于收入的差额部分费用)。试运转支出包括试运转所需原材料、燃料及动力消耗、低值易耗品、其他材料消耗、工具用具使用费、机械使用费、保险金、施工单位参加试运转人员工资以及专家指导费等;试运转收入包括试运转期间的产品销售收入和其他收入。联合试运转费不包括应有设备安装工程费用开支的调试及试车费用,以及在试运转中暴露出来的因施工原因或设备缺陷等发生的处理费用。

(2)专利及专有技术使用费。是指在建设期内为取得专利、专利技术、商标权、商誉、特许经营权等发生的费用。

(3)生产准备费。是指在建设期内,建设单位为保证项目正常生产而发生的人员培训费、提前进厂费以及投产使用必备的办公、生活家具用具及工器具等的购置费用。

该项费用一般按照设计定员人数乘以相应的生产准备费指标进行估算。改、扩建工程项目按新增设计定员为基数计算。

1.3.1.6　预备费

预备费是指在建设期内因各种不可预见因素的变化而预留的可能增加的费用,包括基本预备费和价差预备费。

1. 基本预备费

基本预备费是指投资估算或工程概算阶段预留的,由于工程实施中不可预见的工程变更及洽商、一般自然灾害处理、地下障碍物处理、超规超限设备运输等而可能增加的费用,亦可称为不可预见费。基本预备费一般由以下四部分构成:

(1)工程变更及洽商。在批准的初步设计范围内,技术设计、施工图设计及施工过程中所增加的工程费用;设计变更、工程变更、材料代用、局部地基处理等增加的费用。

(2)一般自然灾害处理。一般自然灾害造成的损失和预防自然灾害所采取的措施费用。实行工程保险的工程项目,该费用应适当降低。

(3)不可预见的地下障碍物处理的费用。

(4)超规超限设备运输增加的费用。

基本预备费一般用工程费用(建筑安装工程费用、设备及工器具购置费)和工程建设其他费用二者之和乘以基本预备费费率进行计算。其计算公式为:

基本预备费 = (工程费用 + 工程建设其他费用) × 基本预备费费率　　(1-34)

基本预备费费率一般按照国家有关部门的规定执行。

2. 价差预备费

价差预备费是指为在建设期内利率、汇率或价格等因素的变化而预留的可能增加的费用,亦称为价格变动不可预见费。价差预备费的内容包括人工、设备、材料、施工机具的价差费,建筑安装工程费及工程建设其他费用调整,利率、汇率调整等增加的费用。计算公式为:

$$PF = \sum_{i=1}^{n} I_t[(1+f)^m(1+f)^{0.5}(1+f)^{i-1} - 1] \quad (1\text{-}35)$$

式中　PF——价差预备费;

n——建设期年数;

I_t——建设期中第 t 年的静态投资计划额,包括工程费用、工程建设其他费用及基

本预备费,即第 t 年的静态投资;

f——年均投资价格上涨率;

m——建设前期年限(从编制估算到开工建设时间),年。

1.3.1.7 建设期贷款利息及其计算

建设期贷款利息主要是指在建设期内发生的为工程项目筹措资金的融资费用及债务资金利息,包括向国内银行和其他非银行金融机构贷款、出口信贷、外国政府贷款、国际商业银行贷款以及在境内外发行的债券等在建设期间内应偿还的借款利息。根据我国现行规定,在建设项目的建设期内只计息不还款。贷款利息的计算分为以下三种情况。

1. 当贷款总额一次性贷出且利率固定时利息的计算

当贷款总额一次性贷出且利率固定时,按下式计算贷款利息:

$$贷款利息 = F - P \tag{1-36}$$

$$F = P(1 + i_{实际})^n \tag{1-37}$$

式中 P——一次性贷款金额;

F——建设期还款时的本利和;

$i_{实际}$——年实际利率;

n——贷款期限。

2. 当总贷款是分年均衡发放时利息的计算

当总贷款是分年均衡发放时,建设期利息的计算可按当年借款在年中支用考虑,即当年贷款按半年计息,上年贷款按全年计息。计算公式为:

$$q_t = (P_{t-1} + 1/2A_t)i_{实际} \tag{1-38}$$

$$建设期贷款利息 = 建设期各年应计利息之和$$

式中 q_t——建设期第 t 年应计利息;

P_{t-1}——建设期第 $(t-1)$ 年末贷款累计金额与利息累计金额之和;

A_t——建设期第 t 年贷款金额;

$i_{实际}$——年实际利率。

3. 当总贷款分年贷款且在建设期各年年初发放时利息的计算

当总贷款分年贷款且在建设期各年年初发放时,建设期利息可按当年借款和上年贷款全年计息。计算公式为:

$$q_t = (P_{t-1} + A_t)i_{实际} \tag{1-39}$$

实际利率与名义利率的换算公式为:

$$i_{实际} = (1 + \frac{i_{名义}}{m})^m - 1 \tag{1-40}$$

式中 $i_{名义}$——年名义利率;

m——每年结息的次数。

1.3.2 建筑安装工程费用的组成及参考计算方法

1.3.2.1 建筑安装工程费用的内容

建筑安装工程费是指为完成工程项目建造、生产性设备及配套工程安装所需的费用。

1. 建筑工程费用内容

(1)各类房屋建筑工程和列入房屋建筑工程的供水、供暖、卫生、通风、煤气等设备费用及其装饰、油饰工程的费用,列入建筑工程预算的各种管道、电力、电信和电缆导线敷设工程的费用。

(2)设备基础、支柱、工作台、烟囱、水塔、水池、灰塔等建筑工程以及各种炉窑的砌筑工程和金属结构工程的费用。

(3)为施工而进行的场地平整、工程和水文地质勘察、原有建筑物和障碍物的拆除,以及施工临时用水、电、暖、气、路、通信和完工后的场地清理费用,环境绿化、美化等工作的费用。

(4)矿井开凿、井巷延伸、露天矿剥离,石油、天然气钻井,修建铁路、公路、桥梁、水库、堤坝、灌渠及防洪等工程的费用。

2. 安装工程费用内容

(1)生产、动力、起重、运输、传动和医疗、试验等各种需要安装的机械设备的装配费用,与设备相连的工作台、梯子、栏杆等设施的工作费用,附属于被安装设备的管线敷设工程费用,以及安装设备的绝缘、防腐、保温、油漆等工作的材料费和安装费用。

(2)为测定安装工程质量,对单台设备进行单机试运转、对系统设备进行系统联动无负荷试运转工作的调试费用。

1.3.2.2 建筑安装工程费用项目组成及参考计算方法

我国现行的建筑安装工程费用项目组成按住房和城乡建设部、财政部《关于印发〈建筑安装工程费用项目组成〉的通知》(建标〔2013〕44 号)的规定执行,该规定是在总结原建设部、财政部《关于印发〈建筑安装工程费用项目组成〉的通知》(建标〔2003〕206 号)执行情况的基础上,修订完善了《建筑安装工程费用项目组成》(简称《费用组成》)。《费用组成》自 2013 年 7 月 1 日起施行,原建设部、财政部《关于印发〈建筑安装工程费用项目组成〉的通知》(建标〔2003〕206 号)同时废止。我国现行的建筑安装工程费用项目按两种不同的方式划分,即按费用构成要素划分和按造价形成划分,其具体构成如图 1-18 所示。

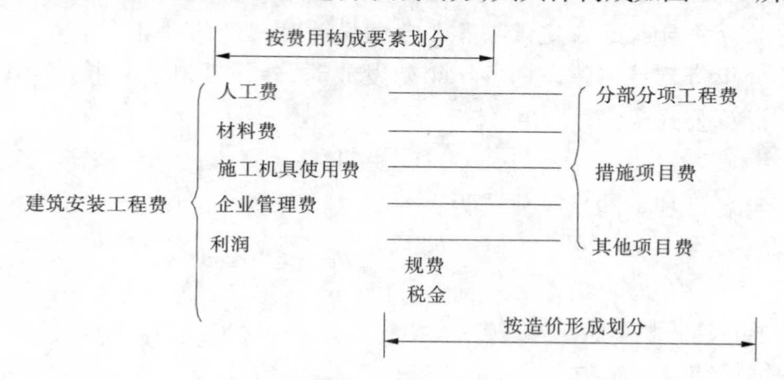

图 1-18 建筑安装工程费用项目构成图

1. 建筑安装工程费用项目组成(按费用构成要素划分)

建筑安装工程费按照费用构成要素划分为人工费、材料费(包含工程设备,下同)、施工机具使用费、企业管理费、利润、规费和税金。其中人工费、材料费、施工机具使用费、企业管理费和利润包含在分部分项工程费、措施项目费、其他项目费中(见图1-18)。

1)人工费

人工费是指支付给从事建筑安装工程施工作业的生产工人的各项费用。内容包括:

(1)计时工资或计件工资:是指按计时工资标准和工作时间或对已做工作按计件单价支付给个人的劳动报酬。

(2)奖金:是指对超额劳动和增收节支支付给个人的劳动报酬。如节约奖、劳动竞赛奖等。

(3)津贴补贴:是指为了补偿职工特殊或额外的劳动消耗和因其他特殊原因支付给个人的津贴,以及为了保证职工工资水平不受物价影响支付给个人的物价补贴。如流动施工津贴、特殊地区施工津贴、高温(寒)作业临时津贴、高空津贴等。

(4)加班加点工资:是指按规定支付的在法定节假日工作的加班工资和在法定工作时间外延时工作的加点工资。

(5)特殊情况下支付的工资:是指根据国家法律、法规和政策规定,因病、工伤、产假、计划生育假、婚丧假、事假、探亲假、定期休假、停工学习、执行国家或社会义务等原因按计时工资标准或计时工资标准的一定比例支付的工资。

人工费的参考计算方法:

$$\text{人工费} = \sum(\text{工日消耗量} \times \text{日工资单价}) \tag{1-41}$$

$$\text{日工资单价} = \frac{\text{生产工人平均月工资(计时、计件)} + \text{平均月(奖金} + \text{津贴补贴} + \text{特殊情况下支付的工资)}}{\text{年平均每月法定工作日}} \tag{1-42}$$

虽然施工企业投标报价时可以自主确定人工费,但由于人工日工资单价在我国具有一定的政策性,因此工程造价管理机构确定日工资单价应根据工程项目的技术要求,通过市场调查并参考实际的工程量人工单价综合分析确定,发布的最低日工资单价不得低于工程所在地人力资源和社会保障部门所发布的最低工资标准的:普工1.3倍、一般技工2倍、高级技工3倍。

2)材料费

材料费是指施工过程中耗费的原材料、半成品、构配件、工程设备等的费用,以及周转材料等的摊销、租赁费用。内容包括:

(1)材料原价:是指国内采购材料的出厂价,国外采购材料抵达买方边境、港口或车站并交纳完各种手续费、税费(不含增值税)后形成的价格。在确定原价时,凡同一种材料因来源地、交货地、供货单位、生产厂家不同,而有几种价格(原价)时,根据不同来源地供货数量比例,采取加权平均的方法确定其综合原价。计算公式如下:

$$\text{加权平均原价} = (K_1C_1 + K_2C_2 + \cdots + K_nC_n)/(K_1 + K_2 + \cdots + K_n) \tag{1-43}$$

式中　$K_1, K_2, \cdots, K_n$——各不同供应地点的供应量或各不同使用地点的需要量;

$C_1, C_2, \cdots, C_n$——各不同供应地点的原价。

若材料供货价格为含税价格,则材料原价应以购进货物适用的税率(17%或11%)或征收(3%)扣减增值税进项税额。

(2)运杂费:是指国内采购材料自来源地、国外采购材料自到岸港运至工地仓库或指定堆放地点所发生的费用(不含增值税)。含外埠中转运输过程中所发生的一切费用和过境过桥费用,包括调车和驳船费、装卸费、运输费及附加工作费等。

同一品种的材料有若干个来源地,应采用加权平均的方法计算材料运杂费。计算公式如下:

$$加权平均运杂费 = (K_1T_1 + K_2T_2 + \cdots + K_nT_n)/(K_1 + K_2 + \cdots + K_n) \quad (1\text{-}44)$$

式中 $K_1,K_2,\cdots,K_n$——各不同供应地点的供应量或各不同使用地点的需要量;

$T_1,T_2,\cdots,T_n$——各不同运距的运费。

若运输费用为含税价格,则需要按“两票制”和“一票制”两种支付方式分别调整。

①“两票制”支付方式。所谓“两票制”材料,是指材料供应商就收取的货物销售价款和运杂费合计金额向建筑企业分别提供货物销售和交通运输两张发票的材料。在这种方式下,运杂费以接受交通运输与服务适用税率11%扣减增值税进项税额。

②“一票制”支付方式。所谓“一票制”材料,是指材料供应商就收取的货物销售价款和运杂费合计金额向建筑企业仅提供一张货物销售发票的材料。在这种方式下,运杂费采用与材料原价相同的方式扣减增值税进项税额。

(3)运输损耗费。是指材料在运输装卸过程中不可避免的损耗。计算公式如下:

$$运输损耗费 = (材料原价 + 运杂费) \times (1 + 运输损耗率) \quad (1\text{-}45)$$

(4)采购及保管费。是指为组织采购、供应和保管材料过程中所需要的各项费用。包括采购费、仓储费、工地保管费和仓储损耗。计算公式如下:

$$采购保管费 = (材料原价 + 运杂费 + 运输损耗费) \times 采购保管费费率 \quad (1\text{-}46)$$

材料费的参考计算方法:

$$材料费 = \sum(材料消耗量 \times 材料单价) \quad (1\text{-}47)$$

$$材料单价 = [(材料原价 + 运杂费) \times (1 + 运输损耗率)] \times (1 + 采购保管费费率) \quad (1\text{-}48)$$

工程设备是指构成或计划构成永久工程一部分的机电设备、金属结构设备、仪器装置及其他类似的设备和装置。

工程设备费的参考计算方法:

$$工程设备费 = \sum(工程设备量 \times 工程设备单价) \quad (1\text{-}49)$$

$$工程设备单价 = (设备原价 + 运杂费) \times (1 + 采购保管费费率) \quad (1\text{-}50)$$

3)施工机具使用费

施工机具使用费是指施工作业所发生的施工机械、仪器仪表使用费或其租赁费。

(1)施工机械使用费:以施工机械台班耗用量乘以施工机械台班单价表示,施工机械台班单价应由下列七项费用组成:

①折旧费。指施工机械在规定的耐用总台班内,陆续收回其原值的费用。

②检修费。指施工机械在规定的耐用总台班内,按规定的检修间隔进行必要的检修,以恢复其正常功能所需的费用。检修费是机械使用期限内全部检修费之和在台班费中的分摊额,它取决于一次检修费、检修次数和耐用总台班的数量。

③维护费。指施工机械在耐用总台班内,按规定的维护间隔进行各级维护和临时故障排除所需的费用。保障机械正常运转所需替换与随机配备工具附具的摊销和维护费用、机械运转及日常保养所需润滑与擦拭的材料费用及机械停滞期间的维护费用等。

④安拆费及场外运费。安拆费指施工机械(大型机械除外)在现场进行安装与拆卸所需的人工、材料、机械和试运转费用,以及机械辅助设施的折旧、搭设、拆除等费用;场外运费指施工机械整体或分体自停放地点运至施工现场或由一施工地点运至另一施工地点的运输、装卸、辅助材料及架线等费用。

⑤人工费。指机上司机(司炉)和其他操作人员的人工费。

⑥燃料动力费。指施工机械在运转作业中所消耗的各种燃料及水、电等费用。

⑦其他费用。指施工机械按照国家规定应缴纳的车船税、保险费及检测费等。

施工机械使用费的参考计算方法:

$$\text{施工机械使用费} = \sum(\text{施工机械台班消耗量} \times \text{机械台班单价}) \tag{1-51}$$

$$\begin{aligned}\text{机械台班单价} = {} & \text{台班折旧费} + \text{台班大修费} + \text{台班经常修理费} + \\ & \text{台班安拆费及场外运费} + \text{台班人工费} + \\ & \text{台班燃料动力费} + \text{台班车船税费}\end{aligned} \tag{1-52}$$

(2)仪器仪表使用费:是指工程施工所需使用的仪器仪表的摊销及维修费用。

仪器仪表使用费的参考计算方法:

$$\text{仪器仪表使用费} = \sum(\text{仪器仪表台班消耗量} \times \text{仪器仪表台班单价}) \tag{1-53}$$

$$\text{仪器仪表台班单价} = \text{台班折旧费} + \text{台班维护费} + \text{台班校验费} + \text{台班动力费} \tag{1-54}$$

4)企业管理费

企业管理费是指建筑安装企业组织施工生产和经营管理所需的费用。内容包括:

(1)管理人员工资。是指按规定支付给管理人员的计时工资、奖金、津贴补贴、加班加点工资及特殊情况下支付的工资等。

(2)办公费。是指企业管理办公用的文具、纸张、账表、印刷、邮电、书报、办公软件、现场监控、会议、水电、烧水和集体取暖降温(包括现场临时宿舍取暖降温)等费用。当一般纳税人采用一般计税方法时,办公费中增值税进项税额的抵扣原则为:以购进货物适用的相应税率扣减,其中购进自来水、暖气冷气、图书、报纸、杂志等适用的税率为11%,接受邮政和基础电信服务等适用的税率为11%,接受增值电信服务等适用的税率为6%,其他为17%。

(3)差旅交通费。是指职工因公出差、调动工作的差旅费、住勤补助费,市内交通费和误餐补助费,职工探亲路费,劳动力招募费,职工退休、退职一次性路费,工伤人员就医路费,工地转移费,以及管理部门使用的交通工具的油料、燃料等费用。

(4)固定资产使用费。是指管理和试验部门及附属生产单位使用的属于固定资产的房屋、设备、仪器等的折旧、大修、维修或租赁费。当一般纳税人采用一般计税方法时,固定资产使用费中增值税进项税额的抵扣原则为:2016年5月1日后以直接购买、接受捐赠、接受投资入股、自建以及抵债等各种形式取得并在会计制度上按固定资产核算的不动

产或者2016年5月1日后取得的不动产在建工程,其进项税额应自取得之日起分两年扣减,第一年抵扣比例为60%,第二年抵扣比例为40%。设备、仪器的折旧、大修、维修或租赁费以购进货物、接受修理修配劳务或租赁有形动产服务适用的税率扣减,均为17%。

(5)工具用具使用费。是指企业施工生产和管理使用的不属于固定资产的工具、器具、家具、交通工具和检验、试验、测绘、消防用具等的购置、维修和摊销费。当一般纳税人采用一般计税方法时,工具用具使用费中增值税进项税额的抵扣原则为:以购进货物或接受修理修配劳务适用的税率扣减,均为17%。

(6)劳动保险和职工福利费。是指由企业支付的职工退职金、按规定支付给离休干部的经费,集体福利费、夏季防暑降温、冬季取暖补贴、上下班交通补贴等。

(7)劳动保护费。是企业按规定发放的劳动保护用品的支出。如工作服、手套、防暑降温饮料以及在有碍身体健康的环境中施工的保健费用等。

(8)检验试验费。是指施工企业按照有关标准规定,对建筑以及材料、构件和建筑安装物进行一般鉴定、检查所发生的费用,包括自设实验室进行试验所耗用的材料等费用。不包括新结构、新材料的试验费,对构件做破坏性试验及其他特殊要求检验试验的费用和建设单位委托检测机构进行检测的费用,对此类检测发生的费用,由建设单位在工程建设其他费用中列支。但对施工企业提供的具有合格证明的材料进行检测不合格的,该检测费用由施工企业支付。当一般纳税人采用一般计税方法时,检验试验费中增值税进项税额现代服务业以适用的税率6%扣减。

(9)工会经费。是指企业按《中华人民共和国工会法》规定的全部职工工资总额比例计提的工会经费。

(10)职工教育经费。是指按职工工资总额的规定比例计提,企业为职工进行专业技术和职业技能培训,专业技术人员继续教育,职工职业技能鉴定,职业资格认定以及根据需要对职工进行各类文化教育所发生的费用。

(11)财产保险费。是指施工管理用财产、车辆等的保险费用。

(12)财务费。是指企业为施工生产筹集资金或提供预付款担保、履约担保、职工工资支付担保等所发生的各种费用。

(13)税金。是指企业按规定缴纳的房产税、车船使用税、土地使用税、印花税、城市维护建设税、教育费附加、地方教育附加等各项税费。

(14)其他。包括技术转让费、技术开发费、投标费、业务招待费、绿化费、广告费、公证费、法律顾问费、审计费、咨询费、保险费等。

企业管理费的参考计算方法:

(1)以分部分项工程费为计算基础

$$\text{企业管理费费率}(\%)=\frac{\text{生产工人年平均管理费}}{\text{年有效施工天数}\times\text{人工单价}}\times\text{人工费占分部分项工程费比例}(\%) \tag{1-55}$$

(2)以人工费和施工机具使用费合计为计算基础

$$\text{企业管理费费率}(\%)=\frac{\text{生产工人年平均管理费}}{\text{年有效施工天数}\times(\text{人工单价}+\text{每一工日机械使用费})}\times100\% \tag{1-56}$$

（3）以人工费为计算基础

$$企业管理费费率(\%) = \frac{生产工人年平均管理费}{年有效施工天数 \times 人工单价} \times 100\% \quad (1\text{-}57)$$

注：上述公式适用于施工企业投标报价时自主确定管理费，是工程造价管理机构编制计价定额确定企业管理费的参考依据。工程造价管理机构在确定计价定额中企业管理费时，应以定额人工费或定额人工费与施工机具使用费之和作为计算基数，其费率根据历年积累的工程造价资料，辅以调查数据确定，列入分部分项工程和措施项目中。

5）利润

利润是指施工单位从事建筑安装工程施工所获得的盈利。

利润的参考计算方法包括两种：

（1）施工企业根据企业自身需求并结合建筑市场实际自主确定，列入报价中。

（2）工程造价管理机构在确定计价定额中利润时，应以定额人工费或定额人工费与施工机具使用费之和作为计算基数，其费率根据历年积累的工程造价资料，并结合建筑市场实际确定，以单位（单项）工程测算，利润在税前建筑安装工程费的比重可按不低于5%且不高于7%的费率计算。利润应列入分部分项工程和措施项目中。

6）规费

规费是指按国家法律、法规规定，由省级政府和省级有关权力部门规定必须缴纳或计取的费用。包括：

（1）社会保险费。

①养老保险费：企业按照国家规定标准为职工缴纳的基本养老保险费。

②失业保险费：企业按照国家规定标准为职工缴纳的失业保险费。

③医疗保险费：企业按照国家规定标准为职工缴纳的基本医疗保险费。

④工伤保险费：企业按照国务院制定的行业费率为职工缴纳的工伤保险费。

⑤生育保险费：企业按照国家规定标准为职工缴纳的生育保险费。根据“十三五”规划纲要，生育保险与基本医疗保险合并的实施方案已在12个试点城市行政区域进行试点。

（2）住房公积金。是指企业按照国家规定标准为职工缴纳的住房公积金。

（3）工程排污费。是指按照国家规定标准缴纳的施工现场工程排污费。

规费的参考计算方法：

（1）社会保险费和住房公积金。社会保险费和住房公积金应以定额人工费为计算基础，根据工程所在地省、自治区、直辖市或行业建设主管部门规定费率计算。

$$社会保险费和住房公积金 = \sum(工程定额人工费 \times 社会保险费和住房公积金费率) \quad (1\text{-}58)$$

式中，社会保险费和住房公积金费率可以每万元发承包价的生产工人人工费和管理人员工资含量与工程所在地规定的缴纳标准综合分析取定。

（2）工程排污费。工程排污费等其他应列而未列入的规费应按工程所在地环境保护等部门规定的标准缴纳，按实计取列入。

7）税金

税金是指国家税法规定的应计入建筑安装工程造价内的增值税额，按税前造价乘以

增值税税率确定。

(1)采用一般计税方法时增值税的计算。当采用一般计税方法时，建筑业增值税税率为 11%，计算公式为：

$$增值税 = 税前造价 \times 11\% \tag{1-59}$$

税前造价为人工费、材料费、施工机具使用费、企业管理费、利润和规费之和，各费用项目均以不包含增值税可抵扣进项税额的价格计算。

(2)采用简易计税方法时增值税的计算。

①简易计税的适用范围。根据《营业税改征增值税试点实施办法》以及《营业税改征增值税试点有关事项的规定》，简易计税方法主要适用于以下几种情况：

a. 小规模纳税人发生应税行为适用简易计税方法计税。小规模纳税人通常指纳税人提供建筑服务的年应征增值税销售额未超过 500 万元，并且会计核算不健全，不能按规定报送有关税务资料的增值税纳税人。年应税销售额超过 500 万元，但不经常发生应税行为的单位也可选择按照小规模纳税人计税。

b. 一般纳税人以清包工方式提供的建筑服务，可以选择适用简易计税方法计税。以清包工方式提供建筑服务，是指施工方不采购建筑工程所需的材料或只采购辅助材料，并收取人工费、管理费或者其他费用的建筑服务。

c. 一般纳税人为甲供工程提供的建筑服务，可以选择适用简易计税方法计税。甲供工程，是指全部或部分设备、材料、动力由工程发包方自行采购的建筑工程。

d. 一般纳税人为建筑工程老项目提供的建筑服务，可以选择适用简易计税方法计税。建筑工程老项目：一种是《建筑工程施工许可证》注明的合同开工日期在 2016 年 4 月 30 日前的建筑工程项目；另一种是未取得《建筑工程施工许可证》，建筑工程承包合同注明的开工日期在 2016 年 4 月 30 日前的建筑工程项目。

②简易计税的计算方法。当采用简易计税方法时，建筑业增值税税率为 3%，计算公式为：

$$增值税 = 税前造价 \times 3\% \tag{1-60}$$

税前造价为人工费、材料费、施工机具使用费、企业管理费、利润和规费之和，各费用项目均以包含增值税进项税额的含税价格计算。

2. 建筑安装工程费用项目组成（按造价形成划分）

建筑安装工程费按照工程造价形成由分部分项工程费、措施项目费、其他项目费、规费、税金组成，分部分项工程费、措施项目费、其他项目费包含人工费、材料费、施工机具使用费、企业管理费和利润（见图 1-18）。

1) 分部分项工程费

分部分项工程费是指各专业工程的分部分项工程应予列支的各项费用。

(1)专业工程。是指按现行国家计量规范划分的房屋建筑与装饰工程、仿古建筑工程、通用安装工程、市政工程、园林绿化工程、矿山工程、构筑物工程、城市轨道交通工程、爆破工程等各类工程。

(2)分部分项工程。是指按现行国家计量规范对各专业工程划分的项目。如房屋建筑与装饰工程划分的土石方工程、地基处理与桩基工程、砌筑工程、钢筋及钢筋混凝土工程等。

各类专业工程的分部分项工程划分见现行国家或行业计量规范。

分部分项工程费的参考计算方法：

$$分部分项工程费 = \sum(分部分项工程量 \times 综合单价) \tag{1-61}$$

式中，综合单价包括人工费、材料费、施工机具使用费、企业管理费和利润以及一定范围的风险费用（下同）。

2）措施项目费

措施项目费是指为完成建设工程施工，发生于该工程施工准备和施工过程中的技术、生活、安全、环境保护等方面的费用。措施项目及其包含的内容应遵循各类专业工程的现行国家或行业工程量计算规范。以《房屋建筑与装饰工程工程量计算规范》（GB 50854—2013）中的规定，措施项目费可以归纳为以下几项：

（1）安全文明施工费。是指工程项目施工期间，施工单位为保证安全施工、文明施工和保护现场内外环境等所发生的措施项目费用。通常由环境保护费、文明施工费、安全施工费、临时设施费组成。

①环境保护费：施工现场为达到环保部门要求所需要的各项费用。

②文明施工费：施工现场文明施工所需要的各项费用。

③安全施工费：施工现场安全施工所需要的各项费用。

④临时设施费：施工企业为进行建设工程施工所必须搭设的生活和生产用的临时建筑物、构筑物和其他临时设施费用。包括临时设施的搭设、维修、拆除、清理费或摊销费等。

（2）夜间施工增加费。是指因夜间施工所发生的夜班补助费、夜间施工降效、夜间施工照明设备摊销及照明用电等费用。内容由以下各项组成：

①夜间固定照明灯具和临时可移动照明灯具的设置、拆除费用；

②夜间施工时，施工现场交通标志、安全标牌、警示灯的设置、移动、拆除费用；

③夜间施工照明设备摊销及照明用电、施工人员夜班补助、夜间施工劳动效率降低等费用。

（3）非夜间施工照明费。是指为保证工程施工正常进行，在地下室等特殊施工部位施工时所采用的照明设备的安拆、维护及照明用电等费用。

（4）二次搬运费。是指因施工管理需要或因场地狭小等原因，导致建筑材料、设备等不能一次搬运到位，必须发生的二次或以上搬运所需的费用。

（5）冬雨（风）季施工增加费。是指在冬雨季天气原因导致施工效率降低加大投入而增加的费用，以及为确保冬雨季施工质量和安全而采取的保温、防雨等措施所需的费用。其内容由以下各项组成：

①冬雨（风）季施工时，增加的临时设置（防寒保温、防雨、防风设施）的搭设、拆除费用。

②冬雨（风）季施工时，对砌体、混凝土等采用的特殊加温、保温和养护措施费用。

③冬雨（风）季施工时，施工现场防滑处理、对影响施工的雨雪的清除费用。

④冬雨（风）季施工时，增加的施工人员的劳动保护用品、冬雨（风）季施工劳动效率降低等费用。

（6）地上、地下设施和建筑物的临时保护设施费。在施工过程中，对已建成的地上、

地下设施和建筑物进行的遮盖、封闭、隔离等必要保护措施所发生的费用。

(7)已完工程及设备保护费。竣工验收前，对已完工程及设备采取的覆盖、包裹、封闭、隔离等必要保护措施所发生的费用。

(8)脚手架费。是指施工需要的各种脚手架搭、拆、运输费用以及脚手架购置费的摊销(或租赁)费用。通常包括以下内容：

①施工时可能发生的场内、场外材料搬运费用。

②搭、拆脚手架、斜道、上料平台费用。

③安全网的铺设费用。

④拆除脚手架后材料的堆放费用。

(9)混凝土模板及支架(撑)费。混凝土施工过程中需要的各种钢模板、木模版、支架等的搭拆、运输费用及模板、支架的摊销(或租赁)费用。内容由以下各项组成：

①混凝土施工过程中需要的各种模板制作费用。

②模板安装、拆除、整理堆放及场内外运输费用。

③清理模板黏结物及模内杂物、刷隔离剂等费用。

(10)垂直运输费。是指现场所用材料、机具从地面运至相应高度以及职工人员上下工作面等所发生的运输费用。内容由以下各项组成：

①垂直运输机械的固定装置、基础制作、安装费。

②行走式垂直运输机械轨道的铺设、拆除、摊销费。

(11)超高施工增加费。当单层建筑物檐口高度超过 20 m，多层建筑物超过 6 层时，可计算超高施工增加费。内容由以下各项组成：

①建筑物超高引起的人工工效降低以及由于人工工效降低引起的机械降效费；

②高层施工用水加压水泵的安装、拆除及工作台班费；

③通信联络设备的使用及摊销费。

(12)大型机械设备进出场及安拆费。是指机械整体或分体自停放场地运至施工现场或由一个施工地点运至另一个施工地点，所发生的机械进出场运输、转移费用及机械在施工现场进行安装、拆卸所需的人工费、材料费、机械费、试运转费和安装所需的辅助设施的费用。内容由安拆费和进出场费组成：

①安拆费包括施工机械、设备在现场进行安装拆卸所需人工、材料、机具和试运转费用以及机械辅助设施的折旧、搭设、拆除等费用；

②进出场费包括施工机械、设备整体或分体自停放场地运至施工现场或由一个施工地点运至另一个施工地点所发生的运输、装卸、辅助材料等费用。

(13)施工排水、降水费。是指将施工期间有碍施工作业和影响工程质量的水排到施工场地以外，以及防止在地下水位较高的地区开挖深基坑出现基坑浸水，地基承载力下降，在动水压力作用下还可能引起流砂、管涌和边坡失稳等现象而必须采用有效的降水和排水措施费用。该项费用由成井和排水、降水两个独立的费用项目组成。

①成井的费用主要包括：a. 准备钻孔机械、埋设护筒，钻机就位，泥浆制作、固壁，成孔、除渣、清孔等费用；b. 对接上、下井管(滤管)，焊接，安防，下滤料，洗井，连接试抽等费用。

②排水、降水的费用主要包括：a. 管道安装、拆除，场内搬运等费用；b. 抽水、值班、降

水设备维修等费用。

(14)其他费用。根据项目的专业特点或所在地区不同,可能会出现其他的措施项目费。如工程定位复测费和特殊地区施工增加费等。

措施项目费的参考计算方法:

(1)应予计量的措施项目,与分部分项工程费的计算方法基本相同,公式为:

$$措施项目费 = \sum(措施项目工程量 \times 综合单价) \tag{1-62}$$

不同的措施项目其工程量的计算单位是不同的,分列如下:

①脚手架费通常按建筑面积或垂直投影面积按“m^2”计算。

②混凝土模板及支架(撑)费通常是按照模板与现浇混凝土构件的接触面积以“m^2”计算。

③垂直运输费可根据不同情况用两种方法进行计算:第一种按照建筑面积以“m^2”为单位计算;第二种按照施工工期日历天数以“天”为单位计算。

④超高施工增加费通常按照建筑物超高部分的建筑面积以“m^2”为单位计算。

⑤大型机械设备进出场及安拆费通常按照机械设备的适用数量以“台次”为单位计算。

⑥施工排水、降水费分两个不同的独立部分计算:a. 成井费通常按照设计图示尺寸以钻孔深度按“m”计算;b. 排水、降水费用通常按照排水、降水日历天数按“昼夜”计算。

(2)不宜计量的措施项目,通常用计算基数乘以费率的方法予以计算。

①安全文明施工费。计算公式为:

$$安全文明施工费 = 计算基数 \times 安全文明施工费费率(\%) \tag{1-63}$$

计算基数应为定额基价(定额分部分项工程费 + 定额中可以计量的措施项目费)、定额人工费或(定额人工费 + 定额机械费),其费率由工程造价管理机构根据各专业工程的特点综合确定。

②其余不宜计量的措施项目费。包括夜间施工增加费,非夜间施工照明费,二次搬运费,冬雨季施工增加费,地上、地下设施和建筑物的临时保护设施费,已完工程及设备保护费等。计算公式为:

$$措施项目费 = 计算基数 \times 措施项目费费率(\%) \tag{1-64}$$

式(1-64)中的计算基数应为定额人工费或定额人工费与定额施工机具使用费之和,其费率由工程造价管理机构根据各专业工程特点和调查资料综合分析后确定。

(3)其他项目费。

①暂列金额。是指建设单位在工程量清单中暂定并包括在工程合同价款中的一笔款项。用于施工合同签订时尚未确定或者不可预见的所需材料、工程设备、服务的采购,施工中可能发生的工程变更、合同约定调整因素出现时的工程价款调整以及发生的索赔、现场签证确认等的费用。

②计日工。是指在施工过程中,施工企业完成建设单位提出的施工图纸以外的零星项目或工作所需的费用。

③总承包服务费。是指总承包人为配合、协调建设单位进行的专业工程发包,对建设单位自行采购的材料、工程设备等进行保管,以及施工现场管理、竣工资料汇总整理等服务所需的费用。

其他项目费的参考计算方法如下：

①暂列金额由建设单位根据工程特点，按有关计价规定估算，施工过程中由建设单位掌握使用。扣除合同价款调整后如有余额，归建设单位。

②计日工由建设单位和施工企业按施工过程中的签证计价。

③总承包服务费由建设单位在招标控制价中根据总包服务范围和有关计价规定编制，施工企业投标时自主报价，施工过程中按签约合同价执行。

(4)规费。与按费用构成要素划分中的完全一样。

(5)税金。与按费用构成要素划分中的完全一样。

建设单位和施工企业均应按照省、自治区、直辖市或行业建设主管部门发布标准计算规费和税金，不得作为竞争性费用。

【典型小案例】

【例1-7】 某新建项目，建设期为3年，贷款年利率为6%，按季计息，试计算以下三种情况下建设期的贷款利息：

(1)如果在建设期初一次性贷款1 300万元。

(2)如果贷款在各年均衡发放，第一年贷款300万元，第二年贷款600万元，第三年贷款400万元。

(3)如果贷款在各年年初发放，第一年贷款300万元，第二年贷款600万元，第三年贷款400万元。

解：由题意可知：贷款年利率为6%，按季计息，因此先把6%的名义利率换算成为年实际利率。

$$i_{实际} = \left(1 + \frac{i_{名义}}{m}\right)^m - 1 = (1 + 6\%/4)^4 - 1 = 6.14\%$$

(1)如果在建设期初一次性贷款1 300万元，根据在建设期初一次性贷款的公式，第三年末的本利和为：

$$F = P(1 + i_{实际})^n = 1\ 300 \times (1 + 6.14\%)^3 = 1\ 554.46(万元)$$

建设期的总利息为： $1\ 554.46 - 1\ 300 = 254.46$(万元)

(2)如果贷款在各年均衡发放，在建设期，各年利息和总利息计算如下：

$$q_1 = 1/2A_1 i_{实际} = 1/2 \times 300 \times 6.14\% = 9.21(万元)$$

$$q_2 = (P_1 + 1/2A_2)i_{实际} = (300 + 9.21 + 1/2 \times 600) \times 6.14\% = 37.41(万元)$$

$$q_3 = (P_2 + 1/2A_3)i_{实际} = (300 + 9.21 + 600 + 37.41 + 1/2 \times 400) \times 6.14\% = 70.4(万元)$$

所以，建设期贷款利息为：$9.21 + 37.41 + 70.4 = 117.02$(万元)

(3)如果贷款在各年年初发放，各年利息和总利息计算如下：

$$q_1 = A_1 i_{实际} = 300 \times 6.14\% = 18.42(万元)$$

$$q_2 = (P_1 + A_2)i_{实际} = (300 + 18.42 + 600) \times 6.14\% = 56.39(万元)$$

$$q_3 = (P_2 + A_3)i_{实际} = (300 + 18.42 + 600 + 56.39 + 400) \times 6.14\% = 84.41(万元)$$

所以，建设期贷款利息为： $18.42 + 56.39 + 84.41 = 159.22$(万元)

【例1-8】 某建设项目材料(适用17%增值税税率)从两个地方采购，其采购量及有关费用如表1-6所示,求该工地水泥的单价(表中原价、运杂费均为含税价格,且材料采用“两票制”支付方式)。

表1-6　材料采购信息表

采购处	采购量(t)	原价(元/t)	运杂费(元/t)	运输损耗费(%)	采购及保管费费率(%)
甲地	300	240	20	0.5	3.5
乙地	200	250	15	0.4	

解:

甲地供应材料的原价(不含税)$=240\div1.17=205.13$(元/t)

甲地供应材料的运杂费(不含税)$=20\div1.11=18.02$(元/t)

乙地供应材料的原价(不含税)$=250\div1.17=213.68$(元/t)

乙地供应材料的运杂费(不含税)$=15\div1.11=13.51$(元/t)

加权平均原价$=(300\times205.13+200\times213.68)\div(300+200)=208.55$(元/t)

加权平均运杂费$=(300\times18.02+200\times13.51)\div(300+200)=16.22$(元/t)

甲地的运输损耗费$=(205.13+18.02)\times0.5\%=1.12$(元/t)

乙地的运输损耗费$=(213.68+13.51)\times0.4\%=0.91$(元/t)

加权平均运输损耗费$=(300\times1.12+200\times0.91)\div(300+200)=1.04$(元/t)

材料单价$=(208.55+16.22+1.04)\times(1+3.5\%)=233.71$(元/t)

【自测及相关实训】

(1)某新建项目,建设期3年,第一年贷款500万元,第二年贷款200万元,第三年贷款300万元,$i=10\%$,求建设期贷款利息。

(2)某材料(适用17%增值税率)自甲、乙两地采购,甲地采购量为400 t,原价为180元/t(不含税),运杂费为30元/t(不含税);乙地采购量为300 t,原价为280元/t(不含税),运杂费为28元/t(不含税),该材料运输损耗率和采购保管费费率分别为1%和2%,材料采用“一票制”支付方式。若采取简易计税方法,该材料的单价为多少元/t?

任务1.4　建筑面积的计算

【任务介绍】　多层框架结构办公楼建筑面积计算。

根据某办公楼的土建施工图和《建筑工程建筑面积计算规范》(GB/T 50353—2013)的计算规则计算出本工程的建筑面积。

【任务解析】

1. 阅读工程图纸和现行《建筑工程建筑面积计算规范》(GB/T 50353—2013),选择本工程使用的建筑面积计算规则;
2. 阅读图纸,确定计算建筑面积的数据;
3. 检验计算过程的正确性,避免计算性错误;
4. 汇总数据,获得本工程建筑面积数值。

【知识目标】

掌握《建筑工程建筑面积计算规范》(GB/T 50353—2013)中建筑面积的术语和计算规则。

【能力目标】

通过案例中工程建筑面积的计算,掌握多层建筑建筑面积的计算方法。

【相关知识】

1.4.1 建筑面积的概念及作用

1.4.1.1 建筑面积的概念及组成

1. 建筑面积的概念

建筑面积亦称建筑展开面积,它是指房屋建筑中各层外围结构水平投影面积的总和。它是表示一个建筑物建筑规模大小的经济指标。

2. 建筑面积的组成

建筑面积由使用面积、辅助面积和结构面积三部分组成。

使用面积是指建筑物各层平面中直接为生产或生活使用的净面积的总和,如居住建筑中的卧室、客厅等。

辅助面积是指建筑物各层平面为辅助生产或生活活动所占的净面积的总和,如居住建筑中的走道、厕所、厨房等。

结构面积是指建筑物各层平面中结构构件所占的面积总和,如居住建筑中的墙、柱等结构所占的面积。

1.4.1.2 成套房屋的建筑面积

1. 成套房屋的建筑面积及其组成

成套房屋的建筑面积是指房屋权利人所有的总建筑面积,也是房屋在权属登记时的一大要素。其组成为:

成套房屋的建筑面积 = 套内建筑面积 + 分摊的共有公用建筑面积

2. 套内建筑面积及其组成

房屋的套内建筑面积是指房屋权利人单独占有使用的建筑面积。其组成为:

套内建筑面积 = 套内房屋有效面积 + 套内墙体面积 + 套内阳台建筑面积

1)套内房屋有效面积

套内房屋有效面积是指套内直接或辅助为生活服务的净面积之和,包括使用面积和辅助面积两部分。

2)套内墙体面积

套内墙体面积是指应该计算到套内建筑面积中的墙体所占的面积,包括非共用墙和共用墙两部分。

(1)非共用墙是指套内部各房间之间的隔墙,如客厅与卧室之间、卧室与书房之间、卧室与卫生间之间的隔墙,非共用墙均按其投影面积计算。

(2)共用墙是指各套之间的分隔墙、套与公用建筑空间的分隔墙和外墙,共用墙均按其投影面积的一半计算。

3)套内阳台建筑面积

套内阳台建筑面积按照阳台建筑面积计算规则计算即可。

3.分摊的共有公用建筑面积

分摊的共有公用建筑面积是指房屋权利人应该分摊的各产权业主共同占有或共同使用的那部分建筑面积。包括以下几部分:

(1)电梯井、管道井、楼梯间、变电室、设备间、公共门厅、过道、地下室、值班警卫室等,以及为整栋服务的公共用房和管理用房的建筑面积。

(2)套与公共建筑之间的分隔墙,以及外墙(包括山墙)公共墙,其建筑面积为水平投影面积的一半。

独立使用的地下室、车棚、车库,为多幢服务的警卫室、管理用房,作为人防工程的地下室通常都不计入共有的建筑面积。

共有公用建筑面积的处理原则:

(1)产权各方有合法权属分割文件或协议的,按文件或协议规定执行。

(2)无产权分割文件或协议的,按相关房屋的建筑面积比例进行分摊。

计算每套应该分摊的共有公用建筑面积时,应该按以下三个步骤进行:

(1)计算共有公用建筑面积:

共有公用建筑面积 = 整栋建筑物的建筑面积 - 各套内建筑面积之和 - 作为独立使用空间出售或出租的地下室、车棚及人防工程等建筑面积

(2)计算共有公用建筑面积分摊系数:

共有公用建筑面积分摊系数 = 共有公用建筑面积/套内建筑面积之和

(3)计算每套应该分摊的共有公用建筑面积:

每套应分摊的共有公用建筑面积 = 共有公用建筑面积分摊系数 × 套内建筑面积

1.4.1.3 建筑面积的作用

(1)建筑面积是确定建设规划的重要指标。

(2)建筑面积是确定各项技术经济指标的基础。

(3)建筑面积是计算有关分项工程量的依据。

(4)建筑面积是选择概算指标和编制概算的主要依据。

1.4.2 建筑面积的计算规则

1.4.2.1 术语

(1)建筑面积(construction area):建筑物(包括墙体)所形成的楼地面面积。

(2)自然层(floor):按楼地面结构分层的楼层。

(3)结构层高(structure story height):楼面或地面结构层上表面至上部结构层上表面之间的垂直距离。

(4)围护结构(building enclosure):围合建筑空间的墙体、门、窗。

(5)建筑空间(construction space):以建筑界面限定的、供人们生活和活动的场所。

(6)结构净高(structure net height):楼面或地面结构层上表面至上部结构层下表面之间的垂直距离。

(7)围护设施(enclosure facilities):为保障安全而设置的栏杆、栏板等围挡。

(8)地下室(basement):室内地平面低于室外地平面的高度超过室内净高的1/2的房间。

(9)半地下室(semi - basement):室内地平面低于室外地平面的高度超过室内净高的1/3,且不超过1/2的房间。

(10)架空层(stilt floor):仅有结构支撑而无外围护结构的开敞空间层。

(11)走廊(corridor):建筑物中的水平交通空间。

(12)架空走廊(elevated corridor):专门设置在建筑物的二层或二层以上,作为不同建筑物之间水平交通的空间。

(13)结构层(structure layer):整体结构体系中承重的楼板层。

(14)落地橱窗(french window):突出外墙面且根基落地的橱窗。

(15)凸窗(飘窗)(bay window):凸出建筑物外墙面的窗户。

(16)檐廊(eaves gallery):建筑物挑檐下的水平交通空间。

(17)挑廊(overhanging corridor):挑出建筑物外墙的水平交通空间。

(18)门斗(air lock):建筑物入口处两道门之间的空间。

(19)雨篷(canopy):建筑出入口上方为遮挡雨水而设置的部件。

(20)门廊(porch):建筑物入口前有顶棚的半围合空间。

(21)楼梯(stairs):由连续行走的梯级、休息平台和维护安全的栏杆(或栏板)、扶手以及相应的支托结构组成的作为楼层之间垂直交通使用的建筑部件。

(22)阳台(balcony):附设于建筑物外墙,设有栏杆或栏板,可供人活动的室外空间。

(23)主体结构(major structure):接受、承担和传递建设工程所有上部荷载,维持上部结构整体性、稳定性和安全性的有机联系的构造。

(24)变形缝(deformation joint):防止建筑物在某些因素作用下引起开裂甚至破坏而预留的构造缝。

(25)骑楼(overhang building):建筑底层沿街面后退且留出公共人行空间的建筑物。

(26)过街楼(overhead building):跨越道路上空并与两边建筑相连接的建筑物。

(27)建筑物通道(building passage):为穿过建筑物而设置的空间。

(28)露台(terrace):设置在屋面、首层地面或雨篷上的供人室外活动的有围护设施的平台。

(29)勒脚(plinth):在房屋外墙接近地面部位设置的饰面保护构造。

(30)台阶(step):联系室内外地坪或同楼层不同标高而设置的阶梯形踏步。

1.4.2.2　建筑面积计算规则

根据《建筑工程建筑面积计算规范》(GB/T 50353—2013)规定,建筑面积计算规则包括两部分内容,即计算建筑面积的范围和不计算建筑面积的范围。

1. 计算建筑面积的范围

(1)建筑物的建筑面积应按自然层外墙结构外围水平面积之和计算。结构层高在2.20 m及以上的,应计算全面积;结构层高在2.20 m以下的,应计算1/2面积。单层建筑立面图见图1-19。

(2)建筑物内设有局部楼层(见图1-20)时,对于局部楼层的二层及以上楼层,有围护结

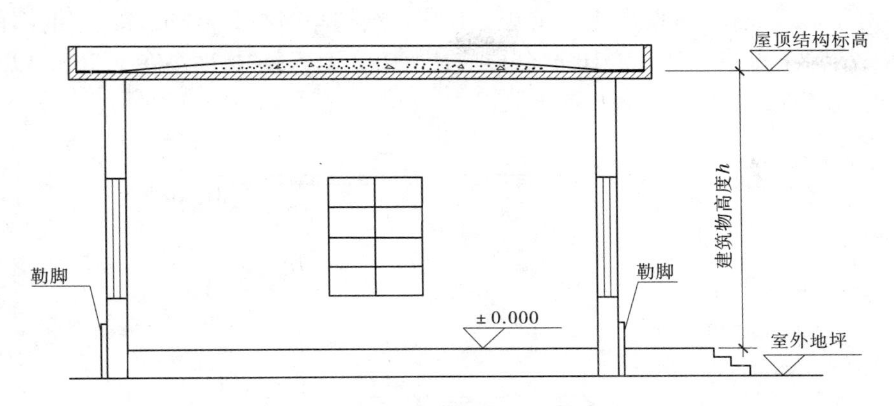

图1-19　单层建筑立面图

构的应按其围护结构外围水平面积计算,无围护结构的应按其结构底板水平面积计算,且结构层高在2.20 m及以上的,应计算全面积,结构层高在2.20 m以下的,应计算1/2面积。

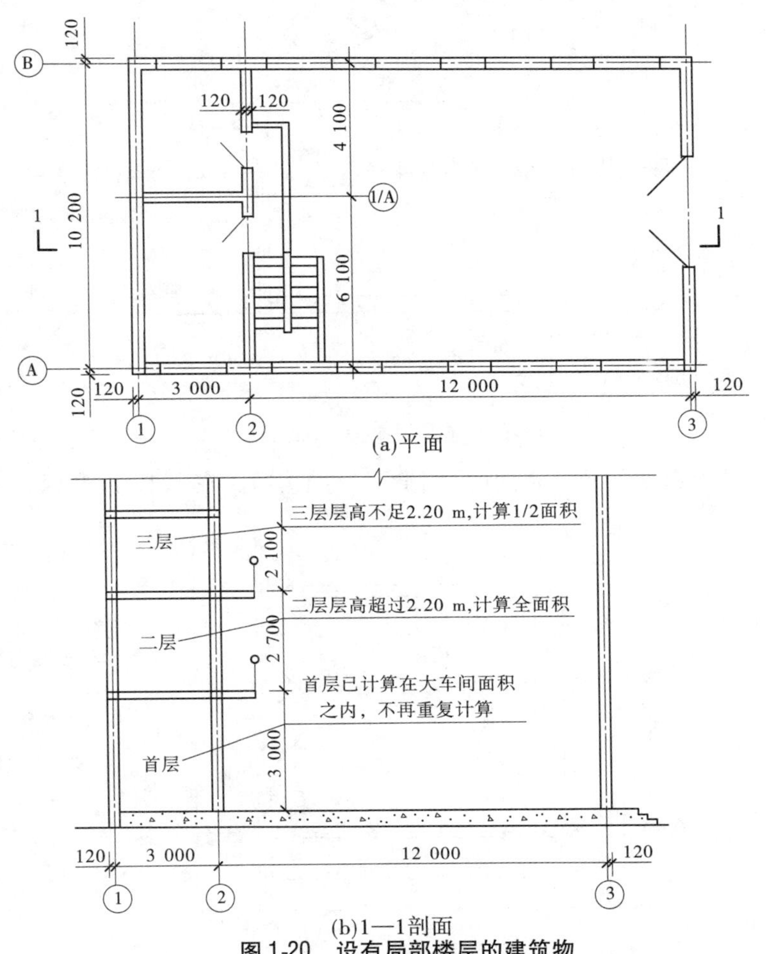

图1-20　设有局部楼层的建筑物

(3)对于形成建筑空间的坡屋顶(见图1-21),结构净高在2.10 m及以上的部位应计算全面积;结构净高在1.20～2.10 m部位应计算1/2面积;结构净高在1.20 m以下的部位不应计算建筑面积。

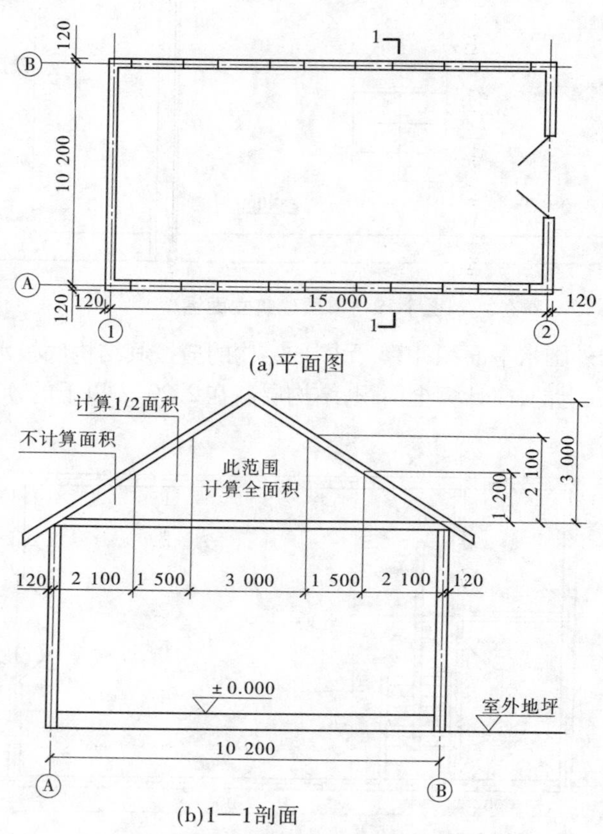

图1-21　坡屋顶平面图、剖面图

(4)对于场馆看台下的建筑空间(见图1-22),结构净高在2.10 m及以上的部位应计

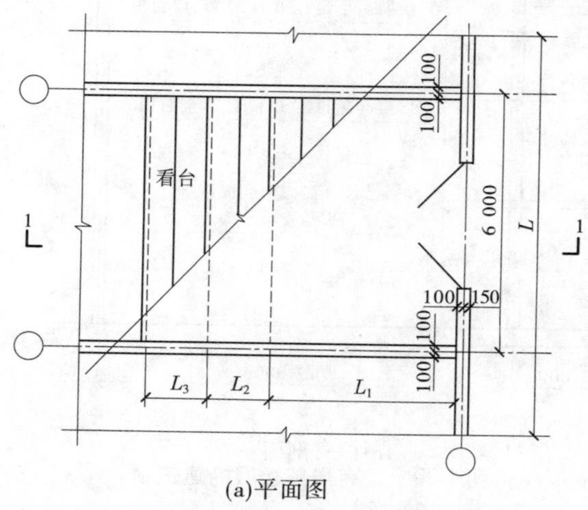

图1-22　看台下加以利用示意图

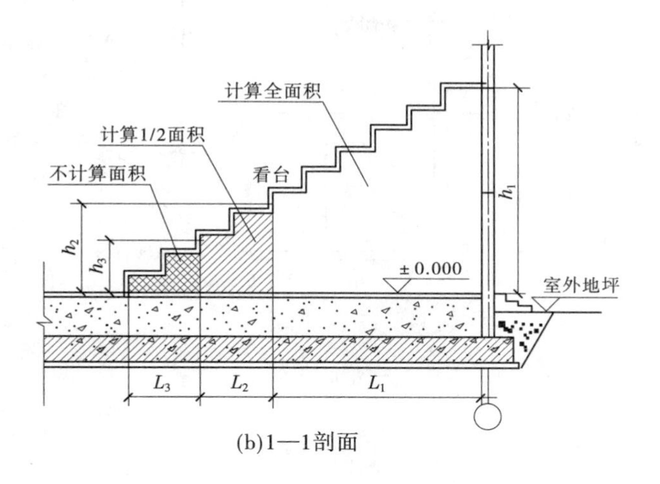

(b)1—1剖面

续图1-22

算全面积;结构净高在1.20～2.10 m的部位应计算1/2面积;结构净高在1.20 m以下的部位不应计算建筑面积。室内单独设置的有围护设施的悬挑看台,应按看台结构底板水平投影面积计算建筑面积。有顶盖无围护结构的场馆看台应按其顶盖水平投影面积的1/2计算面积。

(5)地下室、半地下室应按其结构外围水平面积计算(见图1-23)。结构层高在2.20 m及以上的,应计算全面积;结构层高在2.20 m以下的,应计算1/2面积。

(6)出入口外墙外侧坡道有顶盖的部位,应按其外墙结构外围水平面积的1/2计算面积。

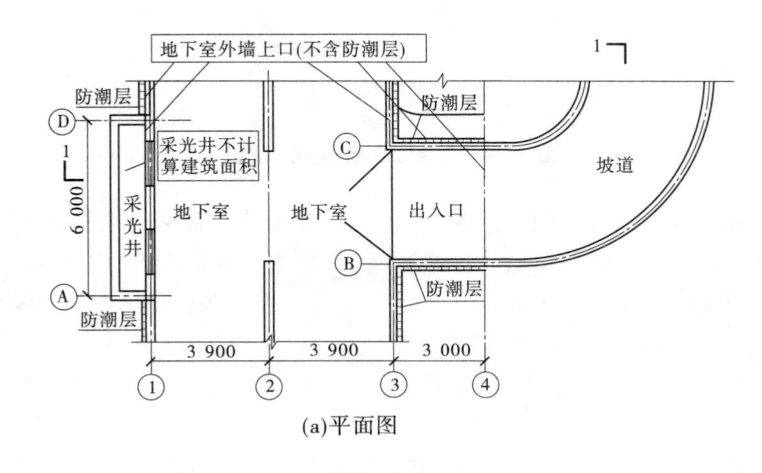

(a)平面图

图1-23　地下室平面图、剖面图

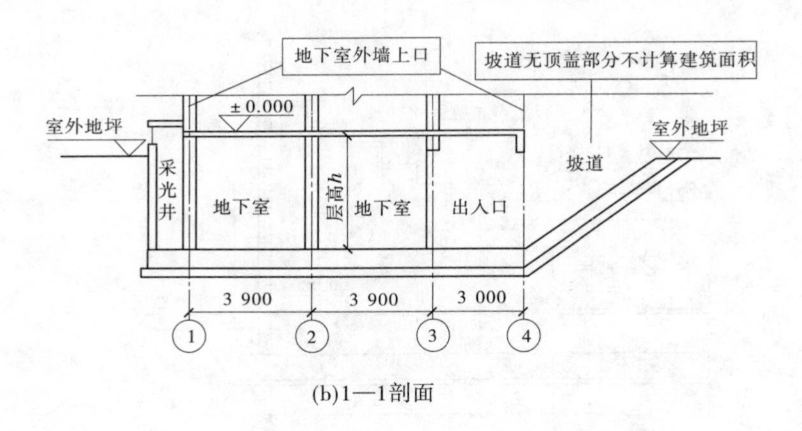

(b)1—1剖面

续图 1-23

(7)建筑物架空层及坡地建筑物吊脚架空层(见图 1-24),应按其顶板水平投影计算建筑面积。结构层高在 2.20 m 及以上的,应计算全面积;结构层高在 2.20 m 以下的,应计算 1/2 面积。

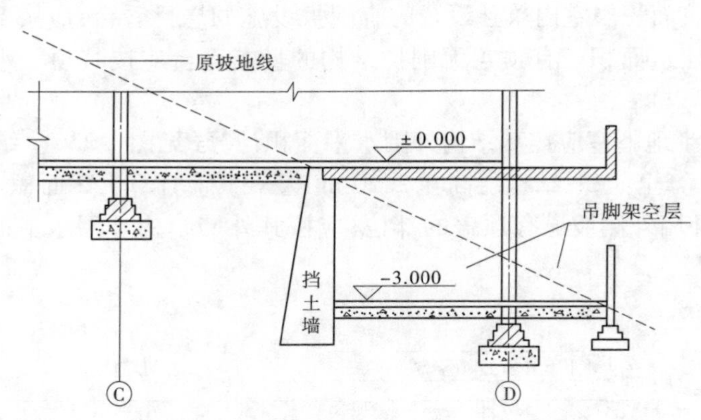

图 1-24　坡地建筑物吊脚架空层

(8)建筑物的门厅、大厅(见图 1-25)应按一层计算建筑面积,门厅、大厅内设置的走廊应按走廊结构底板水平投影面积计算建筑面积(见图 1-26)。结构层高在 2.20 m 及以上的,应计算全面积;结构层高在 2.20 m 以下的,应计算 1/2 面积。

(9)对于建筑物间的架空走廊(见图 1-27),有顶盖和围护设施的,应按其围护结构外围水平面积计算全面积;无围护结构、有围护设施的,应按其结构底板水平投影的 1/2 计算面积。

(10)对于立体书库、立体仓库、立体车库(见图 1-28),有围护结构的,应按其围护结构外围水平面积计算建筑面积;无围护结构、有围护设施的,应按其结构底板水平投影面积计算建筑面积。无结构层的应按一层计算,有结构层的应按其结构层面积分别计算。结构层高在 2.20 m 及以上的,应计算全面积;结构层高在 2.20 m 以下的,应计算 1/2 面积。

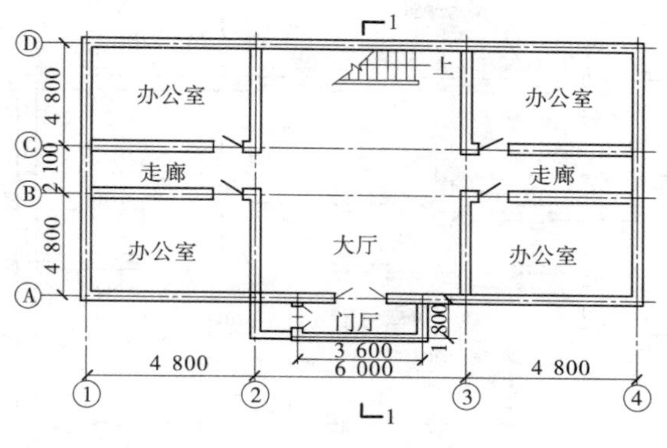

(a)首层平面图

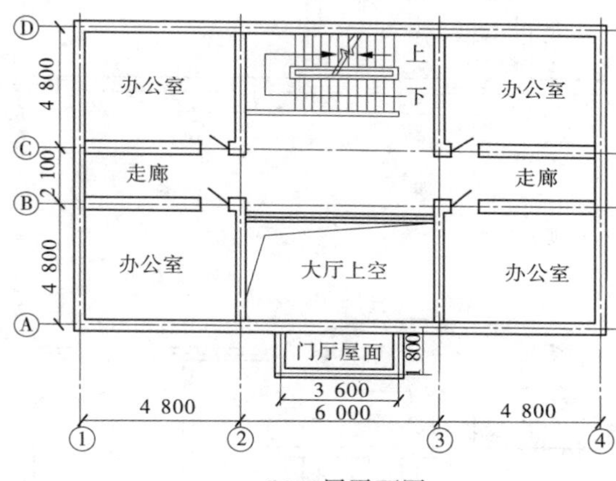

(b)二层平面图

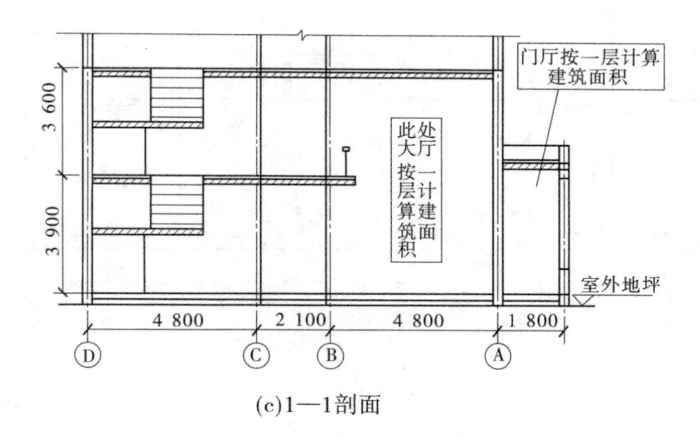

(c)1—1剖面

图1-25　门厅、大厅示意图

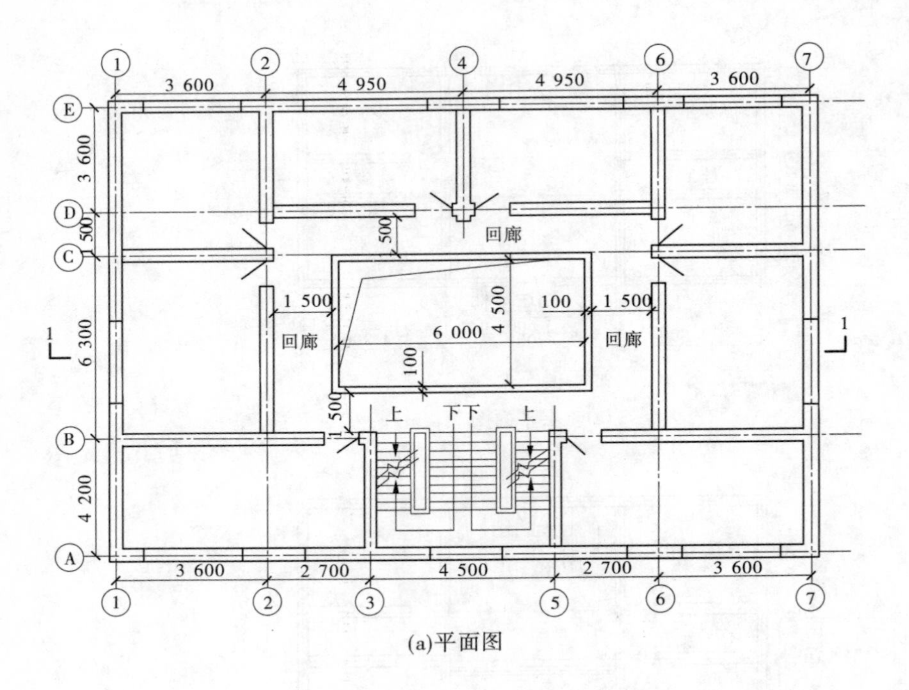

(a)平面图

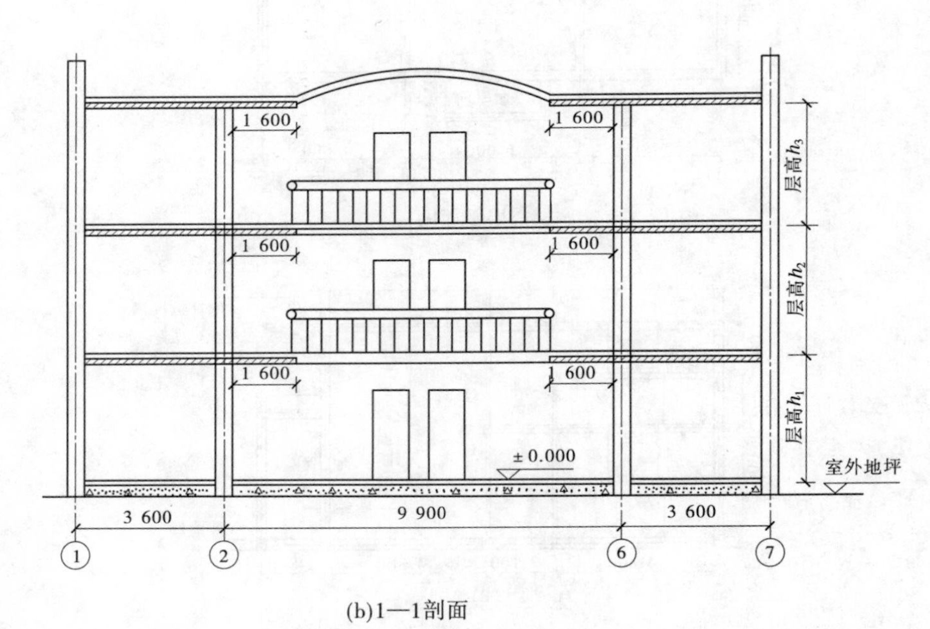

(b)1—1剖面

图1-26　门厅、大厅内设置的走廊示意图

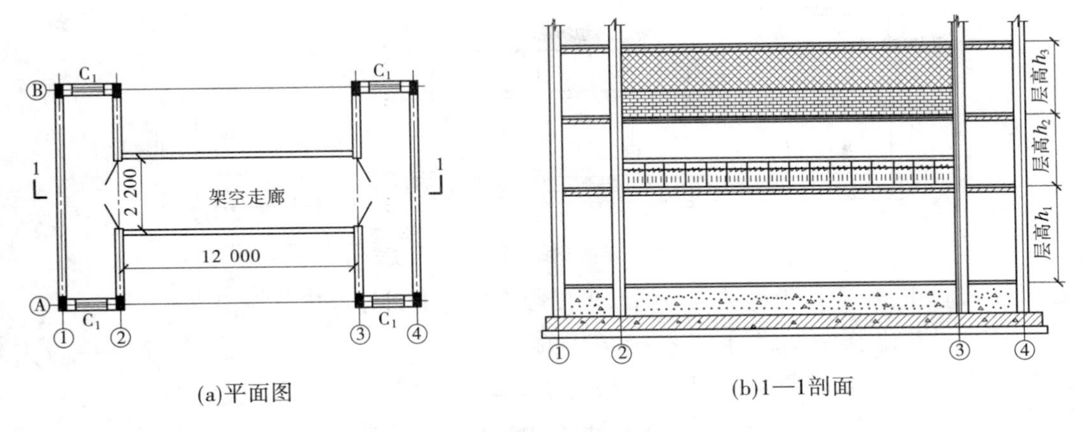

(a)平面图 (b)1—1剖面

图1-27 架空走廊示意图

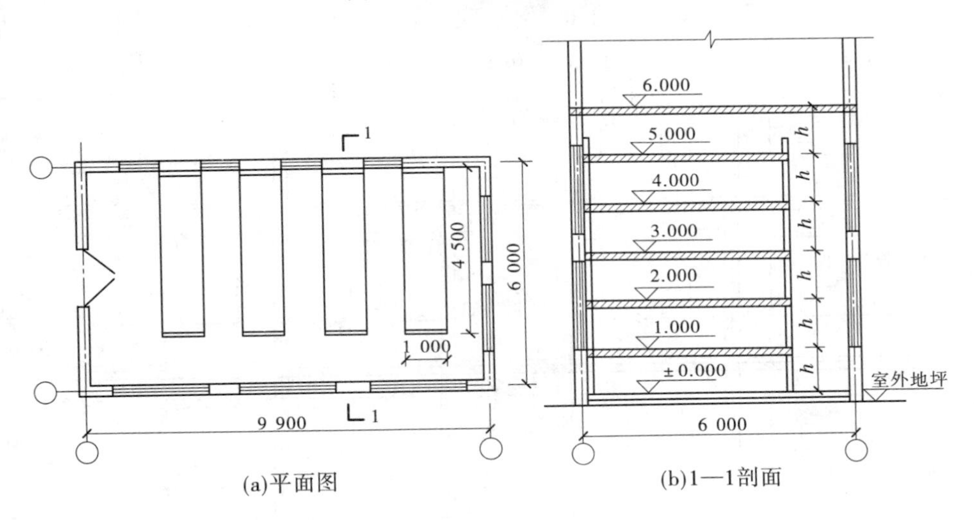

(a)平面图 (b)1—1剖面

图1-28 立体书库示意图

(11)有围护结构的舞台灯光控制室,应按其围护结构外围水平面积计算。结构层高在2.20 m及以上的,应计算全面积;结构层高在2.20 m以下的,应计算1/2面积。

(12)附属在建筑物外墙的落地橱窗,应按其围护结构外围水平面积计算。结构层高在2.20 m及以上的,应计算全面积;结构层高在2.20 m以下的,应计算1/2面积。

(13)窗台与室内楼地面高差在0.45 m以下且结构净高在2.10 m及以上的凸(飘)窗,应按其围护结构外围水平面积计算1/2面积。

(14)有围护设施的室外走廊(挑廊)(见图1-29),应按其结构底板水平投影面积1/2计算;有围护设施(或柱)的檐廊,应按其围护设施(或柱)外围水平面积1/2计算。

(15)门斗应按其围护结构外围水平面积计算建筑面积,且结构层高在2.20 m及以上的,应计算全面积;结构层高在2.20 m以下的,应计算1/2面积。

(16)门廊应按其顶板的水平投影面积的1/2计算建筑面积;有柱雨篷应按其结构板水平投影面积的1/2计算建筑面积;无柱雨篷的结构外边线至外墙结构外边线的宽度在

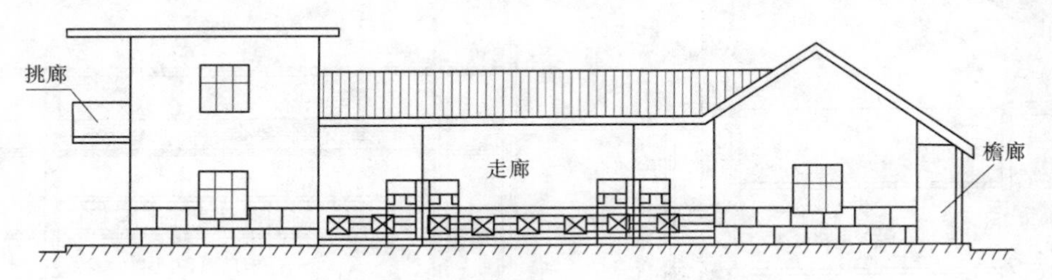

图 1-29　走廊(挑廊)、檐廊示意图

2.10 m 及以上的,应按雨篷结构板的水平投影面积的 1/2 计算建筑面积。

(17)设在建筑物顶部的、有围护结构的楼梯间、水箱间、电梯机房等,结构层高在 2.20 m 及以上的,应计算全面积;结构层高在 2.20 m 以下的,应计算 1/2 面积。

(18)围护结构不垂直于水平面的楼层(见图 1-30),应按其底板面的外墙外围水平面积计算。结构净高在 2.10 m 及以上的部位,应计算全面积;结构净高在 1.20 ~ 2.10 m 的部位,应计算 1/2 面积;结构净高在 1.20 m 以下的部位,不应计算建筑面积。

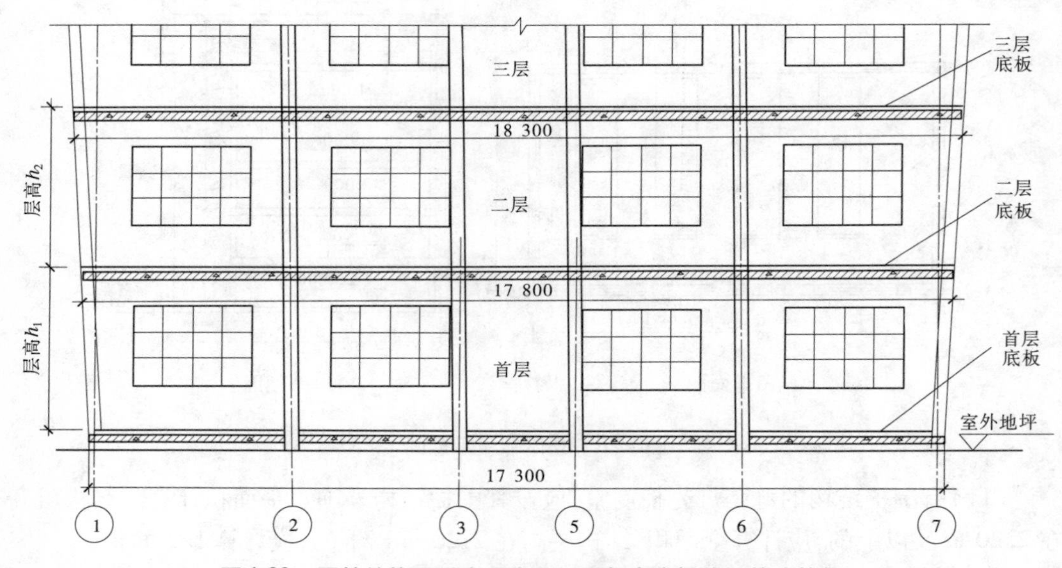

图 1-30　围护结构不垂直于水平面而超出底板外沿的建筑物

(19)建筑物的室内楼梯、电梯井、提物井、管道井、通风排气竖井、烟道(见图 1-31),应并入建筑物的自然层计算建筑面积。有顶盖的采光井应按一层计算面积,且结构净高在 2.10 m 及以上的,应计算全面积;结构净高在 2.10 m 以下的,应计算 1/2 面积。

(20)室外楼梯(见图 1-32)应并入所依附建筑物自然层,并应按其水平投影面积的 1/2 计算建筑面积。

(21)在主体结构内的阳台(见图 1-33),应按其结构外围水平面积计算全面积;在主体结构外的阳台,应按其结构底板水平投影面积 1/2 计算建筑面积。

(22)有顶盖无围护结构的车棚、货棚、站台(见图 1-34)、加油站、收费站等,应按其顶盖水平投影面积的 1/2 计算建筑面积。

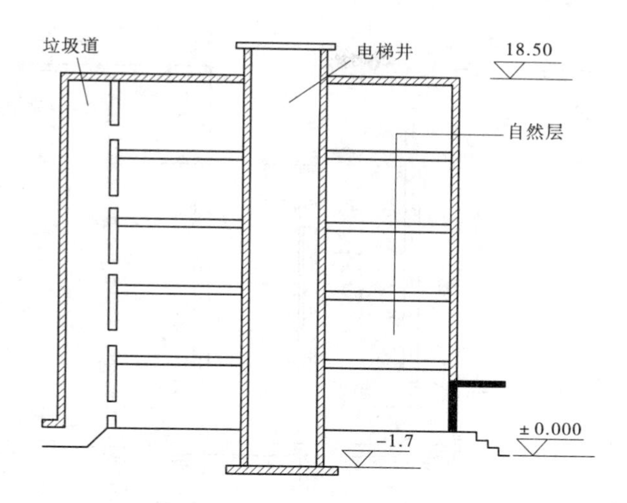

图 1-31　室内电梯井、垃圾道剖面示意图

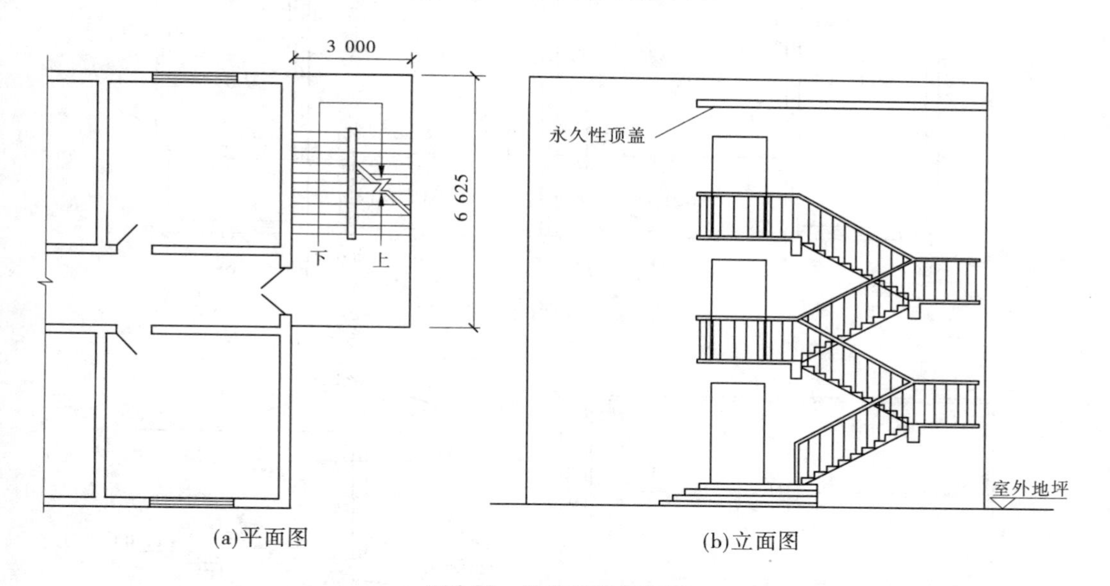

(a)平面图　　(b)立面图

图 1-32　室外楼梯示意图

(23)以幕墙作为围护结构的建筑物(见图 1-35),应按幕墙外边线计算建筑面积。

(24)建筑物的外墙外保温层(见图 1-36),应按其保温材料的水平截面面积计算,并计入自然层建筑面积。

(25)与室内相通的变形缝,应按其自然层合并在建筑物建筑面积内计算。对于高低连跨的建筑物,当高低跨内部连通时,其变形缝应计算在低跨面积内。

(26)对于建筑物内的设备层、管道层、避难层等有结构层的楼层,结构层高在 2.20 m 及以上的,应计算全面积;结构层高在 2.20 m 以下的,应计算 1/2 面积。

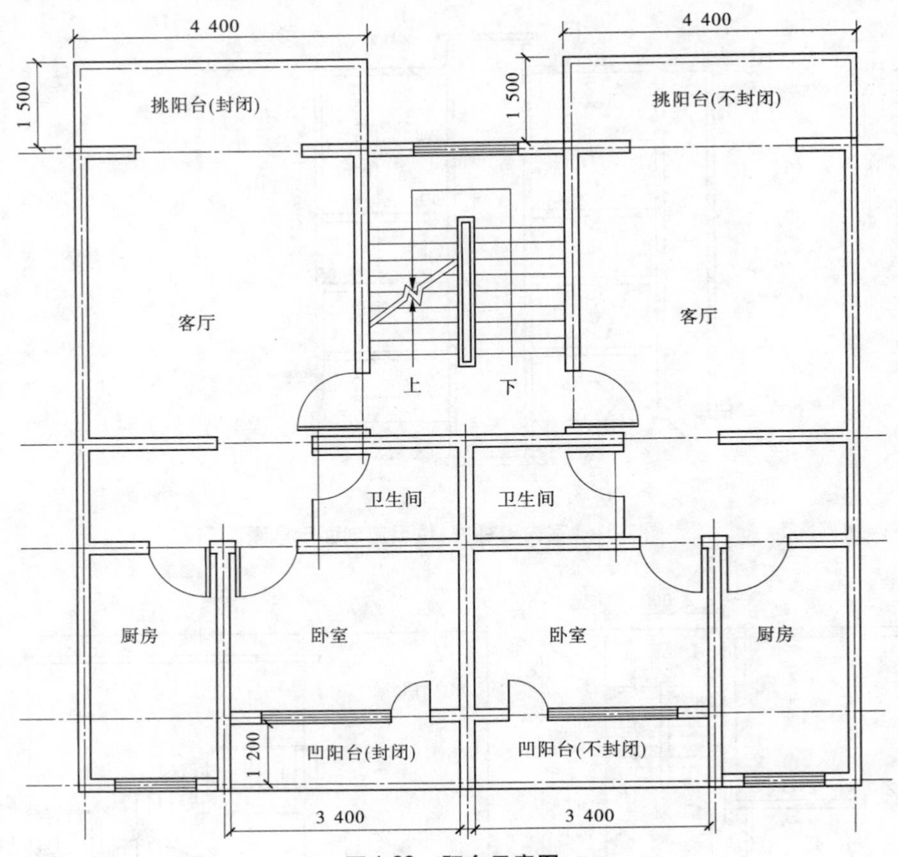

图 1-33 阳台示意图

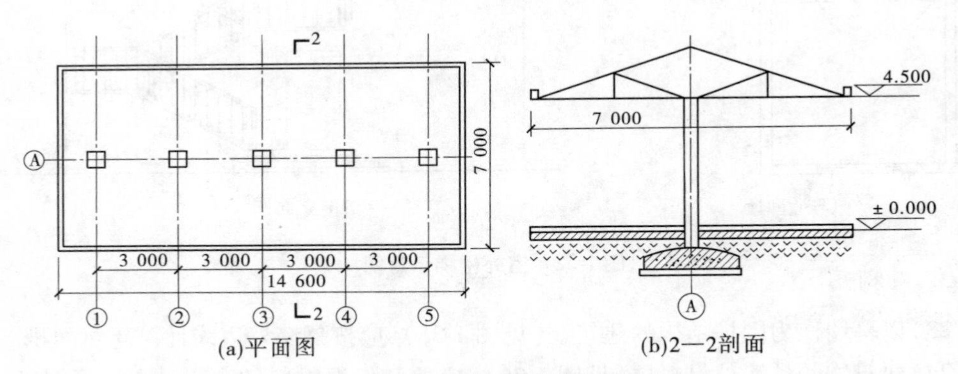

图 1-34 有顶盖无围护结构的站台

2. 不计算建筑面积的范围

(1)与建筑物内不相连通的建筑部件。

(2)骑楼、过街楼底层的开放公共空间和建筑物通道(见图 1-37)。

(3)舞台及后台悬挂幕布和布景的天桥、挑台等。

(4)露台、露天游泳池、花架、屋顶的水箱及装饰性结构构件(见图 1-38)。

(5)建筑物内的操作平台(见图 1-39)、上料平台、安装箱和罐体的平台。

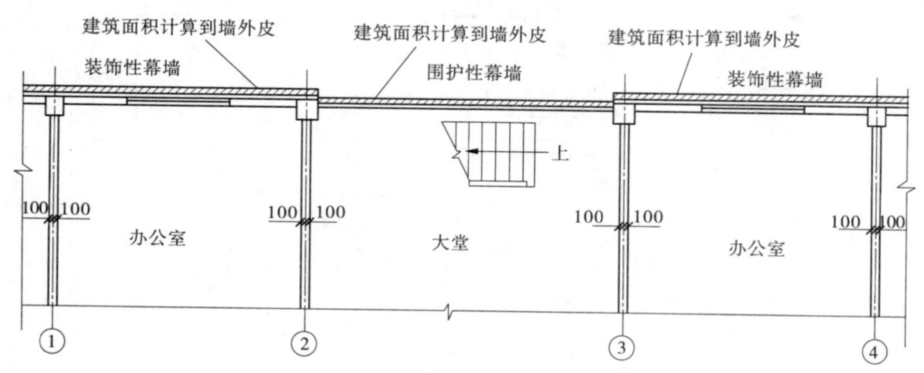

图1-35 建筑幕墙示意图

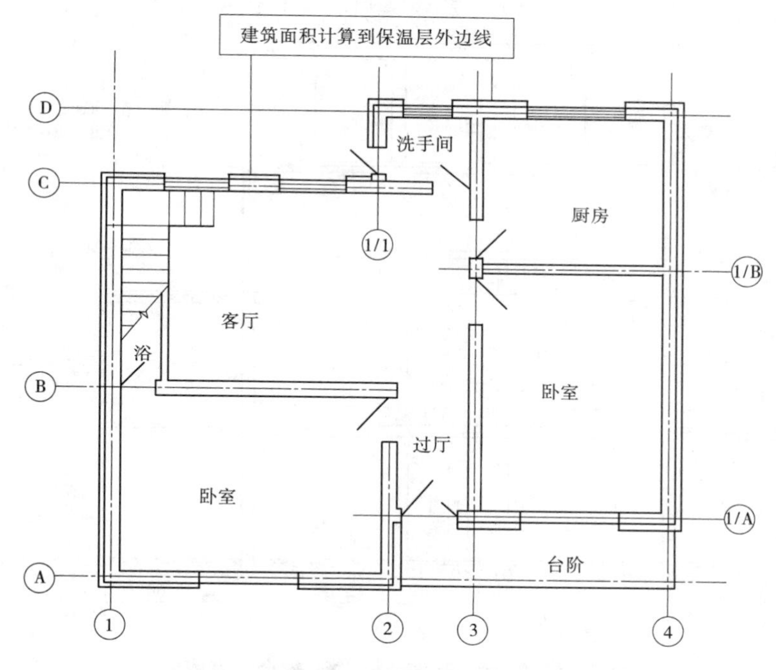

图1-36 建筑物外墙外侧有保温隔热层示意图

(6)勒脚、附墙柱、垛、台阶、墙面抹灰、装饰面、镶贴块料面层、装饰性幕墙，主体结构外的空调室外机搁板(箱)、构件、配件，挑出宽度在2.10 m以下的无柱雨篷和顶盖高度达到或超过两个楼层的无柱雨篷。

(7)窗台与室内地面高差在0.45 m以下且结构净高在2.10 m以下的凸(飘)窗，窗台与室内地面高差在0.45 m及以上的凸(飘)窗(见图1-40)。

(8)室外爬梯、室外专用消防钢楼梯(见图1-41)。

(9)无围护结构的观光电梯。

(10)建筑物以外的地下人防通道，独立的烟囱、烟道、地沟、油(水)罐、气柜、水塔、贮油(水)池、贮仓、栈桥等构筑物。

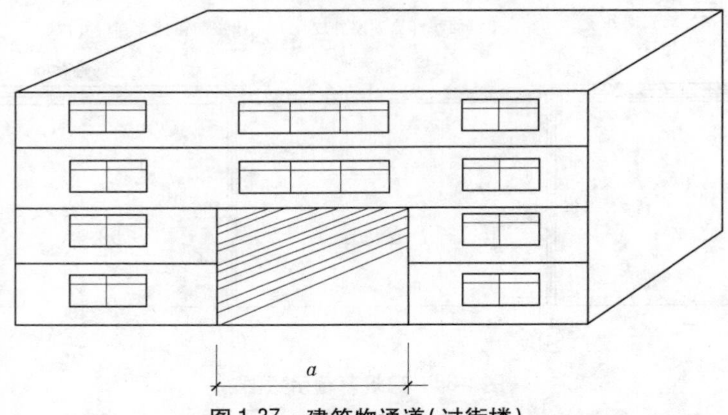

图 1-37　建筑物通道(过街楼)

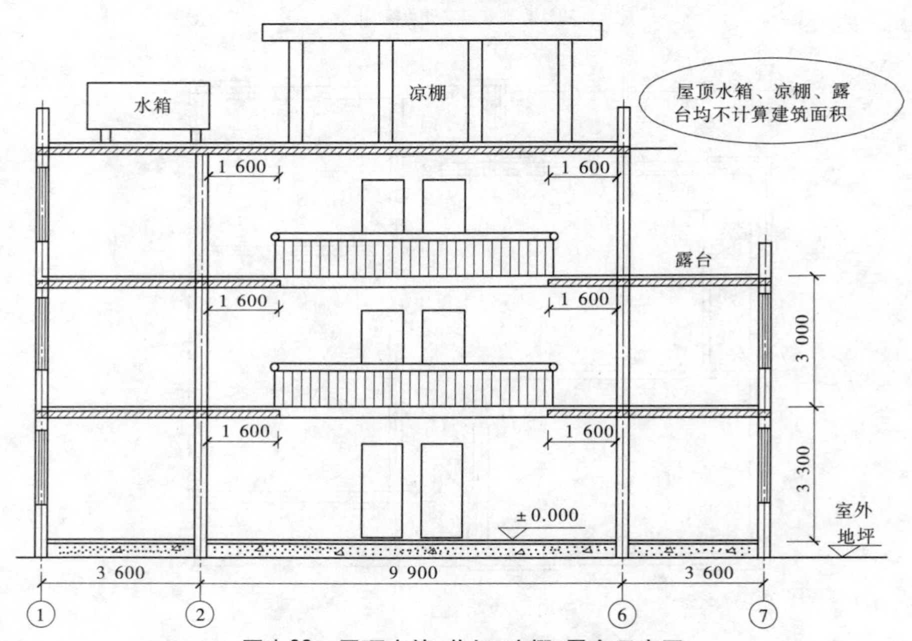

图 1-38　屋顶水箱、花架、凉棚、露台示意图

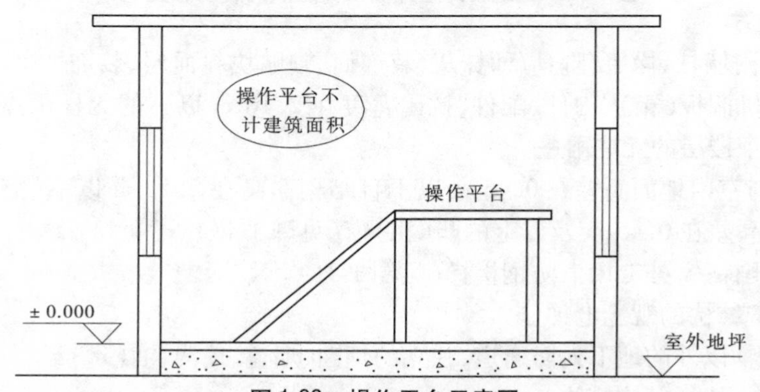

图 1-39　操作平台示意图

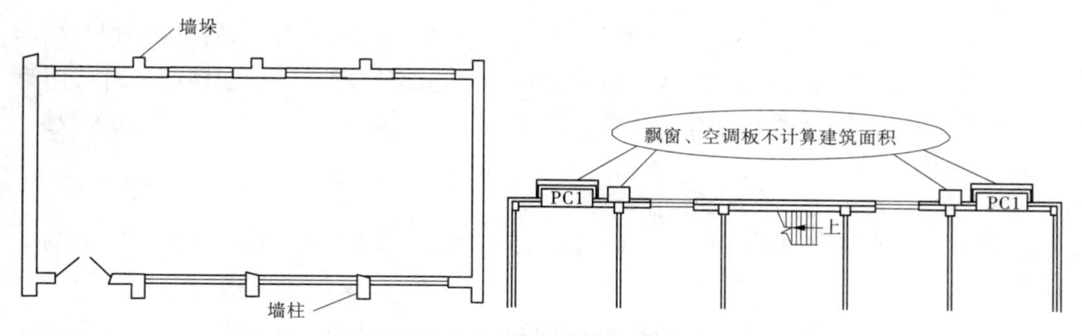

图1-40 凸出墙面的构配件示意图

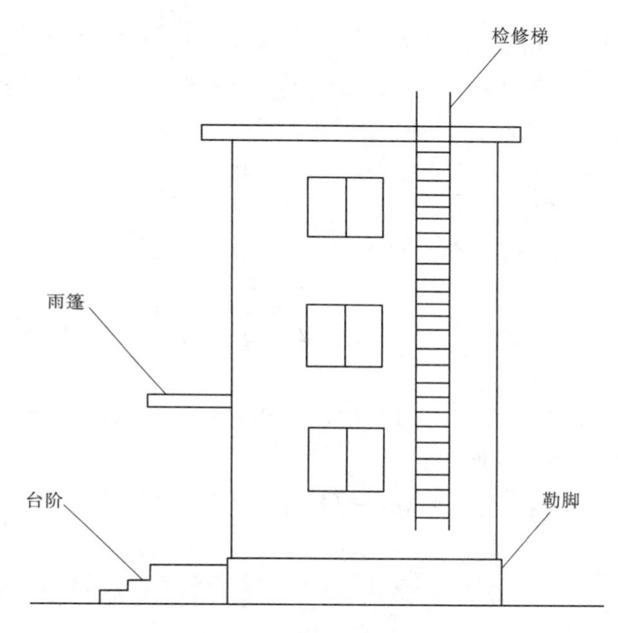

图1-41 用于检修、消防等的室外爬梯

【任务实施】

1. 实践准备

(1)读图、识图。建筑面积的计算主要依据各层建筑平面图(见另图集书,下同),此任务要识读建筑图中的建03、建04、建05、建06四张建筑平面图。由建筑设计说明(一)和一层平面图可知,其外墙墙厚200 mm。一层门厅处有一有柱雨篷。

(2)找到相应的计算规则。查阅《建筑工程建筑面积计算规范》(GB/T 50353—2013),建筑物的建筑面积应按自然层外墙结构外围水平面积之和计算。

特别提示:对不规则的建筑物,可根据简化原则,把建筑物分解成不同的长方形,求其各面积之和或面积之差。

有柱雨篷应按其结构板水平投影面积的1/2计算建筑面积;无柱雨篷的结构外边线至外墙结构外边线的宽度在2.10 m及以上的,应按雨篷结构板的水平投影面积的1/2计算建筑面积。

2. 任务实施

(1)技术要求与注意事项:在分成多个长方形计算面积时,要注意墙厚只能划分到一个长方形,不能重复计算或漏算;各层面积之间有相同部分,求二、三、四层面积时可用第一层面积增加或减少来简化计算。计算中保留中间结果,以便下一步计算使用相关数据。

(2)操作步骤。

第一步,计算各长方形建筑面积:

Ⓓ,Ⓑ,①,⑧轴线间大长方形面积 $S_1=(7.8+5.4+0.2)\times(49+0.175\times2)=661.29(m^2)$

Ⓑ,1/A,①,1/2轴线之间凸出的长方形面积 $S_2=(7+3.5+0.175+0.1)\times1.5=16.1625(m^2)$

Ⓑ,1/A,1/6,8 轴线之间凸出的长方形面积 $S_3=S_2=16.1625(m^2)$

Ⓑ,Ⓐ,1/3,1/5轴线之间凸出的长方形面积 $S_4=(3.5+7+3.5+0.2)\times3=42.6(m^2)$

第二步,计算首层建筑面积:

$S_{首层}=S_1+S_2+S_3+S_4=661.29+16.1625+16.1625+42.6=736.215(m^2)$

第三步,计算二、三层建筑面积:

$S_{三层}=S_{二层}=S_{首层}=736.215(m^2)$

第四步,计算四层建筑面积:

$S_{四层}=S_{首层}-7.0\times(7.8+5.4+0.2)\times2=736.215-187.6=548.615(m^2)$

第五步,计算雨篷面积:

雨篷面积 $S_{雨篷}=1/2\times(4.6-0.1+1)\times[(0.6+0.3+0.4+3.5)\times2]=26.4(m^2)$

第六步,计算本工程建筑面积:

$S=S_{首层}+S_{二层}+S_{三层}+S_{四层}+S_{雨篷}=736.215\times3+548.615+26.4=2\ 783.66(m^2)$

【典型小案例】

【例 1-9】 如图 1-42 所示,某单层建筑物内设有局部楼层,试计算其建筑面积(墙厚均为 240 mm)。

解:底层建筑面积:$S_1=(6.0+4.0+0.24)\times(3.30+2.70+0.24)=10.24\times6.24=63.90(m^2)$

楼隔层建筑面积:$S_2=(4.0+0.24)\times(3.30+0.24)=4.24\times3.54=15.01(m^2)$

总建筑面积:$S=S_1+S_2=63.90+15.01=78.91(m^2)$

【例 1-10】 如图 1-43 所示,某多层住宅变形缝宽度为 0.20 m,阳台水平投影尺寸为 1.80 m×3.60 m(共 18 个),无柱雨篷水平投影尺寸为 2.60 m×4.00 m,坡屋顶阁楼室内净高最高点为 3.65 m,坡屋顶坡度为 1:2;平屋面女儿墙顶面标高为 11.60 m。请按《建筑工程建筑面积计算规范》(GB/T 50353—2013)计算建筑面积。

解:

Ⓐ~Ⓒ轴建筑面积:

$$S_1=30.20\times(8.4\times2+8.4\times1/2)=634.20(m^2)$$

Ⓒ~Ⓓ轴建筑面积:

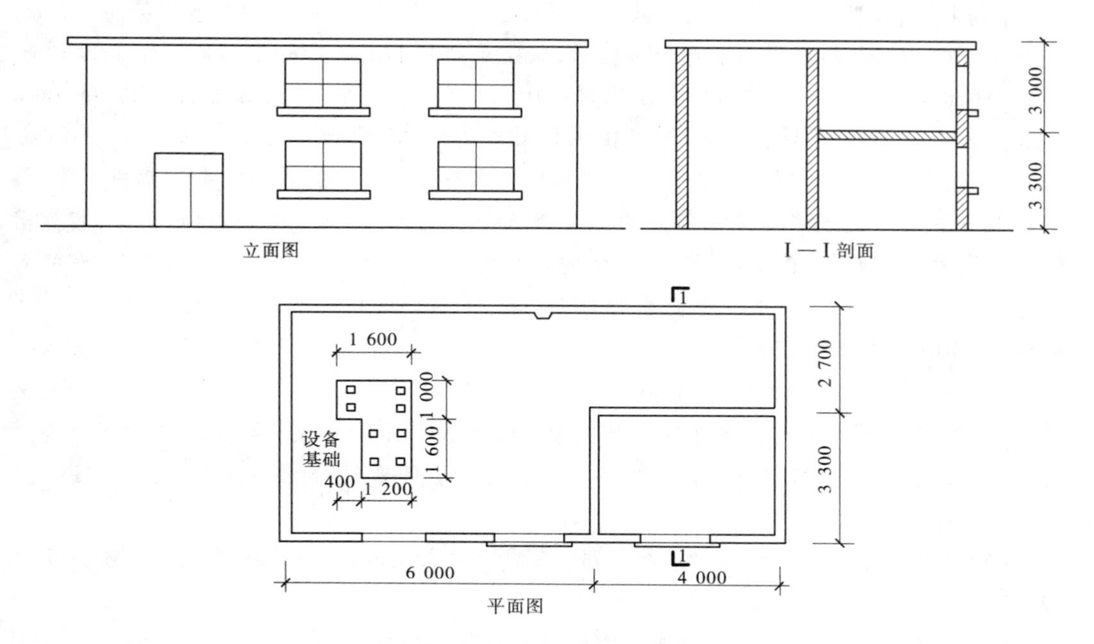

图 1-42　单层建筑物内设有局部楼层示意图

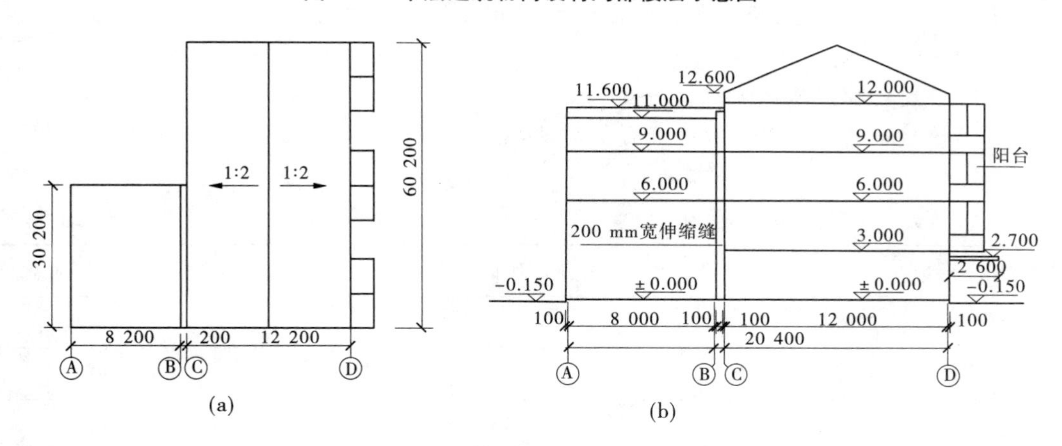

图 1-43　某建筑物平面、立面图

$$S_2 = 60.20 \times 12.20 \times 4 = 2\ 937.76(\mathrm{m}^2)$$

坡屋面建筑面积：

$$S_3 = 60.20 \times (6.20 + 1.80 \times 2 \times 1/2) = 481.60(\mathrm{m}^2)$$

雨篷建筑面积：

$S_4 = 2.60 \times 4.00 \times 1/2 = 5.20(\mathrm{m}^2)$

阳台建筑面积：

$S_5 = 18 \times 1.80 \times 3.60 \times 1/2 = 58.32(\mathrm{m}^2)$

总建筑面积：

$S = S_1 + S_2 + S_3 + S_4 + S_5 = 4\ 117.08(\mathrm{m}^2)$

【例1-11】 某新建项目,地面以上15层,地下2层,有一层地下室,结构层高2.3 m,并把深基础加以利用做了一层地下架空层,架空层结构层高2.6 m。

(1)地下架空层外围结构水平面积为830 m^2。地下室上口外围水平面积为830 m^2,如加上采光井、防潮层及保护墙,其外围水平面积总共为900 m^2。

(2)首层外墙勒脚以上结构外围水平面积为830 m^2;大楼正面入口处设有一门斗,层高2.1 m,其围护结构外围水平投影面积为20 m^2;背面入口处设有无柱矩形雨篷,其挑出墙外的宽度为2 m,其顶盖挑出外墙以外的水平投影面积为16 m^2;大楼正面和背面的入口处各设有一组台阶,水平投影面积均为12 m^2;首层设有中央大厅,贯通一、二层,大厅面积为240 m^2;首层没有阳台。

(3)第二层设有回廊,面积为60 m^2。

(4)第二层至第十五层建筑结构外围水平面积均为830 m^2,各层主体结构外的全封闭式阳台水平投影面积均为30 m^2;其中第三层为设备管道层,层高2 m,其余层层高均为3.6 m。

(5)楼顶上部设有楼梯间和电梯机房,层高均为2.2 m,其围护结构水平投影面积为40 m^2。

(6)该建筑的附属工程为一座自行车棚,无围护结构,其顶盖水平投影面积为200 m^2;室外有一处贮水池,其水平投影面积为50 m^2。

问题:

(1)该建筑物的总建筑面积是多少?

(2)该建筑的附属工程的建筑面积是多少?

解:

(1)该建筑物的总建筑面积为:

层数	建筑面积计算式	计算结果
架空层		830
地下室		830
首层	830+20×0.5	840
二层	830-240+60+30×0.5	665
三层	830×0.5	415
四至十五层	(830+30×0.5)×12	10 140
楼顶层		40
总建筑面积	830+830+840+665+415+10 140+40	13 760

(2)该建筑的附属工程的建筑面积为:100 m^2。

【自测及相关实训】

(1)根据图1-44所示,计算该单层建筑物的建筑面积。

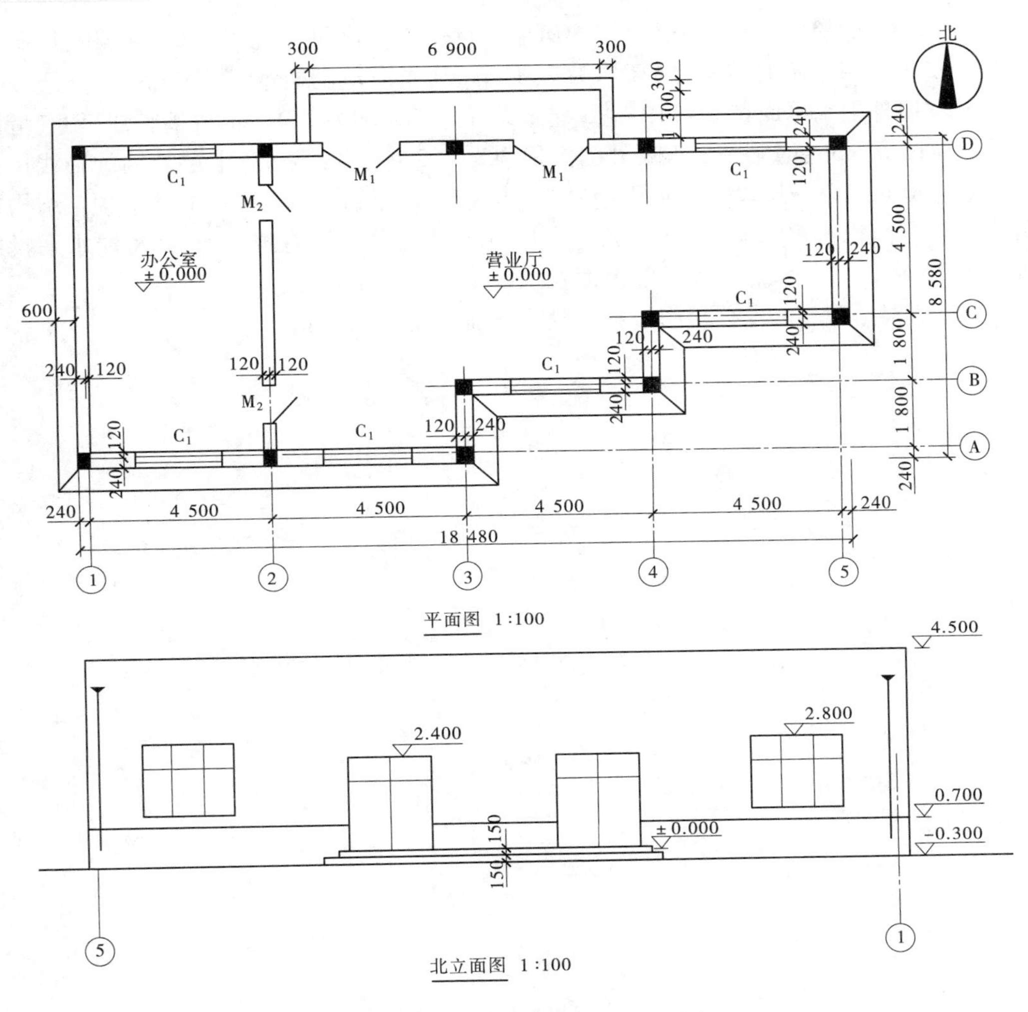

图 1-44 单层建筑物平面、立面图

（2）某局部楼层的坡屋顶建筑物如图1-45所示，请计算该建筑物的建筑面积。

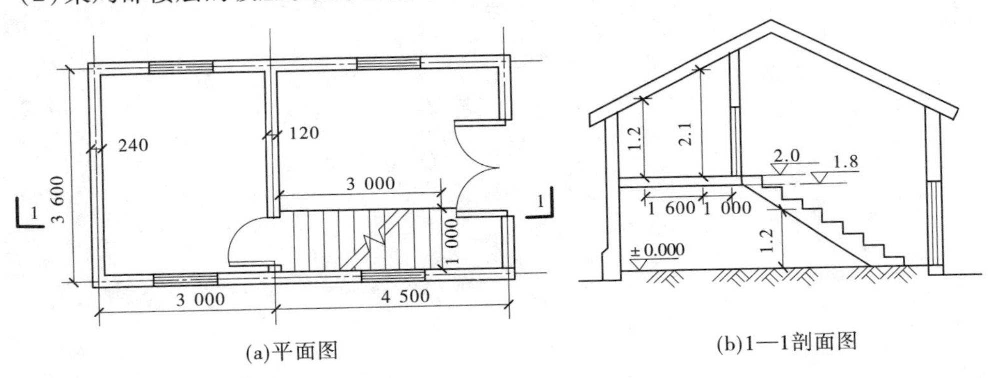

图 1-45 有局部楼层的坡屋顶建筑物

(3)某建筑物为一栋七层框混结构房屋。首层为现浇钢筋混凝土框架结构,层高为 6.0 m;二~七层为砖混结构,层高均为 2.8 m。利用深基础架空层作设备层,其层高为 2.2 m,本层外围水平面积 774.19 m^2。建筑设计外墙厚均为 240 mm,外墙轴线尺寸(墙厚中线)为 15 m×50 m;第一~五层外围面积均为 765.66 m^2;第六~七层外墙的轴线尺寸为 6 m×50 m。第一层设有带柱雨篷,柱外边线至外墙结构边线为 4 m,雨篷顶盖结构部分水平投影面积为 40 m^2。另在第五~七层有一带顶盖室外消防楼梯,其每层水平投影面积为 15 m^2。计算该建筑物的建筑面积。

(4)请根据配套的办公楼图纸计算其建筑面积。

项目2 房屋建筑与装饰工程工程量清单编制

【项目描述】

根据某办公楼土建施工图(建筑和结构部分)和《房屋建筑与装饰工程工程量计算规范》(GB 50854—2013)的要求编制本工程房屋建筑与装饰工程的分部分项工程的工程量清单。

任务2.1 工程量清单的编制要求

【任务介绍】 明确多层框架结构办公楼工程量清单的编制要求。

根据《建设工程工程量清单计价规范》(GB 50500—2013),认识并学习工程量清单的编制要求。

【任务解析】

根据《房屋建筑与装饰工程工程量计算规范》(GB 50854—2013)及工程设计的具体情况,完成给定项目的清单编制内容。

【知识目标】

理解《房屋建筑与装饰工程工程量计算规范》(GB 50854—2013)的术语和工程量清单编制的相关要求。

【能力目标】

能够依据《房屋建筑与装饰工程工程量计算规范》(GB 50854—2013)的要求和某办公楼土建施工图(建筑和结构部分)正确列出分部分项工程清单项目、描述项目特征及计算相应工程量。掌握房屋建筑与装饰工程工程量清单的编制步骤和方法。

【相关知识】

2.1.1 《建设工程工程量清单计价规范》(GB 50500—2013)简介

2.1.1.1 《建设工程工程量清单计价规范》(GB 50500—2013)的适用范围

《建设工程工程量清单计价规范》(GB 50500—2013)适用于建设工程施工发承包计价活动,包括招标工程量清单、招标控制价、投标报价的编制,工程合同价款的约定,竣工结算的办理及施工过程中的工程计量、合同价款支付、施工索赔与现场签证、合同价款调整和合同价款争议的解决等。

《建设工程工程量清单计价规范》(GB 50500—2013)规定：

(1)全部使用国有资金投资或国有资金投资为主(二者简称国有资金投资)的建设工程施工发承包，必须采用工程量清单计价。

(2)非国有资金投资的建设工程，宜采用工程量清单计价。

2.1.1.2 《建设工程工程量清单计价规范》(GB 50500—2013)中的强制性条款

《建设工程工程量清单计价规范》(GB 50500—2013)为国家标准，其强制性条文必须严格执行。

(1)国有资金投资的建设工程施工发承包，必须采用工程量清单计价。

(2)分部分项工程和措施项目清单应采用综合单价计价。

(3)措施项目清单中的安全文明施工费应按照国家或省级、行业建设主管部门的规定计价，不得作为竞争性费用。

(4)规费和税金应按国家或省级、行业建设主管部门的规定计算，不得作为竞争性费用。

(5)采用工程量清单计价的工程，应在招标文件或合同中明确计价中的风险内容及其范围(幅度)，不得采用无限风险、所有风险或类似语句规定计价中的风险内容及其范围(幅度)。

(6)招标工程量清单必须作为招标文件的组成部分，其准确性和完整性由招标人负责。

(7)分部分项工程量清单应载明项目编码、项目名称、项目特征、计量单位和工程量。

(8)分部分项工程量清单应根据相关工程现行国家计量规范规定的项目编码、项目名称、项目特征、计量单位和工程量计算规则进行编制。

(9)措施项目清单应根据相关工程现行国家计量规范的规定编制。

(10)国有资金投资的工程建设项目应实行工程量清单招标，招标人应编制招标控制价。

(11)投标报价不得低于工程成本。

(12)投标人应按招标工程量清单填报价格。项目编码、项目名称、项目特征、计量单位、工程量必须与招标工程量清单一致。

(13)工程量应按附录中规定的工程量计算规则计算。

(14)工程量必须以承包人完成合同工程应予计量的工程量确定。

(15)工程完工后，发承包双方必须在合同约定时间内办理工程竣工结算。

2.1.1.3 《建设工程工程量清单计价规范》(GB 50500—2013)中的术语

1. 工程量清单

工程量清单指建设工程的分部分项工程项目、措施项目、其他项目、规费项目和税金项目的名称及相应数量等的明细清单。

2. 招标工程量清单

招标工程量清单指招标人依据国家标准、招标文件、设计文件以及施工现场实际情况编制的，随招标文件发布供投标报价的工程量清单。

注：招标工程量清单是《建设工程工程量清单计价规范》（GB 50500—2013）的新增术语，是招标阶段供投标人报价的工程量清单，是对工程量清单的进一步细化。

3. 已标价工程量清单

已标价工程量清单指构成合同文件组成部分的投标文件中已标明价格，经算术性错误修正（如有）且承包人已确认的工程量清单，包括对其的说明和表格。

注：已标价工程量清单是《建设工程工程量清单计价规范》（GB 50500—2013）的新增术语，是投标人对招标工程量清单已标明价格，并为招标人接受，构成合同文件组成部分的工程量清单，是对工程量清单的进一步细化。

4. 综合单价

综合单价包括完成一个规定计量单位的分部分项工程和措施清单项目所需的人工费、材料和工程设备费、施工机具使用费和企业管理费、利润以及一定范围内的风险费用。

5. 工程量偏差

工程量偏差指承包人按照合同签订时图纸（含经发包人批准由承包人提供的图纸）实施，完成合同工程应予计量的实际工程量与招标工程量清单列出的工程量之间的偏差。

6. 暂列金额

暂列金额指招标人在工程量清单中暂定并包括在合同价款中的一笔款项。用于施工合同签订时尚未确定或者不可预见的所需材料、设备、服务的采购，施工中可能发生的工程变更、合同约定调整因素出现时的工程价款调整以及发生的索赔、现场签证确认等的费用。

7. 暂估价

暂估价指招标人在工程量清单中提供的用于支付必然发生但暂时不能确定价格的材料、工程设备的单价以及专业工程的金额。

8. 计日工

计日工是在施工过程中，承包人完成发包人提出的施工图纸以外的零星项目或工作，按合同中约定的综合单价计价的一种方式。

9. 总承包服务费

总承包服务费指总承包人为配合协调发包人进行的专业工程分包，发包人自行采购的设备、材料等进行保管以及施工现场管理、竣工资料汇总整理等服务所需的费用。

10. 安全文明施工费

安全文明施工费指承包人按照国家法律、法规等规定，在合同履行中为保证安全施工、文明施工，保护现场内外环境等所采用的措施发生的费用。

11. 施工索赔

施工索赔指在工程合同履行过程中，合同当事人一方因非己方的原因而遭受损失，按合同约定或法规规定应由对方承担责任，从而向对方提出补偿的要求。

12. 现场签证

现场签证指发包人现场代表与承包人现场代表就施工过程中涉及的责任事件所作的签认证明。

13. 提前竣工(赶工)费

提前竣工(赶工)费指承包人应发包人的要求,采取加快工程进度的措施,使合同工程工期缩短产生的、应由发包人支付的费用。

14. 误期赔偿费

误期赔偿费指承包人未按照合同工程的计划进度施工,导致实际工期大于合同工期与发包人批准的延长工期之和,承包人应向发包人赔偿损失发生的费用。

15. 企业定额

企业定额指施工企业根据本企业的施工技术和管理水平而编制的人工、材料和施工机械台班等的消耗标准。

16. 规费

规费指根据省级政府或省级有关权力部门规定必须缴纳的,应计入建筑安装工程造价的费用。

17. 税金

税金指国家税法规定的应计入建筑安装工程造价内的营业税、城市维护建设税及教育费附加等。

18. 发包人

发包人指具有工程发包主体资格和支付工程价款能力的当事人以及取得该当事人资格的合法继承人。

19. 承包人

承包人指被发包人接受的具有工程施工承包主体资格的当事人以及取得该当事人资格的合法继承人。

20. 工程造价咨询人

工程造价咨询人指取得工程造价咨询资质等级证书,接受委托从事建设工程造价咨询活动的当事人以及取得该当事人资格的合法继承人。

21. 招标代理人

招标代理人指取得工程招标代理资质等级证书,接受委托从事建设工程招标代理活动的当事人以及取得该当事人资格的合法继承人。

22. 造价工程师

造价工程师指取得“造价工程师注册证书”,在一个单位注册从事建设工程造价活动的专业人员。

23. 造价员

造价员指取得“全国建设工程造价员资格证书”,在一个单位注册从事建设工程造价活动的专业人员。

24. 招标控制价

招标控制价指招标人根据国家或省级、行业建设主管部门颁发的有关计价依据和办法,以及拟定的招标文件和招标工程量清单,编制的招标工程的最高限价。

25. 投标价

投标价指投标人投标时报出的工程合同价。

26. 签约合同价

签约合同价指发、承包双方在施工合同中约定的,包括了暂列金额、暂估价、计日工的合同总金额。

27. 竣工结算价(合同价格)

竣工结算价(合同价格)指发、承包双方依据国家有关法律、法规和标准规定,按照合同约定确定的,包括在履行合同过程中按合同约定进行的工程变更、索赔和价款调整,是承包人按合同约定完成了全部承包工作后,发包人应付给承包人的合同总金额。

2.1.2　工程量清单的编制

2.1.2.1　编制概述

1.《建设工程工程量清单计价规范》(GB 50500—2013)对工程量清单编制的一般规定

(1)招标工程量清单应由具有编制能力的招标人或受其委托、具有相应资质的工程造价咨询人或招标代理人编制。

(2)招标工程量清单必须作为招标文件的组成部分,其准确性和完整性由招标人负责。

(3)招标工程量清单是工程量清单计价的基础,应作为编制招标控制价、投标报价、计算工程量、工程索赔等的依据之一。

(4)工程量清单应由分部分项工程量清单、措施项目清单、其他项目清单、规费项目清单、税金项目清单组成。

2. 招标工程量清单的组成

招标工程量清单作为招标文件的组成部分,最基本的功能是信息载体,使得投标人能对工程有全面的认识。依据《建设工程工程量清单计价规范》(GB 50500—2013),招标工程量清单主要包括工程量清单说明和工程量清单表,如图 2-1 所示。

(1)工程量清单说明包括工程概况、现场条件、编制工程量清单的依据及有关资料,对施工工艺、材料应用的特殊要求。

(2)工程量清单是清单项目的工程数量的载体,合理的清单项目设置和准确的工程数量,是清单计价的前提和基础。

3. 招标工程量清单的作用

(1)招标工程量清单为投标人的投标竞争提供了一个平等和共同的基础。

招标工程量清单是由招标人负责编制,将要求投标人完成的工程项目及相应工程实

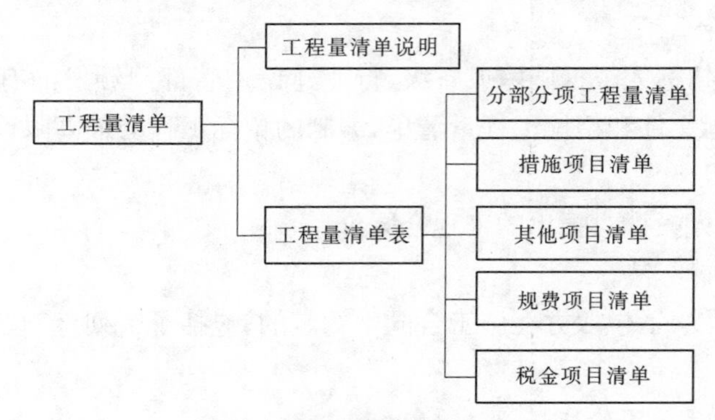

图 2-1 工程量清单的组成

体数量全部列出,为投标人提供拟建工程的基础信息。这样,在建设工程的招标投标中,投标人的竞争活动就有了一个共同的基础,其机会是均等的。

(2)招标工程量清单是建设工程计价的依据。

在招标投标过程中,招标人根据招标工程量清单编制招标工程的招标控制价;投标人按照招标工程量清单所描述的内容,依据企业定额计算投标价格,自主填报工程量清单所列项目的单价与合价。

(3)招标工程量清单是工程付款和结算的依据。

招标工程量清单是工程量清单计价的基础。在施工阶段,发包人根据承包人完成的工程量清单中规定的内容及合同单价支付工程款。工程结算时,承发包双方按照工程量清单计价表对已实施的分部分项工程或计价项目,按照合同单价和相关合同条款核算结算价款。

(4)招标工程量清单是调整工程价款、处理工程索赔的依据。

在发生工程变更和工程索赔时,可以选用或参照招标工程量清单中的分部分项工程计价及合同单价来确定变更价款和索赔费用。

4.编制工程量清单的依据

(1)《建设工程工程量清单计价规范》(GB 50500—2013)和相关工程的国家计量规范。

(2)国家或省级、行业建设主管部门颁发的计价依据和办法。

(3)建设工程设计文件。

(4)与建设工程有关的标准、规范、技术资料。

(5)拟定的招标文件。

(6)施工现场情况、工程特点及常规施工方案。

(7)其他相关资料。

2.1.2.2 分部分项工程量清单的编制

1.分部分项工程项目清单

分部分项工程项目清单是指构成拟建工程实体的全部分项实体项目名称和相应数量的明细清单。

2. 分部分项工程项目清单的内容

《建设工程工程量清单计价规范》(GB 50500—2013)规定：分部分项工程量清单应载明项目编码、项目名称、项目特征、计量单位和工程量，这是一条强制性条文，规定了一个分部分项工程项目清单由上述五个要件构成，在分部分项工程项目清单的组成中缺一不可。分部分项工程量清单应根据相关工程现行国家计量规范规定的项目编码、项目名称、项目特征、计量单位和工程量计算规则进行编制，如表2-1所示。

表2-1　分部分项工程项目清单表

序号	项目编码	项目名称	项目特征	计量单位	工程量

1)项目编码

分部分项工程量清单的项目编码以5及12位阿拉伯数字设置，1～9位应按相关专业计量规范中附录的规定设置，10～12位应根据拟建工程的工程量清单项目名称设置，同一招标工程的项目编码不得有重码。

第一级(第1、2位)为专业工程代码，共9类，分别是：01为房屋建筑与装饰工程、02为仿古建筑工程、03为通用安装工程、04为市政工程、05为园林绿化工程、06为矿山工程、07为构筑物工程、08为城市轨道交通工程、09为爆破工程。

第二级(第3、4位)为专业工程附录分类顺序码，例如0105表示房屋建筑与装饰工程中的附录E混凝土及钢筋混凝土工程，其中3、4位05即为专业工程附录分类顺序码。

第三级(第5、6位)为分部工程顺序码，例如010501表示附录E混凝土及钢筋混凝土工程中的E.1现浇混凝土基础，其中5、6位01即为分部工程顺序码。

第四级(第7～9位)为分项工程项目名称顺序码，例如010501002表示房屋建筑与装饰工程中的现浇混凝土带形基础，其中7、8、9位002即为分项工程项目名称顺序码。

第五级(第10～12位)为清单项目名称顺序码，由清单编制人编制，从001开始。例如：一个标段(或合同段)的工程量清单中含有三种规格的泥浆护壁成孔灌注桩，在工程量清单中分别列项编制，则第一种规格的灌注桩的项目编码为010302001001，第二种规格的灌注桩的项目编码为010302001002，第三种规格的灌注桩的项目编码为010302001003。其中，01表示该清单项目的专业工程类别为房屋建筑与装饰工程；03表示该清单项目的专业工程附录顺序码为C，即桩基工程；02表示该清单项目的分部工程为灌注桩；001表示该清单项目的分项工程为泥浆护壁成孔灌注桩，最后三位001(002、003)表示区分泥浆护壁成孔灌注桩的不同规格而编制的清单项目顺序码。

项目编码结构如图2-2所示。

2)项目名称

清单项目名称是工程量清单中表示各分部分项工程清单项目的名称。它必须体现工程实体，反映工程项目的具体特征，设置时的一个最基本原则是准确。

《房屋建筑与装饰工程工程量计算规范》(GB 50854—2013)附录A至附录R中的

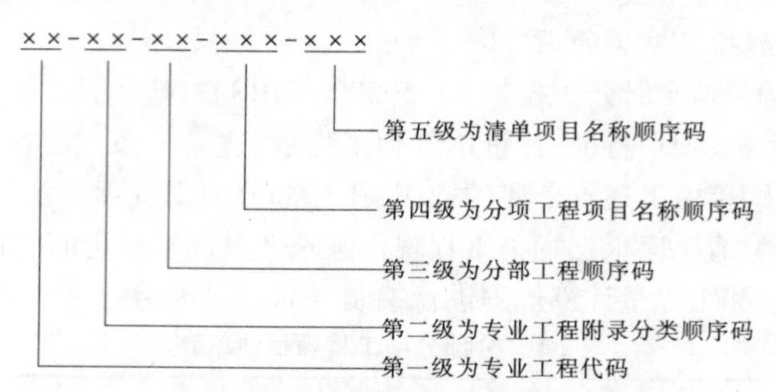

图 2-2　工程量清单编码示意图

"项目名称"为分项工程项目名称,是以"工程实体"命名的。在编制分部分项工程量清单时,清单项目名称的确定有两种方式:一是完全按照规范的项目名称;二是以《房屋建筑与装饰工程工程量计算规范》(GB 50854—2013)附录中的项目名称为基础,考虑项目的规格、材质、型号等特征,结合拟建工程的实际情况,对附录中的项目名称进行适当的调整或细化,使其能够反映影响工程造价的主要因素。

3)项目特征

清单项目特征是确定一个清单项目综合单价不可缺少的重要依据,在编制分部分项工程工程量清单时,必须对项目特征进行准确、全面的描述。但有些项目特征用文字往往又难以准确和全面地描述清楚。因此,为了达到规范、简洁、准确、全面描述项目特征的要求,项目特征应按相关工程国家计量规范规定,结合拟建工程项目的实际予以描述。

清单项目特征不同的项目应分别列项。清单项目特征主要涉及项目的自身特征(材质、型号、规格、品牌),项目的工艺特征,以及对项目施工方法可能产生影响的特征。在进行项目特征描述时,应掌握以下要点:

(1)必须描述的内容:

①涉及正确计量的内容必须描述。如门窗工程,《建设工程工程量清单计价规范》(GB 50500—2013)规定既可以按"m^2"计量(新增),也可以按"樘"计量。1 樘门或窗有多大,直接关系到门窗的价格,对门窗洞口或框外围尺寸进行描述就十分必要。

②涉及结构要求的内容必须描述。如混凝土构件的混凝土强度等级,是使用 C20 还是 C30 或 C40 等,因混凝土强度等级不同,其价格也不同,必须描述。

③涉及材质要求的内容必须描述。如油漆的品种,是调和漆,还是硝基清漆等;管材的材质,是碳钢管,还是塑钢管、不锈钢管等;还需对管材的规格、型号进行描述。

④涉及安装方式的内容必须描述。如管道工程中的钢管的连接方式是螺纹连接还是焊接;塑料管是粘接连接还是热熔连接等就必须描述。

(2)可不描述的内容:

①对计量计价没有实质影响的内容可以不描述。如对现浇混凝土柱的高度、断面大小等的特征规定可以不描述。

②应由投标人根据施工方案确定的可以不描述。如对石方的预裂爆破的单孔深度及装药量的特征规定可以不描述。

③应由投标人根据当地材料和施工要求确定的可以不描述。如对混凝土构件中的混

凝土拌和料使用的石子种类及粒径、砂的种类及特征规定可以不描述。

④应由施工措施解决的可以不描述。如对现浇混凝土板、梁的标高的特征规定可以不描述。

(3)可不详细描述的内容:

①无法准确描述的可不详细描述。如土壤类别,可考虑将土壤类别描述为综合,注明由投标人根据地勘资料自行确定土壤类别,决定报价。

②施工图纸、标准图集标注明确,可不再详细描述。对这些项目可描述为见××图集××页××号及节点大样等。这样,便于发承包双方形成一致的理解,省时省力。

③还有一些项目可不详细描述。如土石方工程中的"取土运距""弃土运距",清单编制人决定运距是困难的,应由投标人根据工程实际情况自主决定运距,体现竞争要求。

总之,清单项目特征的描述应根据附录中有关项目特征的要求,结合技术规范、标准图集、施工图纸,按照工程结构、使用材质及规格等,予以详细而准确的表述和说明。

4)计量单位

清单项目的计量单位应按附录中规定的计量单位确定。当附录中有两个或两个以上计量单位的,应结合拟建工程项目的实际情况,选择最适宜表述项目特征并方便计量的其中一个为计量单位。同一工程项目的计量单位应一致。

计量单位应采用基本单位,除各专业另有特殊规定外,均按以下单位计量:

(1)以重量计算的项目:吨或千克(t或kg);

(2)以体积计算的项目:立方米(m^3);

(3)以面积计算的项目:平方米(m^2);

(4)以长度计算的项目:米(m);

(5)以自然计量单位计算的项目:个、套、块、樘、组、台……

(6)没有具体数量的项目:宗、项……

其中,以"t"为计量单位的,应保留小数点后三位数字,第四位四舍五入;以"m、m^2、m^3、kg"为计量单位的,应保留小数点后两位数字,第三位四舍五入;以"个、件、根、组、系统"等为计量单位的,应取整数。

5)工程量计算规则

《建设工程工程量清单计价规范》(GB 50500—2013)规定,工程量应按附录中规定的工程量计算规则计算。除此之外,尚应依据以下文件:

(1)经审定的施工设计图纸及其说明;

(2)经审定的施工组织设计或施工技术措施方案;

(3)经审定的其他有关技术经济文件。

工程量计算规则是指对清单项目工程量的计算规定。工程量清单中所列项目的工程量应按相应工程计算规范附录中规定的工程量计算规则计算。除另有说明外,所有清单项目的工程量以实体工程量为准,并以完成后的净值来计算。因此,在计算综合单价时应考虑施工中的各种损耗和需要增加的工程量,或在措施费清单中列入相应的措施费用。

3. 附录未包括项目的处理

编制工程量清单出现附录中未包括的项目时,编制人应作补充,并报省级或行业工程

造价管理机构备案，省级或行业工程造价管理机构应汇总报住房和城乡建设部标准定额研究所。

补充项目的编码由相关专业工程量计算规范的代码（如房屋建筑与装饰工程代码01）与B和三位阿拉伯数字组成，并应从××B001（如房屋建筑与装饰工程补充项目编码应为01B001）起顺序编制，同一招标工程的项目不得重码。

补充的工程量清单中需附有补充项目的名称、项目特征、计量单位、工程量计算规则、工程内容。

4.编制分部分项工程量清单的注意事项

（1）分部分项工程量清单是不可调整清单（闭口清单），投标人不得对招标文件中所列分部分项工程量清单进行调整。

（2）分部分项工程量清单是工程量清单的核心，一定要准确编制，它关乎招标人编制招标控制价和投标人投标报价的准确性；如果分部分项工程量清单编制有误，投标人可在投标报价文件中提出说明，但不能在报价中自行修改。

（3）关于现浇混凝土项目，《房屋建筑与装饰工程工程量计算规范》（GB 50854—2013）对现浇混凝土模板采用了两种方式进行编制。本规范中现浇混凝土工程项目，一方面“工作内容”中包括了模板工程的内容（《房屋建筑与装饰工程工程量计算规范》（GB 50854—2008）此项工作内容不包括模板工程），以“m^3”计量，与混凝土工程项目一起组成综合单价；另一方面又在措施项目中单列了现浇混凝土模板工程项目，以“m^2”计量，单独组成综合单价。对此，有以下三层含义：

①招标人应根据工程的实际情况在同一个标段（或合同段）中从两种方式中选择一种；

②招标人若采用单列现浇混凝土模板工程，必须按规范所规定的计量单位、项目编码、项目特征描述列出清单，同时，现浇混凝土项目中不含模板的工程费用。

③若招标人在措施项目清单中未编列现浇混凝土模板项目清单，即表示现浇混凝土模板项目不单列，现浇混凝土项目的综合单价中应包括模板工程费用。

（4）对于预制混凝土构件，《房屋建筑与装饰工程工程量计算规范》（GB 50854—2013）是以现场制作流程编制项目的，“工作内容”中包含模板工程，模板的措施费用不再单列，若采用成品预制混凝土构件，成品价（包括模板、混凝土等所有费用）计入综合单价中，即成品的出厂价格及运杂费等计入综合单价。

综上所述，预制混凝土构件，《房屋建筑与装饰工程工程量计算规范》（GB 50854—2013）只列不同构件名称的一个项目编码、项目特征描述、计量单位、工程量计算规则及工作内容，其中已综合了模板制作和安装，混凝土制作，构件运输、安装等内容，布置清单项目时，不得将模板、混凝土、构件运输、安装分开列项，组成综合单价时应包含如上内容。

（5）对于金属构件，《房屋建筑与装饰工程工程量计算规范》（GB 50854—2013）按照目前市场多以工厂成品化生产的实际，是以成品编制项目的，构件成品价应计入综合单价中。若采用现场制作，包括制作的所有费用应计入综合单价，不得再单列金属构件制作的清单项目。

（6）关于门窗工程中的门窗（橱窗除外），《房屋建筑与装饰工程工程量计算规范》

(GB 50854—2013)结合了目前“市场门窗均以工厂化成品生产”的情况,是按成品编制项目的,成品价(成品原价、运杂费等)应计入综合单价。若采用现场制作,包括制作的所有费用应计入综合单价,不得再单列门窗制作的清单项目。

2.1.2.3　措施项目清单的编制

1. 措施项目的类型

措施项目包括两类:一类是单价项目,即能列出项目编码、项目名称、项目特征、计量单位、工程量计算规则的项目;另一类是总价项目,即仅能列出项目编码、项目名称,不能列出项目特征、计量单位和工程量计算规则的项目。

各专业工程的措施项目可依据附录中规定的项目选择列项。房屋建筑与装饰工程专业措施项目一览表见表2-2,安全文明施工及其他措施项目一览表见表2-3,可依据批准的工程项目施工组织设计(或施工方案)选择列项。

表2-2　房屋建筑与装饰工程专业措施项目一览表

序号	项目编码	项目名称
1	011701	脚手架工程
2	011702	混凝土模板及支架(撑)
3	011703	垂直运输
4	011704	超高施工增加
5	011705	大型机械设备进出场及安拆
6	011706	施工排水、降水
7	011707	安全文明施工及其他措施项目

表2-3　安全文明施工及其他措施项目一览表

序号	项目编码	项目名称
1	011701001	安全文明施工
2	011701002	夜间施工
3	011701003	非夜间施工照明
4	011701004	二次搬运
5	011701005	冬雨季施工
6	011701006	地上、地下设施、建筑物的临时保护设施
7	011701007	已完工程及设备保护

2. 措施项目清单的编制

(1)对于能列出项目编码、项目名称、项目特征、计量单位、工程量计算规则的措施单价项目,编制工程量清单时,应执行相应专业工程计算规范分部分项工程的规定,按照分部分项工程量清单的方式编制,如表2-4所示。

表 2-4 措施项目清单(一)

序号	项目编码	项目名称	项目特征	计量单位	工程量

(2)对于仅能列出项目编码、项目名称,不能列出项目特征、计量单位和工程量计算规则的措施总价项目,编制工程量清单时,应执行相应专业工程计算规范相应附录措施项目规定的项目编码、项目名称确定。对于房屋建筑与装饰工程而言,应按照《房屋建筑与装饰工程工程量计算规范》(GB 50854—2013)附录 S 措施项目规定的项目编码、项目名称确定。如表 2-5 所示。

表 2-5 措施项目清单(二)

序号	项目编码	项目名称

由于影响措施项目设置的因素比较多,2013 版相关专业工程量计算规范不可能将施工中可能出现的措施项目一一列出。在编制措施项目清单时,因工程情况不同,出现相关专业规范及附录中未列的措施项目,可根据工程的具体情况对措施项目清单做补充,且补充项目的有关规定及编码的设置同分部分项工程的规定。不能计量的措施项目,需附有补充项目的名称、工作内容及包含范围。

3. 编制措施项目清单时应考虑的因素

措施项目清单的编制应考虑多种因素,除工程本身的因素外,还涉及水文、气象、环境、安全和承包商的实际情况等。措施项目清单的设置,需要考虑以下几个方面:

(1)参考拟建工程的常规施工组织设计,以确定环境保护、安全文明施工、临时设施、材料的二次搬运等项目。

(2)参考拟建工程的常规施工技术方案,以确定大型机械设备进出场及安拆、混凝土模板及支架、脚手架、施工排水、施工降水、垂直运输机械、组装平台等项目。

(3)参阅相关的施工规范与工程验收规范,以确定施工方案没有表述的但为实现施工规范与工程验收规范要求而必须发生的技术措施。

(4)确定设计文件中不足以写进施工方案,但要通过一定的技术措施才能实现的内容。

(5)确定招标文件中提出的某些需要通过一定的技术措施才能实现的要求。

4. 编制措施项目清单的注意事项

(1)措施项目清单是可调整清单(开口清单),投标人对招标文件中所列措施项目,可根据企业自身特点和工程实际情况作适当的变更增加。

(2)投标人要对拟建工程可能发生的措施项目和措施费用做通盘考虑 ,清单计价一经报出,即被认为包括了所有应发生的措施项目的全部费用。如果报出的清单中没有列项，且施工中又必须发生的项目，业主有权认为已经综合在分部分项工程量清单的综合单价中，将来措施项目发生时投标人不得以任何借口提出索赔与调整。

2.1.2.4　其他项目清单的编制

1. 其他项目清单

根据《建设工程工程量清单计价规范》(GB 50500—2013)的规定，其他项目清单应按照下列内容列项：

(1)暂列金额。

(2)暂估价，包括材料暂估单价、工程设备暂估单价、专业工程暂估价。

(3)计日工。

(4)总承包服务费。

若工程项目存在以上未列的项目，应根据工程实际情况补充。

2. 其他项目清单的编制

1)暂列金额

(1)暂列金额的相关规定：

①暂列金额是在招投标阶段暂且列定的一项费用，它在项目实施过程中有可能发生，也有可能不发生。

②暂列金额为招标人所有，只有按照合同约定程序实际发生后，才能成为中标人应得金额，纳入合同结算价款中。扣除实际发生金额后的暂列金额余额属于招标人所有。

③设立暂列金额并不能保证合同结算价格就不会出现超过已签约合同价的情况，是否超出已签约合同价完全取决于对暂列金额预测的准确性，以及工程建设过程中是否出现了其他事先未预测到的事件。

(2)暂列金额的编制。

为保证工程施工的顺利实施，应针对施工过程中可能出现的各种不确定因素对工程造价的影响，在招标控制价中估算一笔暂列金额。

暂列金额可根据工程的复杂程度、设计深度、工程环境条件(包括地质、水文、气候条件等)进行估算，一般可以分项工程费和措施费的10%~15%作为参考。

暂列金额应根据表2-6编制。暂列金额表应由招标人填写，不能详列时可只列暂定金额总额，投标人应将上述暂列金额计入投标总价中。

表2-6　暂列金额明细表

序号	项目名称	计量单位	暂列金额(元)	备注
合计				

2)暂估价

(1)暂估价的相关规定：

①暂估价是在招投标阶段直至签订合同协议时，招标人在招标文件中提供的用于支

付必然要发生但暂时不能确定价格的材料，以及需另行发包的专业工程金额。暂估价类似于 FIDIC 合同条款中的 Prime Cost Items，在招标阶段预见肯定要发生，只是因为标准不明确或需要专业承包人完成，暂时无法确定其价格或金额。

②为方便合同管理和计价，需要纳入工程量清单项目综合单价中的暂估价最好只是材料费，以方便投标人组价。对于专业工程暂估价一般应是综合暂估价，包括规费、税金以外的管理费、利润等。

(2)暂估价的编制：

暂估价包括材料暂估单价、工程设备暂估单价、专业工程暂估价；其中材料暂估单价、工程设备暂估单价应根据工程造价信息或参照市场价格估算，列出明细表，可依据表 2-7 编制；专业工程暂估价应分不同专业，按有关计价规定估算列出明细表，可依据表 2-8 编制。

表 2-7　材料(工程设备)暂估单价明细表

序号	材料(设备)名称、规格、型号	计量单位	数量	损耗率	暂估单价	合计(元)	备注

表 2-8　专业工程暂估价明细表

序号	工程名称	工程内容	暂估金额(元)	结算金额(元)	合计(元)	备注
合计						

材料(工程设备)暂估单价表由招标人填写“暂估单价”，并在备注栏说明暂估价的材料、工程设备拟用在哪些清单项目上，投标人应将上述材料、工程设备暂估单价计入工程量清单综合单价报价中。

专业工程暂估价表由招标人填写“暂估金额”，投标人应将上述专业工程暂估金额计入投标总价中，结算时按合同约定结算金额填写。

3)计日工

(1)计日工的相关规定：

①计日工是为了解决现场发生的零星工作的计价而设立的。计日工适用的零星工作一般指合同约定之外的或者因变更而产生的、工程量清单中没有相应项目的额外工作，尤其是那些时间不允许事先商定价格的额外工作。计日工为额外工作和变更的计价提供了一个方便快捷的途径。

②计日工以完成零星工作所消耗的人工工时、材料数量、机械台班进行计量，并按照计日工表中填报的适用项目的单价进行计价支付。

③编制工程量清单时，计日工表中的人工应按工种列项，材料和机械应按规格、型号详细列项。其中人工、材料、机械数量，应由招标人根据工程的复杂程度、工程设计质量的优劣及设计深度等因素，按照经验来估算一个比较贴近实际的数量，并作为暂定量写到计日工表中，纳入有效投标竞争，以期获得合理的计日工单价。

④从理论上讲，计日工单价水平一定是高于工程量清单的价格水平的。这是因为：一是计日工往往是用于一些突发性的额外工作，缺少计划性，客观上造成超出常规的额外投入；二是计日工往往忽略，给出一个暂定的工程量，无法纳入有效的竞争。

(2)计日工的编制：

计日工应列出项目名称、计量单位和暂估数量。计日工应根据表2-9编制。

表2-9　计日工表

编号	项目名称	计量单位	暂估数量	实际数量	综合单价(元)	备注	
						暂定	实际
一	人工						
1							
2							
人工小计							
二	材料						
1							
2							
材料小计							
三	施工机械						
1							
2							
施工机械小计							
四	企业管理费和利润						
总计							

计日工表中的项目名称、暂估数量由招标人填写，编制招标控制价时，单价由招标人按有关计价规定确定；投标时，单价由投标人自主报价，按暂定数量计算合价计入投标总价中。结算时，按发承包双方确认的实际数量计算合价。

4)总承包服务费

(1)总承包服务费的相关规定：

①只有当工程采用总承包模式时，才会发生总承包服务费。

②招标人应当预计该项费用并按投标人的投标报价向投标人支付该项费用。

(2)总承包服务费的编制：

总承包服务费应列出服务项目及其内容等,应根据表2-10编制。

表2-10　总承包服务费计价表

序号	项目名称	项目价值(元)	服务内容	计算基础	费率(%)	金额(元)
1	发包人发包专业工程					
2	发包人提供材料					
3						
	合计					

总承包服务费计价表中,项目名称、服务内容由招标人填写,编制招标控制价时,费率及金额由招标人按有关计价规定确定;投标时,费率及金额由投标人自主报价,计入投标总价中。

3.编制其他项目清单的注意事项

(1)其他项目清单中由招标人填写的项目名称、数量、金额,投标人不得随意改动。

(2)投标人必须对招标人提出的项目与数量进行报价;如果不报价,招标人有权认为投标人就未报价内容提供无偿服务。

(3)如果投标人认为招标人编制的其他项目清单列项不全,可以根据工程实际情况自行增加列项,并确定本项目的工程量及计价。

2.1.2.5　规费、税金清单的编制

1.规费项目清单的编制

根据《建设工程工程量清单计价规范》(GB 50500—2013)的规定,规费项目清单应按照下列内容列项:

(1)社会保险费,包括养老保险费、失业保险费、医疗保险费、工伤保险费、生育保险费。

(2)住房公积金。

(3)工程排污费。

若工程项目存在以上未列的项目,应根据省级政府或省级有关部门的规定列项。

2.税金项目清单的编制

根据《建设工程工程量清单计价规范》(GB 50500—2013)的规定,税金项目清单应按照下列内容列项:

(1)营业税。

(2)城市维护建设税。

(3)教育费附加。

(4)地方教育费附加。

若工程项目存在以上未列的项目,应根据税务部门的规定列项。当国家税法发生变化或地方政府及税务部门依据职权对税种进行调整时,应对税金项目清单进行相应调整。

【自测及相关实训】

根据清单规范和施工图纸的要求,正确列出本工程所涉及的清单项目(项目编码、项

目名称和项目特征描述等)。

任务2.2 土方工程工程量清单编制

【任务介绍】 多层框架结构办公楼土方工程工程量清单编制。

阅读施工图纸和《房屋建筑与装饰工程工程量计算规范》(GB 50854—2013)及《建设工程工程量清单计价规范》(GB 50500—2013),按照任务要求完成本工程土方工程的分部分项工程量清单的编制。

【任务解析】

1. 阅读施工图纸和《房屋建筑与装饰工程工程量计算规范》(GB 50854—2013),选择本工程土方工程应列的清单项目。

2. 根据工程设计的具体情况,在工程量清单表中书写清单项目名称、项目编码、项目特征和计量单位。

3. 理解土方工程清单项目的工程量计算规则,阅读图纸,获取工程量计算数据信息,列式计算相应清单项目的工程量。

4. 检验清单项目工程量计算过程的准确性,避免计算性错误。

5. 汇总数据,填入工程量清单表中相应位置。

【知识目标】

理解《房屋建筑与装饰工程工程量清单计算规范》(GB 50854—2013)中土方工程的有关说明和工程量计算规则,掌握土方工程工程量清单的编制步骤和方法。

【能力目标】

依据《房屋建筑与装饰工程工程量清单计算规范》(GB 50854—2013)土方工程的要求和某办公楼土建施工图纸,正确列出本工程土方工程量清单项目、描述项目特征及计算相应工程量。

【相关知识】

2.2.1 土方工程清单规范有关说明

(1)挖土方平均厚度应按自然地面测量标高至设计地坪标高间的平均厚度确定。基础土方开挖深度应按基础垫层底表面标高至交付施工场地标高确定,无交付施工场地时,按自然地面标高确定。

(2)建筑物场地厚度不超过 ±300 mm 的挖、填、运、找平,应按《计算规范》中平整场地项目编码列项。厚度超过 ±300 mm 的竖向布置挖土或山坡切土应按《计算规范》中挖一般土方项目编码列项。

(3)沟槽、基坑、一般土方的划分为:底宽≤7 m,底长 >3 倍底宽时为沟槽;底长≤3 倍底宽、底面积≤150 m^2 时为基坑;超出上述范围则为一般土方。

(4)挖土方时如需截桩头,应按桩基工程相关项目编码列项。

(5)弃、取土运距可以不描述,但应注明由投标人根据施工现场实际情况自行考虑,决定报价。

(6)土壤的分类应按表2-11确定,如土壤类别不能准确划分,招标人可注明为综合,由投标人根据地勘报告决定报价。

表2-11　土壤分类表

土壤分类	土壤名称	开挖方法
一、二类土	粉土、砂土(粉砂、细砂、中砂、粗砂、砾砂)、粉质黏土、弱中盐渍土、软土(淤泥质土、泥炭、泥炭质土)、软塑红黏土、冲填土	用锹,少许用镐、条锄开挖。机械能全部直接铲挖满载者
三类土	黏土、碎石土(圆砾、角砾)、混合土、可塑红黏土、硬塑红黏土、强盐渍土、素填土、压实填土	主要用镐、条锄,少许用锹开挖。机械需部分刨松方能铲挖满载者或可直接铲挖但不能满载者
四类土	碎石土(卵石、碎石、漂石、块石)、坚硬红黏土、超盐渍土、杂填土	全部用镐、条锄挖掘,少许用撬棍挖掘。机械须普遍刨松方能铲挖满载者

(7)土方体积均以挖掘前的天然密实体积计算。非天然密实土方应按表2-12折算。

表2-12　土方体积折算表

虚方体积	天然密实体积	夯实后体积	松填体积
1.00	0.77	0.67	0.83
1.30	1.00	0.87	1.08
1.50	1.15	1.00	1.25
1.20	0.92	0.80	1.00

(8)挖沟槽、基坑、一般土方因工作面和放坡增加的工程量,是否并入各土方工程量中,按各省、自治区、直辖市或行业建设主管部门的规定实施,如并入各土方工程量中,办理工程结算时,按经发包人认可的施工组织设计规定计算,编制工程量清单时,可按表2-13的规定计算。

表2-13　放坡系数表

土壤类别	放坡起点(m)	人工挖土方	机械挖土		
			在坑内作业	在坑上作业	顺沟槽在坑上作业
一、二类土	1.20	1:0.5	1:0.33	1:0.75	1:0.5
三类土	1.50	1:0.33	1:0.25	1:0.67	1:0.33
四类土	2.00	1:0.25	1:0.10	1:0.33	1:0.25

注:1. 沟槽、基坑中土壤类别不同时,分别按其放坡起点、放坡系数,依不同土壤厚度加权平均计算。

2. 计算放坡时,在交接处重复工程量不予扣除,原槽、坑做基础垫层时,放坡自垫层上表面开始计算。

①放坡。人工挖沟槽、基坑，如果土层深度较深，土质较差，为了防止坍塌和保证安全，需要将沟槽或基坑边壁修成一定的倾斜坡度，称为放坡。沟槽边坡坡度以挖沟槽或基坑的深度 H 与边坡底宽 B 之比表示，如图 2-3 所示，即

$$\text{土方边坡坡度} = H/B = 1/K \qquad (2\text{-}1)$$

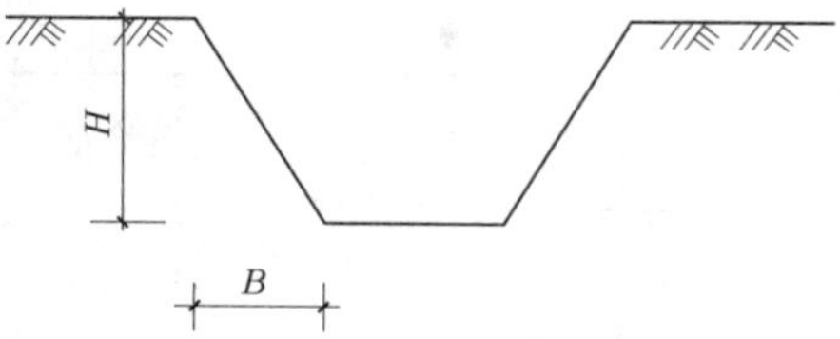

式中，$K = B/H$ 称为坡度系数。

图 2-3　放坡系数计算示意图

②工作面。根据基础施工的需要，挖土时按基础垫层的双向尺寸向周边放出一定范围的操作面积，作为工人施工时的操作空间，这个单边放出的宽度，就称为工作面。其决定因素是基础材料，如表 2-14 所示。

表 2-14　基础施工所需工作面计算表　（单位：mm）

基础材料	每边各增加工作面宽度	基础材料	每边各增加工作面宽度
砖基础	200	混凝土基础支模板	300
浆砌毛石、条石基础	150	基础垂直面做防水层	1 000（防水层面）
混凝土基础垫层支模板	300		

（9）挖方出现流砂、淤泥时，应根据实际情况由发包人与承包人现场签证确认工程量。

（10）管沟土方项目适用于管道（给水排水、工业、电力、通信）、光（电）缆沟（包括人孔桩、接口坑）及连接井（检查井）等。

2.2.2　土方工程工程量清单项目及计量规则

土方工程工程量清单项目设置及工程量计算规则，应按表 2-15、表 2-16 的规定执行。

表 2-15　土方工程（编码：010101）

项目编码	项目名称	项目特征	计量单位	工程量计算规则	工程内容
010101001	平整场地	1. 土壤类别 2. 弃土运距 3. 取土运距	m^2	按设计图示尺寸以建筑物首层面积计算	1. 土方挖填 2. 场地找平 3. 运输
010101002	挖一般土方	1. 土壤类别 2. 挖土平均厚度 3. 弃土运距	m^3	按设计图示尺寸以体积计算	1. 排地表水 2. 土方开挖 3. 围护（挡土板）及拆除 4. 基底钎探 5. 运输
010101003	挖沟槽土方			按设计图示尺寸以基础垫层底面积乘以挖土深度计算	
010101004	挖基坑土方				
010101005	冻土开挖	1. 冻土厚度 2. 弃土运距		按设计图示尺寸开挖面积乘以厚度以体积计算	1. 爆破 2. 开挖 3. 清理 4. 运输
010101006	挖淤泥、流砂	1. 挖掘深度 2. 弃淤泥、流砂距离		按设计图示位置、界限以体积计算	1. 开挖 2. 运输

续表 2-15

项目编码	项目名称	项目特征	计量单位	工程量计算规则	工程内容
010101007	管沟土方	1. 土壤类别 2. 管外径 3. 挖沟深度 4. 回填要求	1. m 2. m^3	1. 以米计量，按设计图示以管道中心线长度计算 2. 以立方米计量，按设计图示管底垫层面积乘以挖土深度计算；无管底垫层按管外径的水平投影面积乘以挖土深度计算。不扣除各类井的长度，井的土方并入	1. 排地表水 2. 土方开挖 3. 围护（挡土板）、支撑 4. 运输 5. 回填

表 2-16　回填（编码：010103）

项目编码	项目名称	项目特征	计量单位	工程量计算规则	工程内容
010103001	回填方	1. 密实度要求 2. 填方材料品种 3. 填方粒径要求 4. 填方来源、运距	m^3	按设计图示尺寸以体积计算。 1. 场地回填：回填面积乘平均回填厚度 2. 室内回填：主墙间面积乘回填厚度 3. 基础回填：挖方体积减去设计室外地坪以下埋设的基础体积（包括基础垫层及其他构筑物）	1. 装卸、运输 2. 回填 3. 分层碾压、夯实

2.2.2.1　平整场地

平整场地项目适用于建筑场地厚度在 ±300 mm 以内的挖土、填土、运土以及找平，如图 2-4 所示。

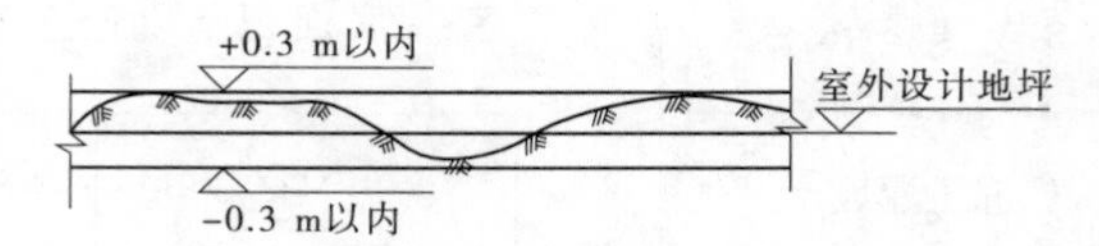

图 2-4　平整场地范围示意图

平整场地项目清单工程量计算规则为：按设计图示尺寸以建筑物首层面积计算。其

计算公式为

$$S_{\text{平整场地}} = S_{\text{建筑物首层面积}} \tag{2-2}$$

2.2.2.2　挖沟槽、基坑土方

沟槽、基坑的工作内容包括排地表水、土方开挖、围护(挡土板)及拆除、基底钎探、运输。

其清单工程量计算规则为:按设计图示尺寸以基础垫层底面积乘以挖土深度计算。其计算公式为:

$$V = \text{基础垫层长} \times \text{基础垫层宽} \times \text{挖土深度} \tag{2-3}$$

当基础为带形基础时,外墙基础垫层按外墙中心线长度计算,内墙基础垫层按内墙下垫层之间的净长计算。挖土深度应按基础垫层底表面标高至交付施工场地标高的高度确定,无交付施工场地标高时,应按自然地面标高确定。

2.2.2.3　回填方

回填方项目适用于场地回填、室内回填和基础回填,并包括指定范围内的运输以及借土回填的土方开挖。

其清单工程量计算规则为:按设计图示尺寸以体积计算。具体分为三种。

(1)场地回填。按回填面积乘以平均回填厚度以体积计算。

$$V = \text{回填面积} \times \text{平均回填厚度} \tag{2-4}$$

(2)室内回填。指室内地坪以下,由室外设计地坪标高填至地坪垫层底标高的夯填土。按主墙间净面积乘以回填厚度以体积计算。

$$V = \text{主墙间净面积} \times \text{回填厚度} \tag{2-5}$$

$$\text{主墙间净面积} = \text{底层建筑面积} - \text{内、外墙体所占水平平面的面积}$$

$$\text{回填厚度} = \text{设计室内外地坪高差} - \text{地面面层和垫层的厚度} \tag{2-6}$$

(3)基础回填。指在基础施工完毕以后,将槽、坑四周未做基础的部分回填至室外设计地坪标高。挖方体积减去设计室外地坪以下埋设的基础体积(包括基础垫层及其他构筑物)。

$$V = \text{挖土体积} - \text{设计室外地坪以下埋设物的体积(包括基础垫层及其他构筑物)}$$

【任务实施】

1. 实践准备

(1)阅读图纸,获取清单列项信息和工程量计算数据。

(2)阅读并理解清单项目的相应规定。

(3)了解土方施工项目和施工工艺。

2. 任务实施

(1)根据图纸设计要求和清单项目工作内容及项目特征描述要求列出土方工程清单项目,如表2-17所示。

表2-17　土方工程清单项目表

序号	项目编码	项目名称	项目特征	计量单位	工程量
1	010101001001	平整场地	1. 土壤类别:三类土 2. 弃土运距:投标人自行考虑 3. 取土运距:投标人自行考虑	m^2	
2	010101004001	挖基坑土方	1. 土壤类别:三类土 2. 挖土深度:4.65 m	m^3	
3	010103001001	回填方	1. 密实度要求:夯填 2. 回填部位:基础回填	m^3	
4	010103001002	回填方	1. 密实度要求:夯填 2. 回填部位:室内回填	m^3	

(2)理解工程量计算规则,计算清单项目工程量,详细计算过程如下:

①平整场地。按设计图示尺寸以建筑物首层建筑面积计算。

$S=736.22\ m^2$(具体计算见建筑面积计算)

②挖基坑土方(以J-1为例)。

第一步:计算基础垫层底面积。阅读结施2基础平面布置图及图2-5,获知基础详图中的数据信息:

$$A=1.8\ m, B=1.9\ m$$

垫层每侧伸出基础0.1 m,故J-1基础垫层底面积为:

$$(1.8+0.1\times2)\times(1.9+0.1\times2)=4.20(m^2)$$

第二步:计算挖土深度。本工程场地平整至室外设计地坪位置,本工程室外设计地坪为-0.45 m,故挖土深度为:

$$5+0.1-0.45=4.65(m)$$

第三步:计算J-1挖方量。

$$4.20\times4.65=19.53(m^3)$$

第四步:确定同类型独立基础的个数,计算J-1总挖方量。

阅读结施2基础平面图,获知J-1有6个,则J-1挖基坑土方工程量为:

$$19.53\times6=117.18(m^3)$$

J-2、J-3、J-4、J-5、J-6计算过程同上。

(3)基础回填土(以J-1为例)。

第一步:J-1挖基坑土方工程量为117.18 m^3。

第二步:计算自然地坪以下埋设的基础体积(包括基础垫层及其他构筑物)。

①基础垫层体积:$4.20\times0.1=0.42(m^3)$

②独立基础体积:$1.026+0.229=1.255(m^3)$

下部体积:$1.8\times1.9\times0.3=1.026(m^3)$

上部(四棱台)体积:$\frac{1}{3}\times(0.45-0.3)\times(1.8\times1.9+0.45\times0.55+$

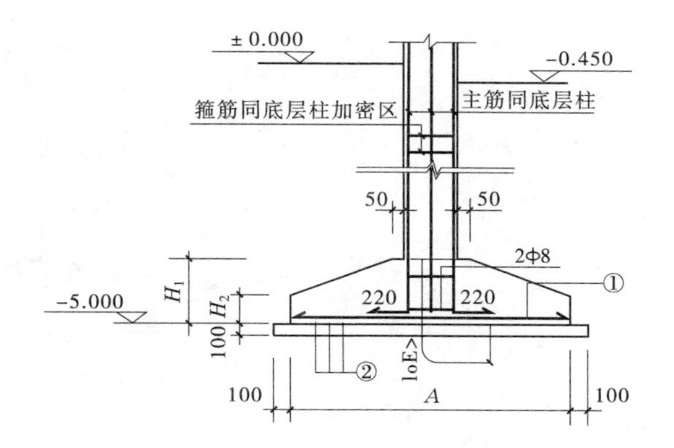

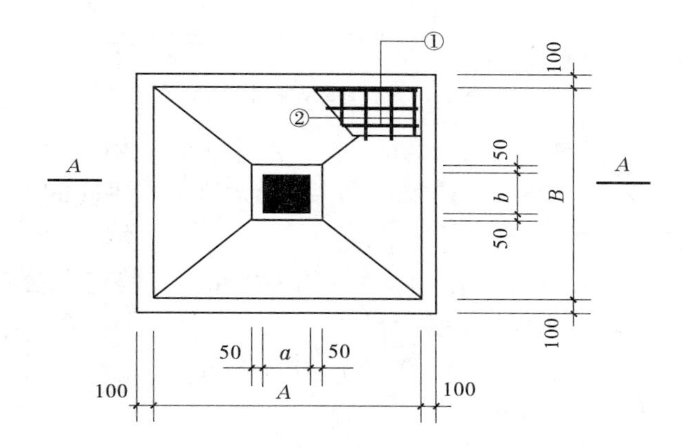

柱基表

编号	A×B	H_1	H_2	①	②	备注
J-1	1 800×1 900	450	300	Φ12@160	Φ12@160	
J-2	2 350×2 500	600	350	Φ12@125	Φ12@125	
J-3	3 500×3 600	800	450	Φ14@125	Φ14@125	
J-4	1 900×2 050	500	350	Φ12@150	Φ12@150	
J-5	1 500×1 650	450	300	Φ12@160	Φ12@160	
J-6	2 000×2 100	500	350	Φ12@150	Φ12@150	

图2-5　基础详图及截面尺寸信息

$$\sqrt{1.8\times1.9\times0.45\times0.55})$$

$$=0.229(\text{m}^3)$$

③室外地坪以下框架柱的体积:$0.45\times0.55\times(5-0.45-0.45)=1.015(\text{m}^3)$

④自然地坪以下埋设的基础体积(包括基础垫层及其他构筑物)为:

$$(0.42+1.255+1.015)\times6=16.14(\text{m}^3)$$

第三步:计算J-1回填土工程量。

$$117.18-16.14=101.04(\text{m}^3)$$

④室内(房心)回填土(以一层①~②轴办公室为例,如图2-6所示)。

第一步:计算主墙间净面积。

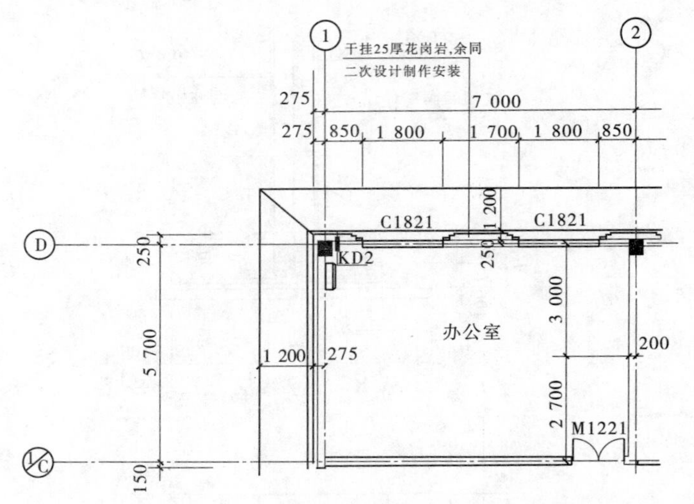

图 2-6　首层办公室平面图

根据建施 3 一层平面图,获知此间办公室主墙间净面积为:

$$(7-0.025-0.1)\times(5.7-0.1\times2)=37.81(\mathrm{m}^2)$$

第二步:计算回填土厚。

通过阅读图纸获知本工程室外设计地坪为 -0.45 m,假定办公室地面做法厚度为 135 mm。由此可计算室内回填土厚度为:

$$0.45-0.135=0.315(\mathrm{m})$$

第三步:计算室内回填土体积。

$$37.81\times0.315=11.91(\mathrm{m}^3)$$

【典型小案例】

【例 2-1】　某单位传达室基础平面图和剖面图如图 2-7 所示。根据地质勘探报告,土壤类别为三类,无地下水。该工程设计室外地坪标高为 -0.300 m,室内地坪标高为 ±0.000 m,其他相关尺寸如图 2-7 所示,计算挖沟槽土方及回填方清单工程量。

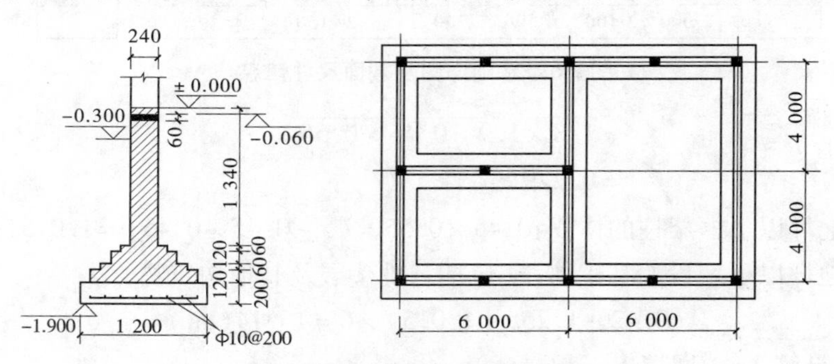

图 2-7　基础平面图和剖面图

解:(1)清单工程量计算。

基槽长度:　$(4+4+6+6)\times2+(8-1.2)+(6-1.2)=51.6(\mathrm{m})$

基槽深度: $1.9-0.3=1.6(\text{m})$

挖沟槽土方体积: $51.6\times1.6\times1.2=99.07(\text{m}^3)$

垫层体积: $51.6\times1.2\times0.2=12.38(\text{m}^3)$

砌筑工程体积:

高度: $1.34-0.3+0.36+0.525=1.925(\text{m})$

长度: $(12+8)\times2+(8-0.24)+(6-0.24)=53.52(\text{m})$

体积: $1.925\times53.52\times0.24=24.73(\text{m}^3)$

回填土工程量: $99.07-12.38-24.73=61.96(\text{m}^3)$

(2)工程量清单编制。分部分项工程量清单(一)见表2-18。

表2-18 分部分项工程量清单(一)

序号	项目编码	项目名称	项目特征	计量单位	工程量
1	010101003001	挖沟槽土方	1. 土壤类别:三类土 2. 挖土深度:1.60 m 3. 弃土运距:20 m	m^3	99.07
2	010103001001	基础回填土	1. 土壤类别:三类土 2. 弃土运距:20 m	m^3	61.96

【例2-2】 某建筑物为三类工程,地下室如图2-8所示,墙外做涂料防水层,施工组织设计确定用反铲挖掘机挖土,土壤类别为三类土,机械挖土坑内作业,土方外运1 km,填土已堆放在距场地150 m处,计算挖基坑土方及回填方清单工程量。

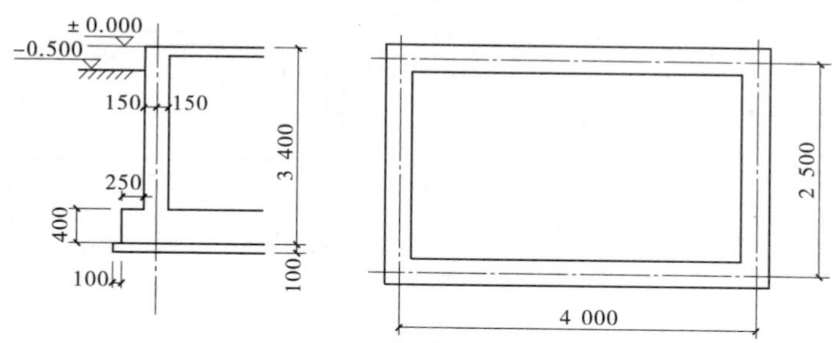

图2-8 基础平面图和剖面图

解:(1)清单工程量计算。

挖土深度: $3.50-0.5=3.00(\text{m})$

垫层面积:

$[4.0+(0.15+0.25+0.1)\times2]\times[2.5+(0.15+0.25+0.1)\times2]=17.50(\text{m}^2)$

挖基础土方体积: $3.0\times17.5=52.50(\text{m}^3)$

回填土挖土方体积:

垫层工程量: $5.0\times3.5\times0.1=1.75(\text{m}^3)$

底板工程量: $4.8\times3.3\times0.4=6.34(\text{m}^3)$

地下室所占空间工程量: $4.3\times2.8\times2.5=30.10(\text{m}^3)$

回填土工程量: $52.50-1.75-6.34-30.10=14.31(\text{m}^3)$

(2)工程量清单编制。分部分项工程量清单(二)见表2-19。

表2-19　分部分项工程量清单(二)

序号	项目编码	项目名称	项目特征	计量单位	工程量
1	010101002001	挖一般土方	1. 土壤类别:三类土 2. 挖土深度:3.00 m 3. 弃土运距:1 km	m^3	52.50
2	010103001001	基础回填土	1. 土壤类别:三类土 2. 弃土运距:150 m	m^3	14.31

【自测及相关实训】

(1)某工程基础平面图和剖面图如图2-9所示,试计算平整场地、挖基础土方及回填方清单工程量。已知土壤为一般土、混凝土垫层体积14.68 m^3,砖基础体积37.30 m^3,地面垫层、面层厚度共85 mm。

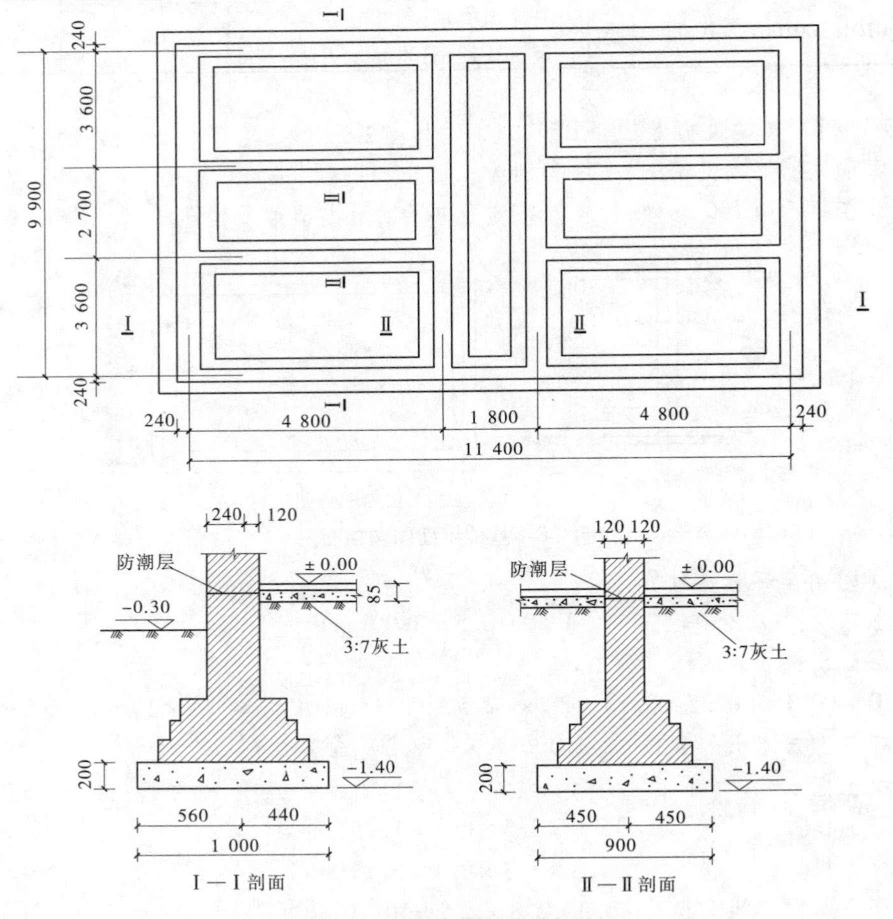

图2-9　基础平面图及剖面图

(2)某接待室工程,基础剖面图及平面图如图2-10所示,土壤类别为三类土,无地下水,取土距离3 km,弃土距离5 km,设计室外地坪 -0.300 m,室内地面做法为:80 mm厚混凝土垫层,400 mm×400 mm浅色地砖,20 mm厚的水泥砂浆防水层。相关尺寸如图2-10所示,计算场地平整、人工挖土方及回填土清单工程量。

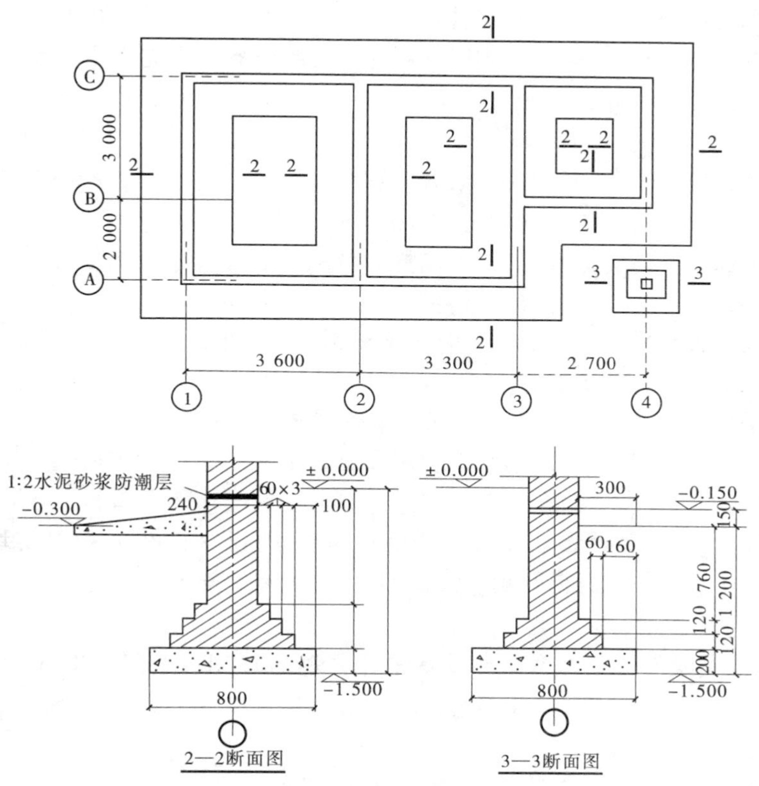

图2-10 基础平面图及剖面图

(3)根据清单规范和多层框架结构办公楼施工图纸的要求,将表2-20中土方工程清单项目填写完整。

表2-20 土方工程清单项目

序号	项目编码	项目名称	项目特征	计量单位	工程量
1		平整场地	1. 土壤类别:三类土 2. 弃土运距:投标人自行考虑 3. 取土运距:投标人自行考虑	m^2	
2		挖基坑土方	1. 土壤类别:三类土 2. 挖土深度:4.65 m	m^3	
3		回填方	1. 密实度要求:夯填 2. 回填部位:基础回填	m^3	
4		回填方	1. 密实度要求:夯填 2. 回填部位:室内回填	m^3	

任务2.3　砌筑工程工程量清单编制

【任务介绍】　多层框架结构办公楼砌筑工程工程量清单编制。

阅读施工图纸和《房屋建筑与装饰工程工程量计算规范》(GB 50854—2013)及《建设工程工程量清单计价规范》(GB 50500—2013),按照任务要求完成本工程砌筑工程的分部分项工程量清单的编制。

【任务解析】

1. 阅读施工图纸和《房屋建筑与装饰工程工程量计算规范》(GB 50854—2013),选择本工程砌筑工程应列的清单项目。

2. 根据工程设计的具体情况,在工程量清单表中书写清单项目名称、项目编码、项目特征和计量单位。

3. 理解砌筑工程清单项目的工程量计算规则,阅读图纸,获取工程量计算数据信息,列式计算相应清单项目的工程量。

4. 检验清单项目工程量计算过程的准确性,避免计算性错误。

5. 汇总数据,填入工程量清单表中相应位置。

【知识目标】

理解《房屋建筑与装饰工程工程量清单计算规范》(GB 50854—2013)中砌筑工程的相关问题及说明和工程量计算规则,掌握砌筑工程工程量清单的编制步骤和方法。

【能力目标】

依据《房屋建筑与装饰工程工程量清单计算规范》(GB 50854—2013)中砌筑工程的要求和某办公楼土建施工图纸,正确列出本工程砌筑工程量清单项目、描述项目特征及计算相应工程量。

【相关知识】

2.3.1　砌筑工程清单规范有关说明

(1)砖基础项目适用于各种类型砖基础:柱基础、墙基础、管道基础等。

(2)基础与墙(柱)身使用同一种材料时,以设计室内地面为界(有地下室者,以地下室室内设计地面为界),以下为基础,以上为墙(柱)身。基础与墙身使用不同材料时,位于设计室内地面高度不超过 ±300 mm 时,以不同材料为分界线;高度超过 ±300 mm 时,仍以设计室内地面为分界线。

(3)砖围墙以设计室外地坪为界,以下为基础,以上为墙身。

(4)框架外表面的镶贴砖部分,按零星项目编码列项。

(5)附墙烟囱、通风道、垃圾道应按设计图示尺寸以体积(扣除孔洞所占体积)计算并入所依附的墙体体积内。当设计规定孔洞内需抹灰时,应按本《计算规范》附录 L 中零星抹灰项目编码列项。

(6)空斗墙的窗间墙、窗台下、楼板下、梁头下等的实砌部分,按零星砌砖项目编码列项。

(7)空花墙项目适用于各种类型的空花墙，使用混凝土花格砌筑的空花墙，实砌墙体与混凝土花格应分别计算，混凝土花格按混凝土及钢筋混凝土中预制构件相关项目编码列项。

(8)台阶、台阶挡墙、梯带、锅台、炉灶、蹲台、池槽、池槽腿、砖胎模、花台、花池、楼梯栏板、阳台栏板、地垄墙、小于等于0.3 m^2 的孔洞填塞等，应按零星砌砖项目编码列项。砖砌锅台与炉灶可按外形尺寸依个计算，砖砌台阶可按水平投影面积以 m^2 计算，小便槽、地垄墙可按长度计算，其他工程按 m^3 计算。

2.3.2　砌筑工程清单项目及计量规则

砌筑工程工程量清单项目设置及工程量计算规则，应按表2-21～表2-23的规定执行。

表2-21　砖砌体(编码:010401)

项目编码	项目名称	项目特征	计量单位	工程量计算规则	工程内容
010401001	砖基础	1.砖品种、规格、强度等级 2.基础类型 3.基础深度 4.砂浆强度等级	m^3	按设计图示尺寸以体积计算。包括附墙垛基础宽出部分体积，扣除地梁(圈梁)、构造柱所占体积，不扣除基础大放脚T形接头处的重叠部分及嵌入基础内的钢筋、铁件、管道、基础砂浆防潮层和单个面积≤0.3 m^2 的孔洞所占体积，靠墙暖气沟的挑檐不增加。 基础长度：外墙按中心线，内墙按净长线计算	1.砂浆制作、运输 2.砌砖 3.防潮层铺设 4.材料运输
010401003	实心砖墙	1.砖品种、规格、强度等级 2.墙体类型 3.砂浆强度等级、配合比	m^3	按设计图示尺寸以体积计算。扣除门窗洞口、过人洞、空圈、嵌入墙内的钢筋混凝土柱、梁、圈梁、挑梁、过梁及凹进墙内的壁龛、管槽、暖气槽、消火栓箱所占体积，不扣除梁头、板头、檩头、垫木、木楞头、沿缘木、木砖、门窗走头、砖墙内加固钢筋、木筋、铁件、钢管及单个面积≤0.3 m^2 的孔洞所占体积。凸出墙面的腰线、挑檐、压顶、窗台线、虎头砖、门窗套不增加体积。凸出墙面的砖垛并入墙体体积内计算。 1.墙长度：外墙按中心线，内墙按净长计算。 2.墙高度： (1)外墙：斜(坡)屋面无檐口天棚者算至屋面板底；有屋架且室内外均有天棚者算至屋架下弦底另加200 mm；无天棚者算至屋架下弦另加300 mm，出檐宽度超过600 mm时按实砌高度计算；平屋面算至钢筋混凝土板底。 (2)内墙：位于屋架下弦者算至屋架下弦底；无屋架者算至天棚底另加100 mm；有钢筋混凝土楼板隔层者算至楼板顶；有框架梁时算至梁底。 (3)女儿墙：从屋面板上表面算至女儿墙顶面(当有混凝土压顶时算至压顶下表面)。 ④内外山墙：按其平均高度计算。 3.框架间墙：不分内外墙按墙体净尺寸以体积计算。 4.围墙：高度算至压顶上表面(当有混凝土压顶时算至压顶下表面)，围墙柱并入围墙体积内	1.砂浆制作、运输 2.砌砖 3.刮缝 4.砖压顶砌筑 5.材料运输
010401004	多孔砖墙				
010401005	空心砖墙				

续表 2-21

项目编码	项目名称	项目特征	计量单位	工程量计算规则	工程内容
010401006	空斗墙	1. 砖品种、规格、强度等级 2. 墙体类型 3. 砂浆强度等级、配合比	m^3	按设计图示尺寸以空斗墙外形体积计算。墙角、内外墙交接处、门窗洞口立边、窗台砖、屋檐处的实砌部分体积并入空斗墙体积内	1. 砂浆制作、运输 2. 砌砖 3. 装填充料 4. 刮缝 5. 材料运输
010401007	空花墙			按设计图示尺寸以空花部分外形体积计算,不扣除空洞部分体积	
010401008	填充墙	1. 砖品种、规格、强度等级 2. 墙体类型 3. 填充材料种类及厚度 4. 砂浆强度等级、配合比	m^3	按设计图示尺寸以填充墙外形体积计算	
010401009	实心砖柱	1. 砖品种、规格、强度等级 2. 柱类型 3. 砂浆强度等级、配合比	m^3	按设计图示尺寸以体积计算。扣除混凝土及钢筋混凝土梁垫、梁头、板头所占体积	1. 砂浆制作、运输 2. 砌砖 3. 刮缝 4. 材料运输
010401010	多孔砖柱				
010404012	零星砌砖	1. 零星砌砖名称、部位 2. 砂浆强度等级、配合比	1. m^3 2. m^2 3. m 4. 个	1. 以立方米计量,按设计图示尺寸截面积乘以长度计算 2. 以平方米计量,按设计图示尺寸水平投影面积计算 3. 以米计量,按设计图示尺寸长度计算 4. 以个计量,按设计图示数量计算	1. 砂浆制作、运输 2. 砌砖 3. 刮缝 4. 材料运输
010401013	砖散水、地坪	1. 砖品种、规格、强度等级 2. 垫层材料种类、厚度 3. 散水、地坪厚度 4. 面层种类、厚度 5. 砂浆强度等级	m^2	按设计图示尺寸以面积计算	1. 土方挖、运、填 2. 地基找平、夯实 3. 铺设垫层 4. 砌砖散水、地坪 5. 抹砂浆面层
010401014	砖地沟、明沟	1. 砖品种、规格、强度等级 2. 沟截面尺寸 3. 垫层材料种类、厚度 4. 混凝土强度等级 5. 砂浆强度等级	m	按设计图示以中心线长度计算	1. 土方挖、运、填 2. 铺设垫层 3. 底板混凝土制作、运输、浇筑、振捣、养护 4. 砌砖 5. 刮缝抹灰 6. 材料运输

表 2-22　砌块砌体(编码:010402)

项目编码	项目名称	项目特征	计量单位	工程量计算规则	工程内容
010402001	砌块墙	1. 砌块品种、规格、强度等级 2. 墙体类型 3. 砂浆强度等级	m^3	按设计图示尺寸以体积计算。 扣除门窗洞口、过人洞、空圈、嵌入墙内的钢筋混凝土柱、梁、圈梁、挑梁 、过梁及凹进墙内的壁龛、管槽、暖气槽、消火栓箱所占体积,不扣除梁头、板头、檩头、垫木、木楞头、沿缘木、木砖、门窗走头、砌块墙内加固钢筋、木筋、铁件、钢管及单个面积≤0.3 m^2 的孔洞所占的体积。凸出墙面的腰线、挑檐、压顶、窗台线、虎头砖、门窗套的体积亦不增加。凸出墙面的砖垛并入墙体体积内计算。 1. 墙长度:外墙按中心线、内墙按净长计算。 2. 墙高度: (1)外墙:斜(坡)屋面无檐口天棚者算至屋面板底;有屋架且室内外均有天棚者算至屋架下弦底另加 200 mm;无天棚者算至屋架下弦底另加 300 mm,出檐宽度超过 600 mm 时按实砌高度计算;与钢筋混凝土楼板隔层者算至板顶;平屋面算至钢筋混凝土板底。 (2)内墙:位于屋架下弦者,算至屋架下弦底;无屋架者算至天棚底另加 100 mm;有钢筋混凝土楼板隔层者算至楼板顶;有框架梁时算至梁底。 (3)女儿墙:从屋面板上表面算至女儿墙顶面(如有混凝土压顶算至压顶下表面)。 (4)内、外山墙:按其平均高度计算。 3. 框架间墙:不分内外墙按墙体净尺寸以体积计算。 4. 围墙:高度算至压顶上表面(如有混凝土压顶时算至压顶下表面),围墙柱并入围墙体积内	1. 砂浆制作、运输 2. 砌砖、砌块 3. 勾缝 4. 材料运输
010402002	砌块柱	1. 砖品种、规格、强度等级 2. 墙体类型 3. 砂浆强度等级		按设计图示尺寸以体积计算。 扣除混凝土及钢筋混凝土梁垫、梁头、板头所占体积	

表 2-23　垫层(编码:010404)

项目编码	项目名称	项目特征	计量单位	工程量计算规则	工程内容
010404001	垫层	垫层材料种类、配合比、厚度	m^3	按设计图示尺寸以立方米计算	1. 垫层材料的拌制 2. 垫层铺设 3. 材料运输

2.3.2.1　砖基础

砖基础的清单工程量是按设计图示尺寸以体积计算。包括附墙垛基础宽出部分体积,扣除地梁(圈梁)、构造柱所占体积,不扣除基础大放脚 T 形接头处的重叠部分及嵌入基础内的钢筋、铁件、管道、基础砂浆防潮层和单个面积≤0.3 m^2 的孔洞所占体积,靠墙暖气沟的挑檐不增加。其计算公式为:

砖基础的清单工程量 = 砖基础的断面面积 × 砖基础长度　　(2-7)

1. 标准砖墙的厚度

标准砖尺寸应为 240 mm × 115 mm × 53 mm。标准砖墙厚度应按表 2-24 计算。

表 2-24　标准砖墙计算厚度表

砖数(厚度)	1/4	1/2	3/4	1	$1\frac{1}{2}$	2	$2\frac{1}{2}$	3
计算厚度(mm)	53	115	180	240	365	490	615	740

2. 砖基础的断面面积

砖基础多为大放脚形式。大放脚是墙基下面的扩大部分,分等高和不等高(间隔)两种。其计算公式为:

砖基础的断面面积 = 标准墙厚面积 + 大放脚增加的面积

= 标准墙厚 ×(设计基础高度 + 大放脚折加高度)　　(2-8)

等高式大放脚,每步放脚层数相等,高度为 126 mm(两皮砖加两灰缝);每步放脚宽度相等,为 62.5 mm(一砖长加一灰缝的 1/4),如图 2-11 所示。

不等高式(间隔)大放脚,每步放脚高度不等,为 63 mm 与 126 mm 互相交替间隔放脚;每步放脚宽度相等,为 62.5 mm,如图 2-12 所示。

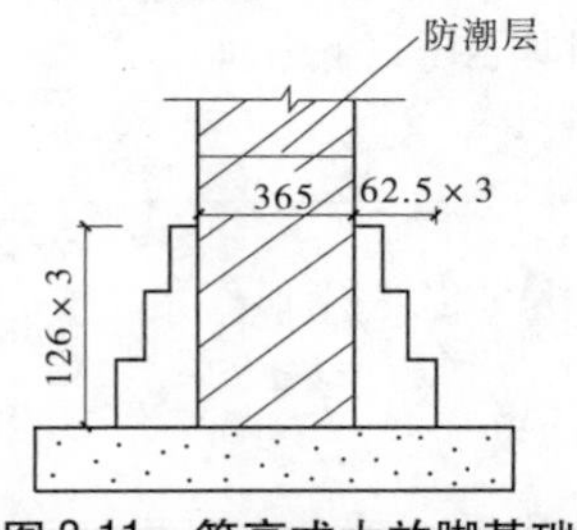

图 2-11　等高式大放脚基础

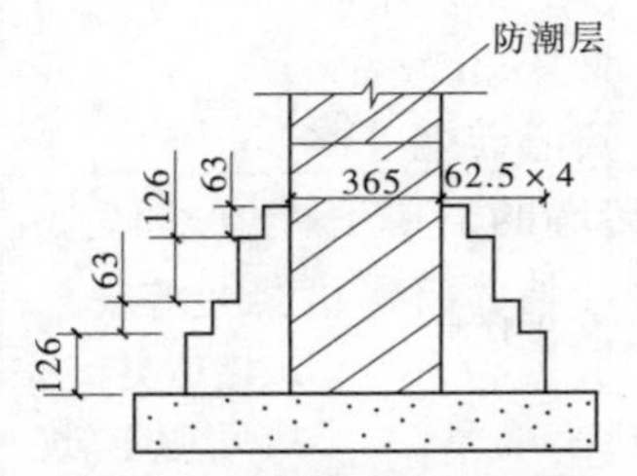

图 2-12　不等高式大放脚基础

由于等高式大放脚与不等高式(间隔)大放脚是有规律的,因此可以预先将各种形式和不同层次的大放脚增加断面面积计算出来,然后按不同墙厚折成其高度(简称为折加高度)加在砖基础的高度内计算,以加快计算速度。大放脚增加断面面积和折加高度如表2-25所示。

$$折加高度 = 大放脚增加的面积/墙厚 = 2S_1/D \tag{2-9}$$

折加高度计算方法如图2-13所示。

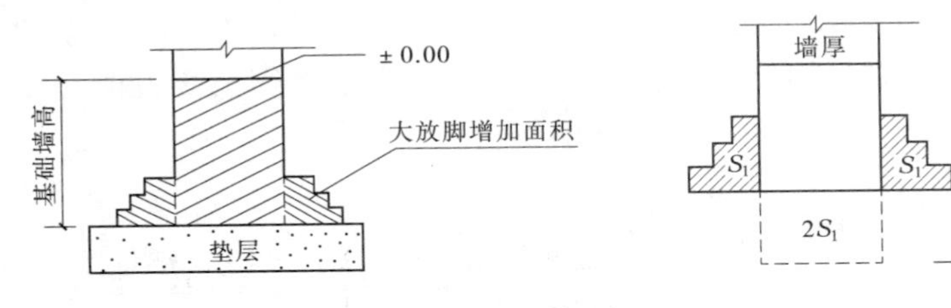

图2-13　折加高度计算方法示意图

表2-25　等高不等高砖墙基大放脚折加高度和大放脚增加断面面积表

放脚层数	折加高度(m)												增加断面(m^2)	
	半砖(0.115)		1砖(0.24)		1.5砖(0.365)		2砖(0.49)		2.5砖(0.615)		3砖(0.74)			
	等高	间隔	等高	间隔	等高	间隔	等高	间隔	等高	间隔	等高	间隔	等高	不等高
一	0.137	0.137	0.066	0.066	0.043	0.043	0.032	0.032	0.026	0.026	0.021	0.021	0.015 75	0.015 75
二	0.411	0.342	0.197	0.164	0.129	0.108	0.096	0.080	0.077	0.064	0.064	0.053	0.047 25	0.039 38
三	0.822	0.685	0.394	0.328	0.259	0.216	0.193	0.161	0.154	0.128	0.128	0.106	0.094 5	0.078 75
四	1.396	1.096	0.656	0.525	0.432	0.345	0.321	0.253	0.256	0.205	0.213	0.170	0.157 5	0.126
五	2.054	1.643	0.984	0.788	0.647	0.518	0.482	0.380	0.384	0.307	0.319	0.255	0.236 3	0.189
六	2.876	2.260	1.378	1.083	0.906	0.712	0.672	0.530	0.538	0.419	0.447	0.315	0.330 8	0.259 9
七		3.013	1.838	1.444	1.208	0.949	0.900	0.707	0.717	0.563	0.596	0.468	0.441	0.346 5
八		3.835	2.363	1.838	1.553	1.208	1.157	0.900	0.922	0.717	0.766	0.596	0.567	0.441 1
九			2.953	2.297	1.942	1.510	1.447	1.125	1.153	0.896	0.958	0.745	0.708 8	0.551 3
十			3.610	2.789	2.372	1.834	1.768	1.366	1.409	1.088	1.171	0.905	0.866 3	0.669 4

注:1. 基础放脚折加高度是按双面计算的,当为平面放脚时,折加高度应乘0.5系数。
2. 该表是以标准砖240 mm×115 mm×53 mm为准,灰缝以10 mm为准编制的。
3. 砖基础的外墙墙基按外墙中心线的长度计算;内墙墙基按净长度计算。

2.3.2.2　实心砖墙

实心砖墙的清单工程量计算公式为:

$$实心砖墙的清单工程量 = 墙长 \times 墙厚 \times 墙高 - 应扣除的体积 + 应增加的体积 \tag{2-10}$$

1. 砖墙的长度

外墙按外墙中心线长度计算,内墙按内墙净长度计算,女儿墙按女儿墙中心线长度计

算。

2. 砖墙的高度

(1)外墙:有斜(坡)屋面无檐口天棚者算至屋面板底,如图 2-14(a)所示;有屋架且室内外均有天棚者算至屋架下弦底另加 200 mm,如图 2-14(b)所示;无天棚者算至屋架下弦另加 300 mm,如图 2-14(c)所示;出檐宽度超过 600 mm 时按实砌高度计算;平屋面算至钢筋混凝土板底,如图 2-14(d)、2-14(e)所示。

(2)内墙:位于屋架下弦者算至屋架下弦底,如图 2-15(a)所示;无屋架者算至天棚底另加 100 mm,如图 2-15(c)所示;有钢筋混凝土楼板隔层者算至楼板顶,如图 2-15(b)所示;有框架梁时算至梁底,如图 2-15(d)所示。

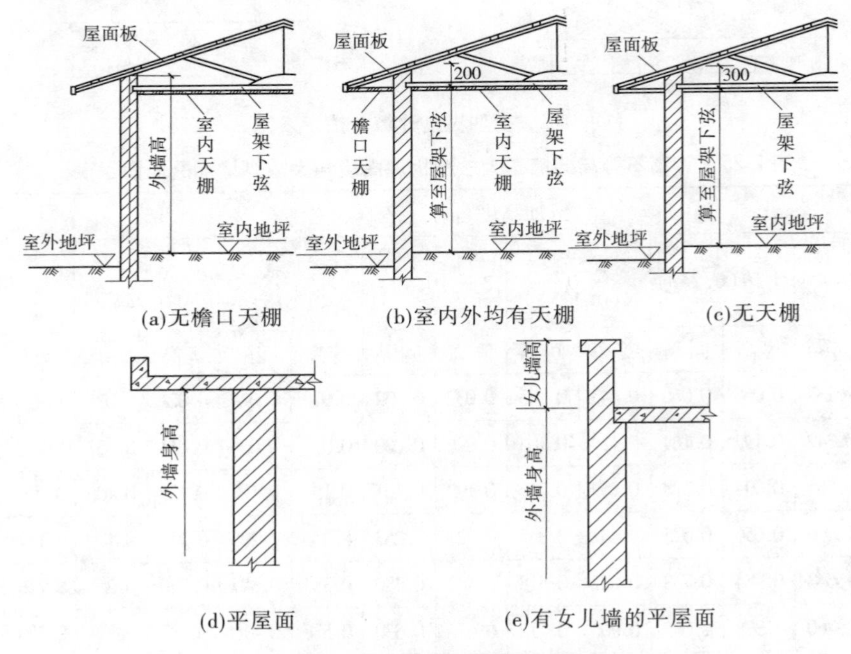

图 2-14 外墙墙身高度示意图

(3)女儿墙:从屋面板上表面算至女儿墙顶面(如有混凝土压顶算至压顶下表面),如图 2-16 所示。

(4)内外山墙:按其平均高度计算。

【任务实施】

1. 实践准备

(1)阅读图纸,获取清单列项信息和工程量计算数据。

(2)阅读并理解清单项目的相应规定。

2. 任务实施

(1)根据图纸设计要求和清单项目工作内容及项目特征描述要求列出砌筑工程清单项目,如表 2-26 所示。

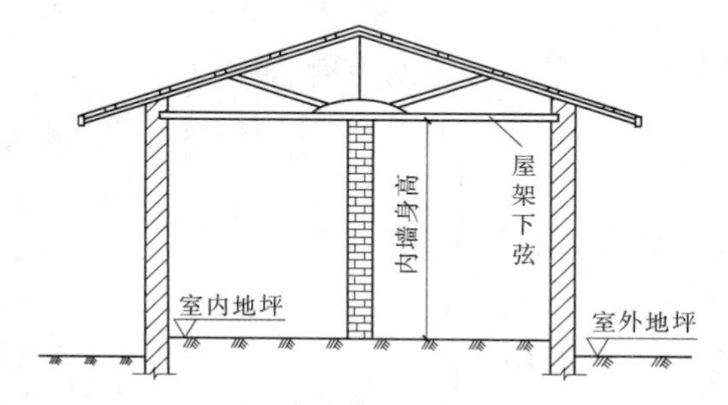

(a)内墙位于屋架下弦

(b)钢筋混凝土楼板隔层间的内墙

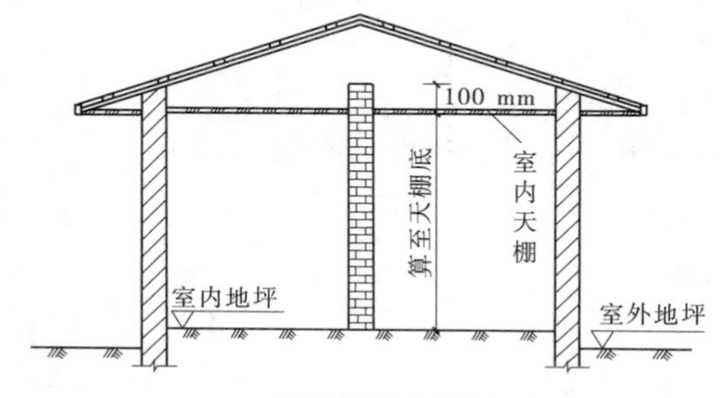

(c)无屋架但有无棚

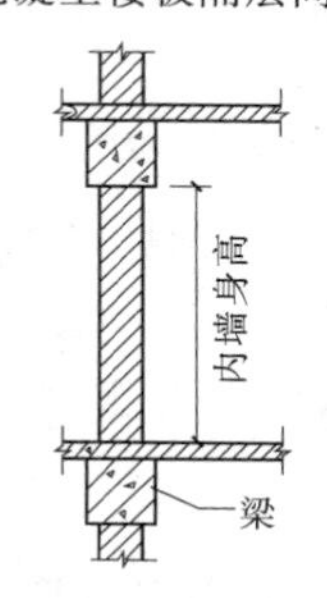

(d)有框架梁的钢筋混凝土隔层

图 2-15　内墙墙身高度示意图

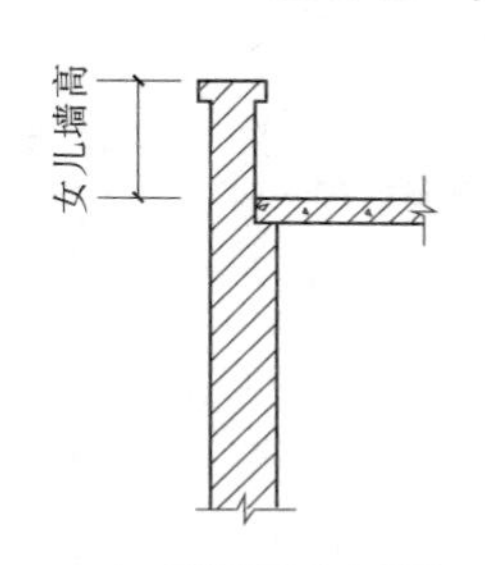

(a)无混凝土压顶

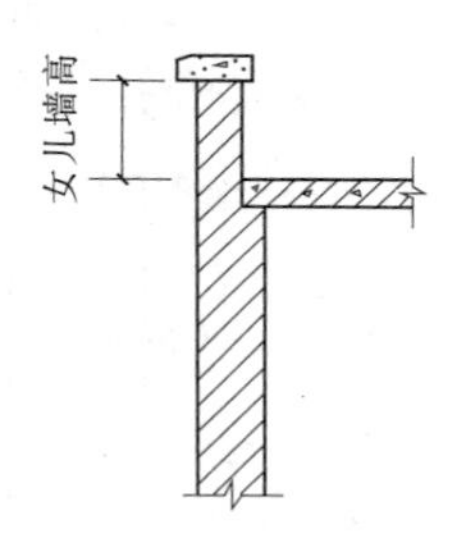

(b)有混凝土压顶

图 2-16　女儿墙墙身高度示意图

表 2-26　砌筑工程清单项目表

序号	项目编码	项目名称	项目特征	计量单位	工程量
1	010401003001	实心砖墙	1. 砖的品种、规格:煤矸石实心砖 2. 墙体类型:200 mm 厚 3. 砂浆强度等级:M5 水泥砂浆 4. 部位: ±0.000 以下	m^3	
2	010401005001	空心砖墙	1. 砖的品种、规格:煤矸石空心砖 2. 墙体类型:120 mm 厚 3. 砂浆强度等级:M5 水泥砂浆 4. 部位: ±0.000 以上	m^3	
3	010402001001	砌块墙	1. 砖的品种、规格:蒸压加气混凝土砌块 2. 墙体类型:200 mm 厚 3. 砂浆强度等级:M5 混合砂浆 4. 部位: ±0.000 以上	m^3	

(2)理解工程量计算规则,计算清单项目工程量,详细计算过程如下:

① ±0.00 以下煤矸石实心砖墙(以一层①~②轴办公室为例,如图 2-17 所示)

第一步:确定墙厚为 200 mm;

第二步:确定墙身高度为 0.45 m;

第三步:确定墙长度(框架柱断面尺寸见结施图 3 及图 2-18)。

Ⓓ轴墙墙体长:$7-0.275-0.225=6.5$(m)

①轴、②轴墙墙体长:$(5.7-0.45-0.1)\times2=10.3$(m)

Ⓚ轴墙墙体长:$7+0.175-0.1\times2=6.975$(m)

第四步:计算一层①~②轴办公室煤矸石实心砖墙工程量。

$(6.5+10.3+6.975)\times0.45\times0.2=2.14(m^3)$

② ±0.00 以上蒸压加气混凝土砌块墙(以一层①~②轴办公室为例):

第一步:确定墙厚为 200 mm;

第二步:确定墙身高度(梁高见结施图 9);

一层层高:3.80 m

①轴、②轴、Ⓓ轴墙体高度为:3.8 −0.7(梁高) =3.1(m)

Ⓚ轴墙体高度为:3.8 −0.65(梁高) =3.15(m)

第三步:确定墙长度(框架柱断面尺寸见结施图 3);

Ⓓ轴墙墙体长:$7-0.275-0.225=6.5$(m)

①轴、②轴墙墙体长:$(5.7-0.45-0.1)\times2=10.3$(m)

1/C 轴墙墙体长:$7+0.175-0.1\times2=6.975$(m)

第四步:确定应扣除的门窗洞口及过梁体积:

M1221:$1.2\times2.1\times0.2=0.504(m^3)$

C1821:$1.8\times2.1\times0.2\times2=1.512(m^3)$

M1221 上过梁:0.041 m^3(具体计算见任务 2.4 过梁工程量)

C1821 上过梁:0.166 m^3(具体计算见任务 2.4 过梁工程量)

第五步:计算一层①~②轴办公室蒸压加气混凝土砌块墙工程量。

$[(6.5+10.3)\times3.1+6.975\times3.15]\times0.2-(0.504+1.512+0.041+0.166)$

$=14.81-2.223=12.59(m^3)$

【典型小案例】

【例 2-3】 某单位传达室基础平面图及基础详图如图 2-19 所示,室内地坪为 ±0.00 m,防潮层为 −0.06 m,防潮层以下用 M10 水泥砂浆砌标准砖基础,防潮层以上为多孔砖墙身,计算砖基础的清单工程量。

解:(1)清单工程量计算。

砖基础长:$(9.0+5.0)\times2+(5-0.24)\times2=37.52$(m)

砖基础高:$1.9-0.1-0.1-0.1-0.06=1.54$(m)

大放脚折加高度:0.197 m(查表 2-25)

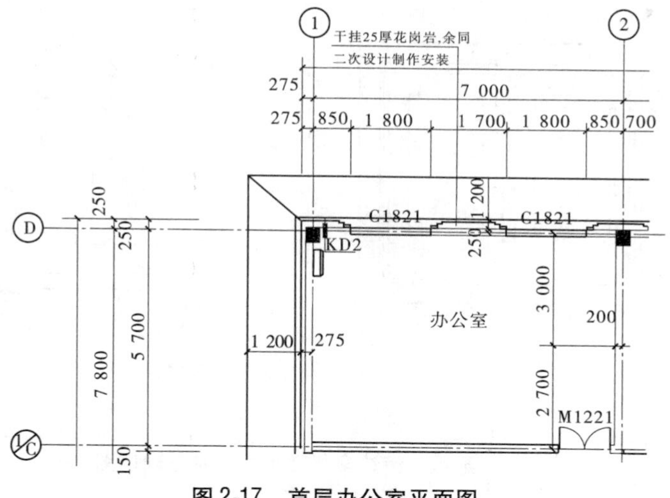

图2-17　首层办公室平面图

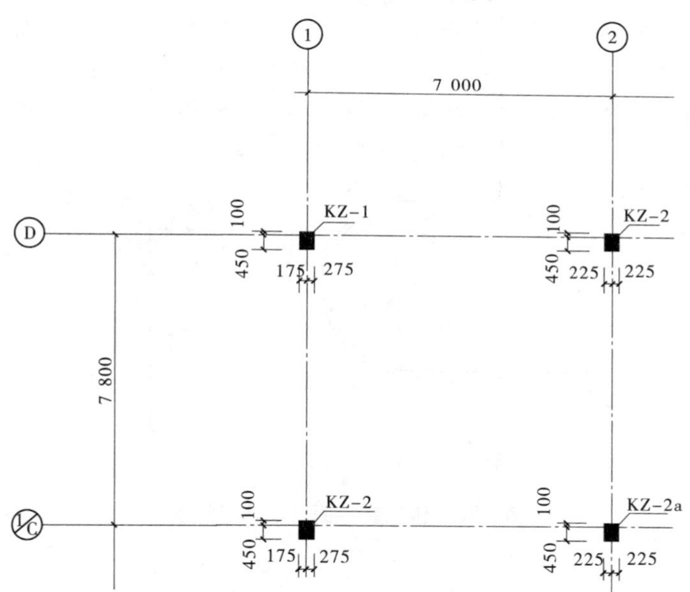

图2-18　首层办公室柱平面图

砖基础工程量：$37.52\times(1.54+0.197)\times0.24=15.64(m^3)$

(2)工程量清单编制。

分部分项工程量清单(三)见表2-27。

表2-27　分部分项工程量清单(三)

序号	项目编码	项目名称	项目特征	计量单位	工程量
1	010401001001	砖基础	1. 砖品种、规格：标准砖 240 mm×115 mm×53 mm 2. 砂浆强度等级：M10 水泥砂浆	m^3	15.64

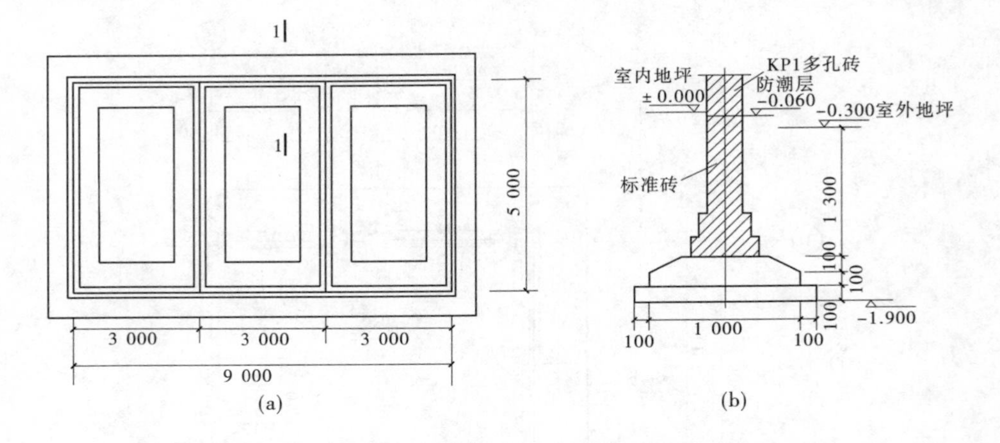

图 2-19　某单位传达室基础平面图及基础详图

【例 2-4】　某传达室如图 2-20 所示，砖墙体用 M2.5 混合砂浆砌筑，M1 为 1 000 mm × 2 400 mm，M2 为 900 mm × 2 400 mm，C1 为 1 500 mm × 1 500 mm；门窗上部均设过梁，截面为 240 mm × 180 mm，长度按门窗洞口宽度每边增加 250 mm；外墙均设圈梁（内墙不设），截面为 240 mm × 240 mm，计算墙体的清单工程量。

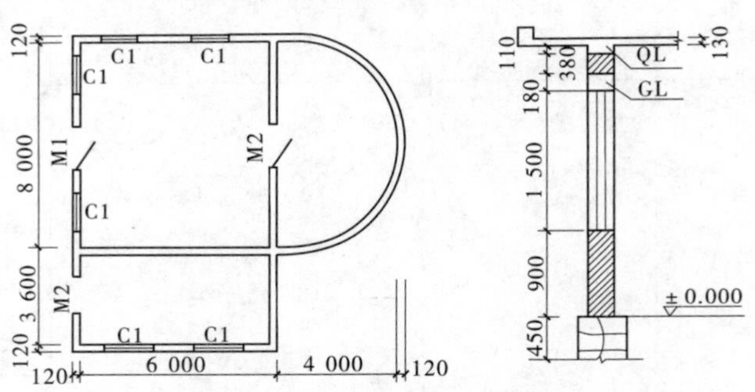

图 2-20　传达室平面及墙体示意图

解：(1) 清单工程量计算。

外墙中心线长度：$6.00 + 4.00 \times 3.14 + 3.60 + 6.00 + 3.60 + 8.00 = 39.76$(m)

内墙净长线长度：$6.00 - 0.24 + 8.00 - 0.24 = 13.52$(m)

外墙高度：$0.90 + 1.50 + 0.18 + 0.38 = 2.96$(m)

内墙高度：$0.90 + 1.50 + 0.18 + 0.38 + 0.11 = 3.07$(m)

M1 面积：$1.00 \times 2.40 = 2.40$(m^2)

M2 面积：$0.90 \times 2.40 = 2.16$(m^2)

C1 面积：$1.50 \times 1.50 = 2.25$(m^2)

M1GL 体积：$0.24 \times 0.18 \times (1.00 + 0.50) = 0.065$($m^3$)

M2GL 体积：$0.24 \times 0.18 \times (0.90 + 0.50) = 0.060$($m^3$)

C1GL 体积：$0.24 \times 0.18 \times (1.50 + 0.50) = 0.086$($m^3$)

外墙工程量：$(39.76 \times 2.96 - 2.40 - 2.16 - 2.25 \times 6) \times 0.24 - 0.065 - 0.060$

$-0.086\times6=23.27(\mathrm{m}^3)$

内墙工程量：$(13.52\times3.07-2.16)\times0.24-0.06=9.38(\mathrm{m}^3)$

实心砖墙工程量：$23.27+9.38=32.65(\mathrm{m}^3)$

(2)工程量清单编制。

分部分项工程量清单(四)见表2-28。

表2-28　分部分项工程量清单(四)

序号	项目编码	项目名称	项目特征	计量单位	工程量
1	010401003001	实心砖墙	1. 砖品种、规格：标准砖240 mm×115 mm×53 mm 2. 墙体类型：双面混水墙 3. 墙体厚度：240 mm 4. 砂浆强度等级：M2.5混合砂浆	m^3	32.65

【例2-5】　某单层建筑物如图2-21所示，墙身为M2.5混合砂浆砌筑标准砖，内外墙厚均为370 mm，混水砖墙，GZ为370 mm×370 mm从基础到板顶，女儿墙处GZ为240 mm×240 mm到压顶顶，梁高500 mm，门窗洞口上全部采用砖平碹过梁，M1为1 500 mm×2 700 mm，M2为1 000 mm×2 700 mm，C1为1 800 mm×1 800 mm，试计算砖墙的清单工程量。

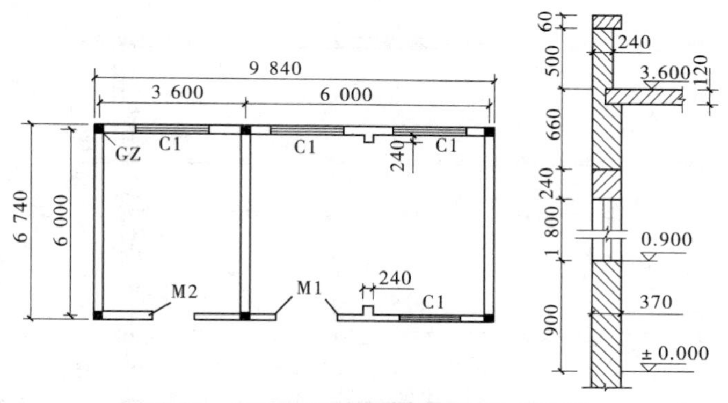

图2-21　某单层建筑物平面及墙体示意图

解：(1)清单工程量计算。

外墙中心线长度：$(9.84-0.37+6.74-0.37)\times2=31.68(\mathrm{m})$

内墙净长线长度：$6.74-0.37\times2=6.00(\mathrm{m})$

240 mm女儿墙的中心线长度：$(9.84-0.24+6.74-0.24)\times2=32.20(\mathrm{m})$

370 mm砖墙工程量：$[(31.68+6.00)\times3.6-1.50\times2.70-1.00\times2.70-1.80\times1.80\times4]\times0.365+0.24\times0.24\times(3.6-0.5)\times2=42.67(\mathrm{m}^3)$

女儿墙工程量：$0.24\times0.56\times32.2=4.33(\mathrm{m}^3)$

(2)工程量清单编制。

分部分项工程量清单(五)见表2-29。

表 2-29　分部分项工程量清单(五)

序号	项目编码	项目名称	项目特征	计量单位	工程量
1	010401003001	实心砖墙	1. 砖品种、规格:标准砖 240 mm × 115 mm × 53 mm 2. 墙体类型:双面混水墙 3. 墙体厚度:370 mm 4. 砂浆强度等级:M2.5 混合砂浆	m^3	41.67
2	010401003002	实心砖墙	1. 砖品种、规格:标准砖 240 mm × 115 mm × 53 mm 2. 墙体类型:女儿墙 3. 墙体厚度:240 mm 4. 砂浆强度等级:M2.5 混合砂浆	m^3	4.33

【例 2-6】　某单层建筑物,框架结构,尺寸如图 2-22 所示,墙身用 M5.0 混合砂浆砌筑加气混凝土砌块,厚度为 240 mm;女儿墙砌筑煤矸石空心砖,混凝土压顶断面 240 mm × 60 mm,墙厚均为 240 mm;隔墙为 120 mm 厚实心砖墙。框架柱断面 240 mm × 240 mm 到女儿墙顶,框架梁断面 240 mm × 500 mm,门窗洞口上均采用现浇钢筋混凝土过梁,断面 240 mm × 180 mm。M1:1 560 mm × 2 700 mm;M2:1 000 mm × 2 700 mm;C1:1 800 mm × 1 800 mm;C2:1 560 mm × 1 800 mm,试计算墙体的清单工程量。

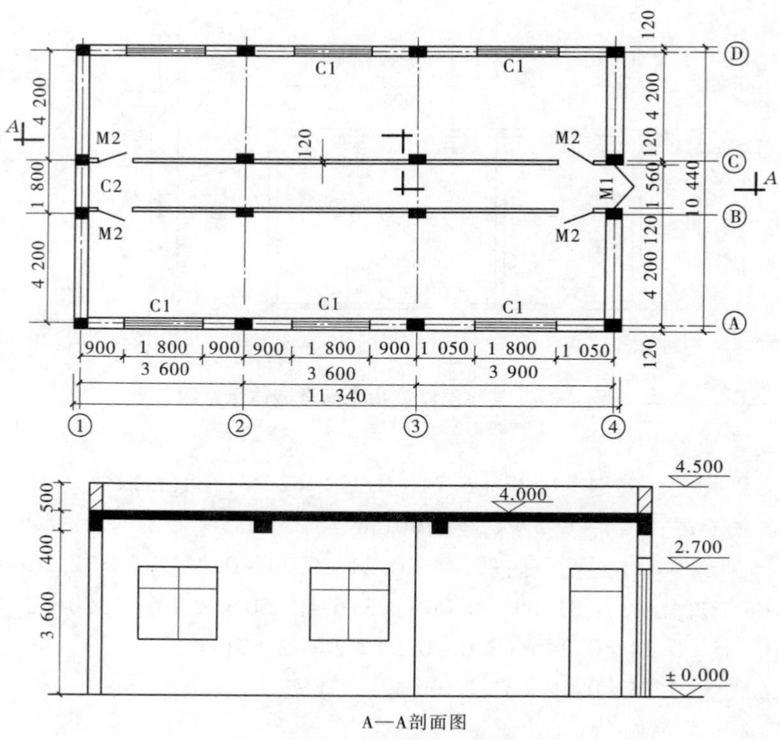

图 2-22　单层建筑物框架结构示意图

解:(1)清单工程量计算。

砌块墙工程量:$V=[(11.34-0.24+10.44-0.24-0.24\times6)\times2\times3.6-1.56\times2.7-1.8\times1.8\times6-1.56\times1.8]\times0.24-(1.56\times2+2.3\times6)\times0.24\times0.18=27.24(m^3)$

空心砖墙工程量:$V=(11.34-0.24+10.44-0.24-0.24\times6)\times2\times(0.50-0.06)\times0.24=4.19(m^3)$

实心砖墙工程量:$V=[(11.34-0.24-0.24\times3)\times3.6-1.00\times2.70\times2]\times0.12\times2=7.67(m^3)$

(2)工程量清单编制。

分部分项工程量清单(六)见表2-30。

表2-30　分部分项工程量清单(六)

序号	项目编码	项目名称	项目特征	计量单位	工程量
1	010402001001	砌块墙	1. 砖品种、规格:加气混凝土砌块 2. 墙体厚度:240 mm 3. 砂浆强度等级:M5.0 混合砂浆	m^3	27.24
2	010401005001	空心砖墙	1. 砖品种、规格:空心砖墙 2. 墙体厚度:240 mm 3. 砂浆强度等级:M5.0 混合砂浆	m^3	4.19
3	010401003001	实心砖墙	1. 砖品种、规格:实心砖墙 2. 墙体厚度:120 mm 3. 砂浆强度等级:M5.0 混合砂浆	m^3	7.67

【自测及相关实训】

(1)如图2-23所示,试计算砖基础的清单工程量。

(2)某单层建筑物平面如图2-24所示,内墙为一砖墙,外墙为一砖半墙,板顶标高为3.3 m,板厚0.12 m,门窗统计表如表2-31所示,试计算内外砖墙的清单工程量。

表2-31　门窗统计表

类别	代号	宽(m)×高(m)=面积(m^2)	数量	面积(m^2)
门	M1	0.9×2.1=1.89	4	7.56
	M2	2.1×2.4=5.04	1	5.04
	合计			12.60
窗	C1	1.5×1.5=2.25	4	9
总计				21.6

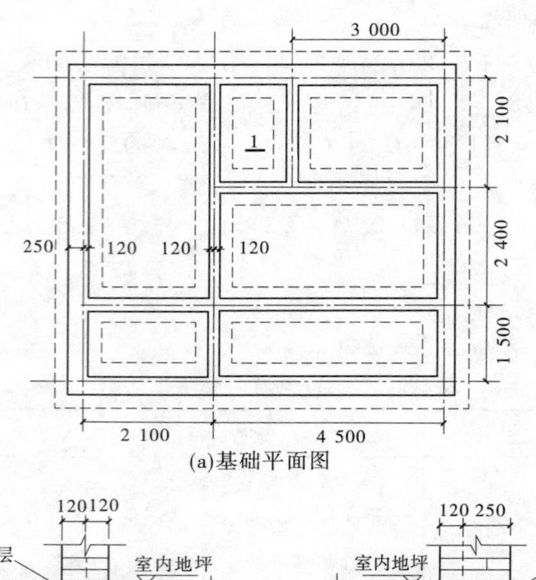

(a)基础平面图

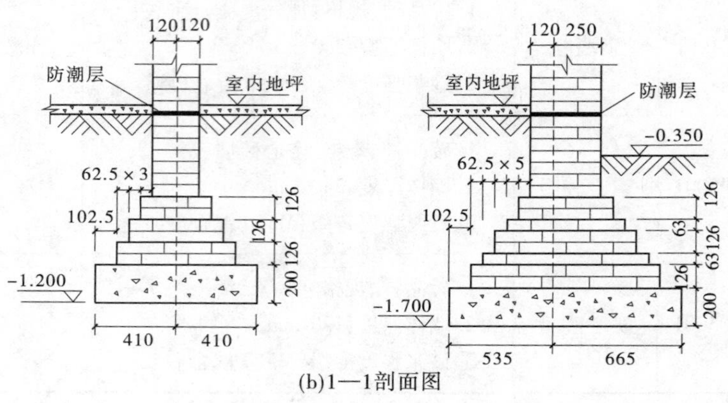

(b)1—1剖面图

图 2-23　基础平面图及剖面图

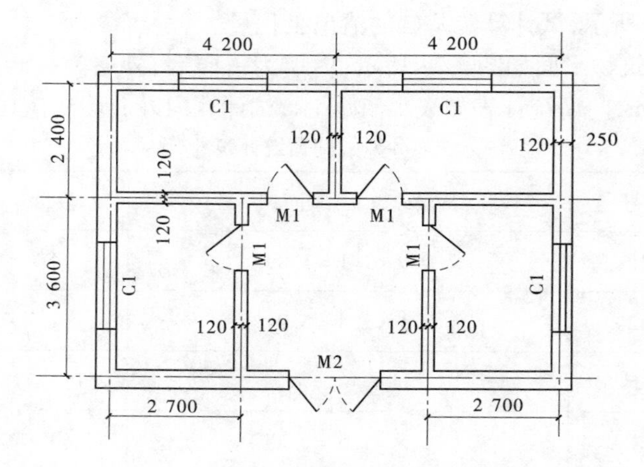

图 2-24　单层建筑物平面图

(3)某单层建筑物如图 2-25、图 2-26 所示,墙身为 M5.0 混合砂浆砌筑,MU7.5 标准黏土砖,内外墙厚均为 240 mm,外墙瓷砖贴面,GZ 从基础圈梁到女儿墙顶,门窗洞口上全部采用预制钢筋混凝土过梁。M1:1 500 mm×2 700 mm;M2:1 000 mm×2 700 mm;C1:1 800 mm×1 800 mm;C2:1 500 mm×1 800 mm,试计算砖砌体的清单工程量。

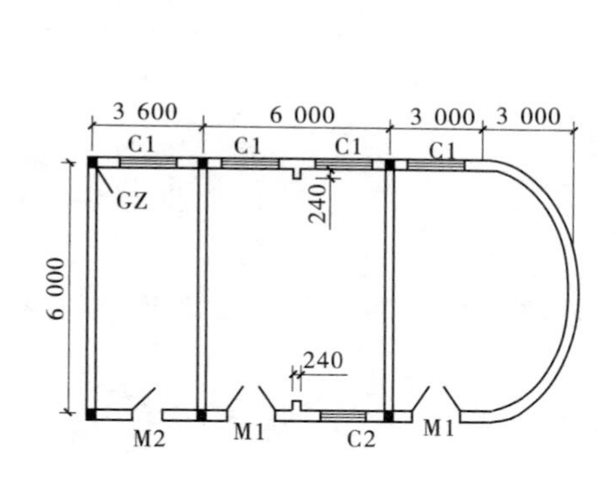

图 2-25 单层建筑物平面图

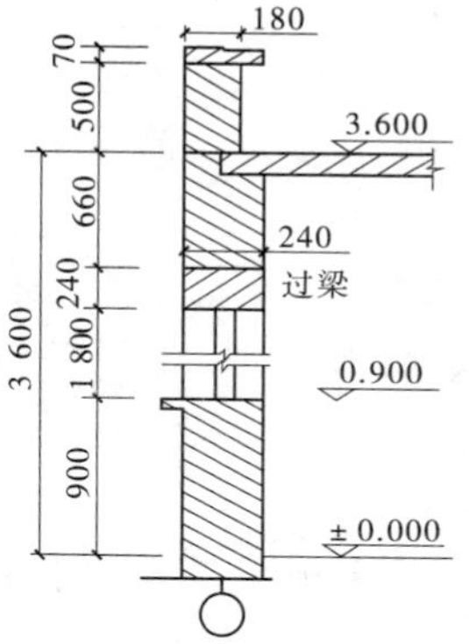

图 2-26 单层建筑物墙体剖面图

(4)根据清单规范和多层框架结构办公楼施工图纸的要求,将表 3-32 中砌筑工程清单项目填写完整。

表 2-32 砌筑工程清单项目

序号	项目编码	项目名称	项目特征	计量单位	工程量
1	010401003001	实心砖墙	1. 砖的品种、规格:煤矸石实心砖 2. 墙体类型:200 mm 厚 3. 砂浆强度等级:M5 水泥砂浆 4. 部位:±0.000 以下	m^3	
2	010401005001	空心砖墙	1. 砖的品种、规格:煤矸石空心砖 2. 墙体类型:120 mm 厚 3. 砂浆强度等级:M5 水泥砂浆 4. 部位:±0.000 以上	m^3	
3	010402001001	砌块墙	1. 砖的品种、规格:蒸压加气混凝土砌块 2. 墙体类型:200 mm 厚 3. 砂浆强度等级:M5 混合砂浆 4. 部位:±0.000 以上	m^3	

任务 2.4　现浇混凝土工程工程量清单编制

【任务介绍】　多层框架结构办公楼现浇混凝土工程工程量清单编制。

阅读施工图纸和《房屋建筑与装饰工程工程量计算规范》(GB 50854—2013)及《建设工程工程量清单计价规范》(GB 50500—2013),按照任务要求完成本工程现浇混凝土工程的分部分项工程量清单的编制。

【任务解析】

1. 阅读施工图纸和《房屋建筑与装饰工程工程量计算规范》(GB 50854—2013),选择本工程现浇混凝土工程应列的清单项目。

2. 根据工程设计的具体情况,在工程量清单表中书写清单项目名称、项目编码、项目特征和计量单位。

3. 理解现浇混凝土工程清单项目的工程量计算规则,阅读图纸,获取工程量计算数据信息,列式计算相应清单项目的工程量。

4. 检验清单项目工程量计算过程的准确性,避免计算性错误。

5. 汇总数据,填入工程量清单表中相应位置。

【知识目标】

理解《房屋建筑与装饰工程工程量清单计算规范》(GB 50854—2013)中现浇混凝土工程的有关说明和工程量计算规则,掌握现浇混凝土工程工程量清单的编制步骤和方法。

【能力目标】

依据《房屋建筑与装饰工程工程量清单计算规范》(GB 50854—2013)中现浇混凝土工程的要求和某办公楼土建施工图纸,正确列出本工程现浇混凝土工程量清单项目、描述项目特征及计算相应工程量。

【相关知识】

2.4.1　现浇混凝土工程清单规范有关说明

(1)有肋带形基础、无肋带形基础应按基础中相关项目列项,并注明肋高。

(2)混凝土类别指清水混凝土、彩色混凝土等,当在同一地区既使用预拌(商品)混凝土,又允许现场搅拌混凝土时,也应注明。

(3)墙肢截面的最大长度与厚度之比小于或等于 6 倍的剪力墙,按短肢剪力墙项目列项。

(4)L 形、Y 形、T 形、十字形、Z 形、一字形等短肢剪力墙的单肢中心线长≤0.4 m,按柱项目列项。

(5)现浇挑檐、天沟板、雨篷、阳台与板(包括屋面板、楼板)连接时,以外墙外边线为分界线;与圈梁(包括其他梁)连接时,以梁外边线为分界线。外边线以外为挑檐、天沟、雨篷或阳台。

(6)现浇混凝土小型池槽、垫块、门框等,应按现浇混凝土其他构件中的其他构件项目编码列项。

(7)架空式混凝土台阶,按现浇楼梯计算。

2.4.2　现浇混凝土工程清单项目及计量规则

现浇混凝土工程工程量清单项目设置及工程量计算规则,应按表2-33～表2-40的规定执行。

表2-33　现浇混凝土基础(编码:010501)

项目编码	项目名称	项目特征	计量单位	工程量计算规则	工程内容
010501001	垫层	1. 混凝土种类 2. 混凝土强度等级	m^3	按设计图示尺寸以体积计算。不扣除伸入承台基础的桩头所占体积	1. 模板及支撑制作、安装、拆除、堆放、运输及清理模内杂物、刷隔离剂等 2. 混凝土制作、运输、浇筑、振捣、养护
010501002	带形基础				
010501003	独立基础				
010501004	满堂基础				
010501005	桩承台基础				
010501006	设备基础	1. 混凝土种类 2. 混凝土强度等级 3. 灌浆材料及其强度等级			

表2-34　现浇混凝土柱(编码:010502)

项目编码	项目名称	项目特征	计量单位	工程量计算规则	工程内容
010502001	矩形柱	1. 混凝土种类 2. 混凝土强度等级	m^3	按设计图示尺寸以体积计算 柱高: 1. 有梁板的柱高,自柱基上表面(或楼板一表面)算至上一层楼板上表面之间的高度计算 2. 无梁板的柱高,自柱基上表面(或楼板上表面)至柱帽下表面之间的高度计算 3. 框架柱的柱高,自柱基上表面至柱顶高度计算 4. 构造柱按全高计算,嵌接墙体部分(马牙槎)并入柱身体积 5. 依附柱上的牛腿和升板的柱帽,并入柱身体积	1. 模板及支架(撑)制作、安装、拆除、堆放、运输及清理模内杂物、刷隔离剂等 2. 混凝土制作、运输、浇筑、振捣、养护
010502002	构造柱				
010502003	异形柱	1. 柱形状 2. 混凝土种类 3. 混凝土强度等级			

表 2-35 现浇混凝土梁(编码:010503)

项目编码	项目名称	项目特征	计量单位	工程量计算规则	工程内容
010503001	基础梁	1. 混凝土种类 2. 混凝土强度等级	m^3	按设计图示尺寸以体积计算。伸入墙内的梁头、梁垫并入梁体积内 梁长: 1. 梁与柱连接时,梁长算至柱侧面 2. 主梁与次梁连接时,次梁长算至主梁侧面	1. 模板及支架(撑)制作、安装、拆除、堆放、运输及清理模内杂物、刷隔离剂等 2. 混凝土制作、运输、浇筑、振捣、养护
010503002	矩形梁				
010503003	异形梁				
010503004	圈梁				
010503005	过梁				
010503006	弧形梁、拱形梁				

表 2-36 现浇混凝土墙(编码:010504)

项目编码	项目名称	项目特征	计量单位	工程量计算规则	工程内容
010504001	直形墙	1. 混凝土种类 2. 混凝土强度等级	m^3	按设计图示尺寸以体积计算 扣除门窗洞口及单个面积 $>0.3\ m^2$ 的孔洞所占体积,墙垛及突出墙面部分并入墙体体积计算内	1. 模板及支架(撑)制作、安装、拆除、堆放、运输及清理模内杂物、刷隔离剂等 2. 混凝土制作、运输、浇筑、振捣、养护
010504002	弧形墙				
010504003	短肢剪力墙				
010504004	挡土墙				

表 2-37 现浇混凝土板(编码:010505)

项目编码	项目名称	项目特征	计量单位	工程量计算规则	工程内容
010505001	有梁板	1. 混凝土种类 2. 混凝土强度等级	m^3	按设计图示尺寸以体积计算,不扣除单个面积 $\leqslant 0.3\ m^2$ 的柱、垛以及孔洞所占体积 压型钢板混凝土楼板扣除构件内压型钢板所占体积 有梁板(包括主、次梁与板)按梁、板体积之和,无梁板按板和柱帽体积之和,各类板伸入墙内的板头并入板体积内,薄壳板的肋、基梁并入薄壳体积内	1. 模板及支架(撑)制作、安装、拆除、堆放、运输及清理模内杂物、刷隔离剂等 2. 混凝土制作、运输、浇筑、振捣、养护
010505002	无梁板				
010505003	平板				
010505004	拱板				
010505005	薄壳板				
010505006	栏板				

续表 2-37

项目编码	项目名称	项目特征	计量单位	工程量计算规则	工程内容
010505007	天沟板、挑檐板	1. 混凝土种类 2. 混凝土强度等级	m^3	按设计图示尺寸以体积计算	1. 模板及支架(撑)制作、安装、拆除、堆放、运输及清理模内杂物、刷隔离剂等 2. 混凝土制作、运输、浇筑、振捣、养护
010505008	雨篷、阳台板			按设计图示尺寸以墙外部分体积计算。包括伸出墙外的牛腿和雨篷反挑檐的体积	
010505009	其他板			按设计图示尺寸以体积计算	

表 2-38 现浇混凝土楼梯(编码:010506)

项目编码	项目名称	项目特征	计量单位	工程量计算规则	工程内容
010506001	直形楼梯	1. 混凝土种类 2. 混凝土强度等级	1. m^2 2. m^3	1. 以平方米计量,按设计图示尺寸以水平投影面积计算。不扣除宽度小于 500 mm 的楼梯井,伸入墙内部分不计算 2. 以立方米计量,按设计图示尺寸以体积计算	1. 模板及支架(撑)制作、安装、拆除、堆放、运输及清理模内杂物、刷隔离剂等 2. 混凝土制作、运输、浇筑、振捣、养护
010506002	弧形楼梯				

表 2-39 现浇混凝土其他构件(编码:010507)

项目编码	项目名称	项目特征	计量单位	工程量计算规则	工程内容
010507001	散水、坡道	1. 垫层材料种类、厚度 2. 面层厚度 3. 混凝土类别 4. 混凝土强度等级 5. 变形缝填塞材料种类	m^2	按设计图示尺寸以水平投影面积计算。不扣除单个≤0.3 m^2 的孔洞所占面积	1. 地基夯实 2. 铺设垫层 3. 模板及支撑制作、安装、拆除、堆放、运输及清理模内杂物、刷隔离剂等 4. 混凝土制作、运输、浇筑、振捣、养护 5. 变形缝填塞
010507002	室外地坪	1. 地坪厚度 2. 混凝土强度等级			

续表 2-39

项目编码	项目名称	项目特征	计量单位	工程量计算规则	工程内容
010507003	电缆沟、地沟	1. 土壤类别 2. 沟截面净空尺寸 3. 垫层材料种类、厚度 4. 混凝土类别 5. 混凝土强度等级 6. 防护材料种类	m	按设计图示以中心线长计算	1. 挖填、运土石方 2. 铺设垫层 3. 模板及支撑制作、安装、拆除、堆放、运输及清理模内杂物、刷隔离剂等 4. 混凝土制作、运输、浇筑、振捣、养护 5. 刷防护材料
010507004	台阶	1. 踏步高、宽 2. 混凝土类别 3. 混凝土强度等级	1. m^2 2. m^3	1. 以平方米计量，按设计图示尺寸水平投影面积计算 2. 以立方米计量，按设计图示尺寸以体积计算	1. 模板及支撑制作、安装、拆除、堆放、运输及清理模内杂物、刷隔离剂等 2. 混凝土制作、运输、浇筑、振捣、养护
010507005	扶手、压顶	1. 断面尺寸 2. 混凝土类别 3. 混凝土强度等级	1. m 2. m^3	1. 以米计量，按设计图示的中心线延长米计算 2. 以立方米计量，按设计图示尺寸以体积计算	1. 模板及支架(撑)制作、安装、拆除、堆放、运输及清理模内杂物、刷隔离剂等 2. 混凝土制作、运输、浇筑、振捣、养护
010507006	化粪池、检查井	1. 部位 2. 混凝土强度等级 3. 防水、抗渗要求	1. m^3 2. 座	1. 按设计图示尺寸以体积计算 2. 以座计量，按设计图示数量计算	
010507007	其他构件	1. 构件的类型 2. 构件规格 3. 部位 4. 混凝土类别 5. 混凝土强度等级	m^3		

2.4.2.1　**现浇混凝土基础**

现浇混凝土基础项目包括垫层、带形基础、独立基础、满堂基础、桩承台基础、设备基础 6 个清单项目，其清单计算规则是按设计图示尺寸以体积计算，不扣除伸入承台基础的桩头所占体积。

表2-40　后浇带(编码:010508)

项目编码	项目名称	项目特征	计量单位	工程量计算规则	工程内容
010508001	后浇带	1. 混凝土种类 2. 混凝土强度等级	m^3	按设计图示尺寸以体积计算	1. 模板及支架(撑)制作、安装、拆除、堆放、运输及清理模内杂物、刷隔离剂等 2. 混凝土制作、运输、浇筑、振捣、养护

(1)混凝土基础和墙、柱的分界线以混凝土基础的扩大顶面为界。以下为基础,以上为柱或墙,如图2-27所示。

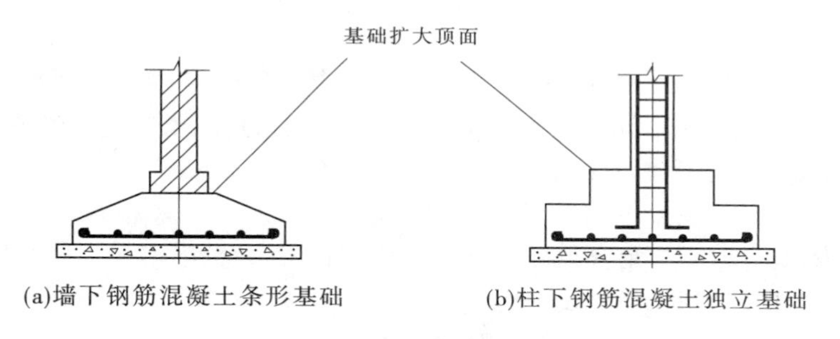

图2-27　混凝土基础和墙、柱划分示意图

(2)带形基础按其形式不同可分为无梁式(板式)混凝土基础和有梁式(带肋)混凝土基础两种。其工程量计算式如下:

$$V = 基础断面积 \times 基础长度 \tag{2-11}$$

基础长度:外墙基础按外墙中心线长度计算,内墙基础按基础间净长线计算,如图2-28所示。

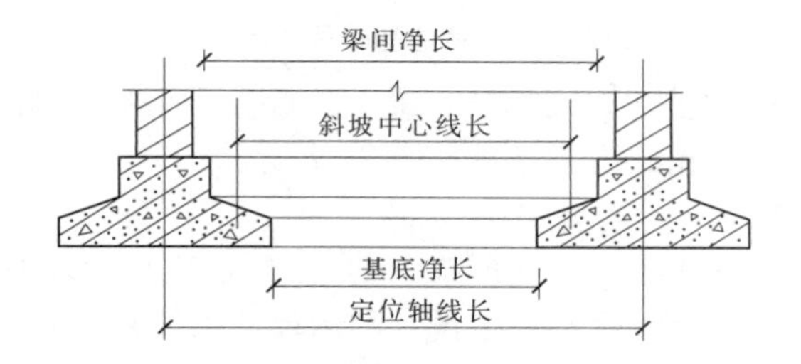

图2-28　内墙基础计算长度示意图

无梁式(板式)混凝土基础和有梁式(带肋)混凝土基础应分别编码列项,并注明肋高。

(3)独立基础按其断面形状可分为四棱锥台形、踏步(台阶)形和杯形独立基础等。

1) 四棱锥台形独立基础的工程量计算

$$V = \frac{h^2}{6}[ab + a_1b_1 + (a + a_1)(b + b_1)] + abh_2 \tag{2-12}$$

钢筋混凝土柱下独立基础如图 2-29 所示。

2) 踏步(台阶)形独立基础的工程量计算

$$V = abABh_1 + a_1b_1h_2 \tag{2-13}$$

踏步(台阶)形独立基础如图 2-30 所示。

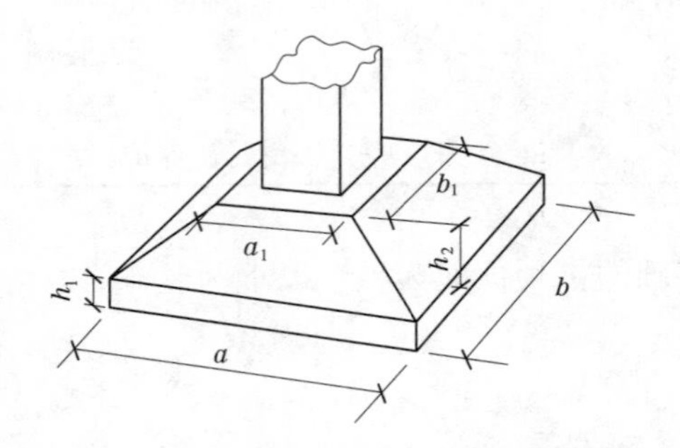

图 2-29　四棱锥台形独立基础示意图

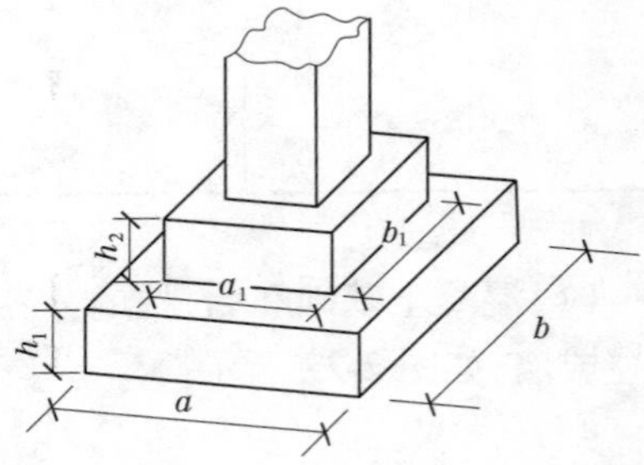

图 2-30　踏步形独立基础示意图

(4) 满堂基础按其形式不同可分为无梁式、有梁式和箱式满堂基础三种主要形式。

①无梁式满堂基础如图 2-31(a)所示,其工程量计算式如下:

$$无梁式满堂基础工程量 = 基础底板体积 + 柱墩体积 \tag{2-14}$$

式中,柱墩体积的计算与角锥形独立基础的体积计算方法相同。

②有梁式满堂基础如图 2-31(b)所示,其工程量计算式如下:

$$有梁式满堂基础工程量 = 基础底板体积 + 梁体积 \tag{2-15}$$

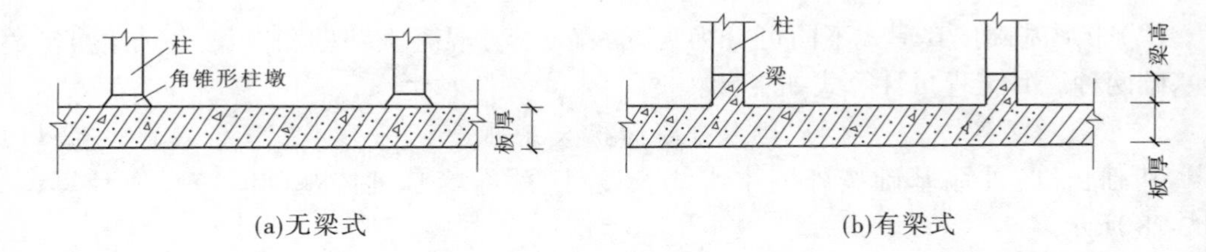

图 2-31　满堂基础示意图

③箱式满堂基础可按满堂基础、现浇柱、梁、墙、板分别编码列项,也可利用满堂基础中的第五级编码分别列项。箱式满堂基础如图 2-32 所示。

2.4.2.2　现浇混凝土柱

现浇混凝土柱项目适用于各种结构形式下的柱,包括矩形柱、构造柱、异形柱三个清单项目。现浇混凝土柱清单计算规则是按设计图示尺寸以体积计算,其计算公式为:

$$V = 柱断面面积 \times 柱高$$

其中,柱高按下列规定确定:

(1) 有梁板的柱高,自柱基上表面(或楼板一表面)算至上一层楼板上表面,如图 2-33(a)所示。

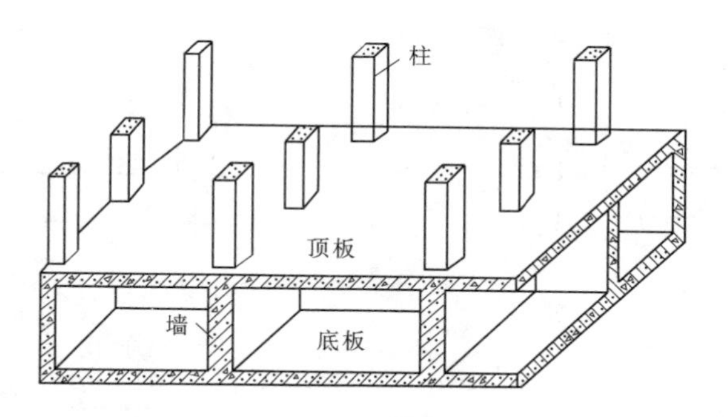

图 2-32　箱式满堂基础示意图

(2)无梁板的柱高,自柱基上表面(或楼板上表面)算至柱帽下表面,如图 2-33(b)所示。

(3)框架柱的柱高,自柱基上表面算至柱顶,如图 2-33(c)所示。

(4)构造柱按全高计算,嵌接墙体部分(马牙槎)并入柱身体积,如图 2-33(d)所示。

(5)依附柱上的牛腿和升板的柱帽,并入柱身体积。

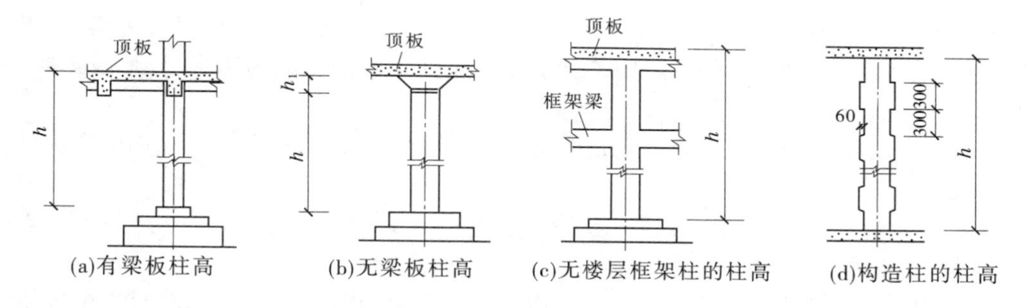

图 2-33　柱高示意图

计算构造柱断面时,应根据构造柱的具体位置计算其实际面积(包括马牙槎面积),马牙槎的构造如图 2-34 所示。构造柱的平面布置有四种情况:一字形墙中间处、T 形接头处、十字交叉处、L 形拐角处,如图 2-35 所示。

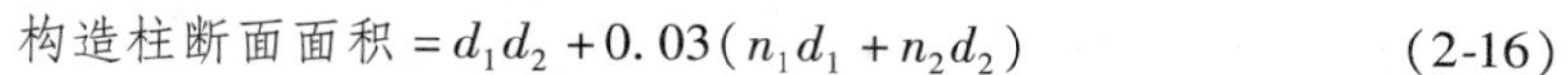

$$构造柱断面面积 = d_1 d_2 + 0.03(n_1 d_1 + n_2 d_2) \tag{2-16}$$

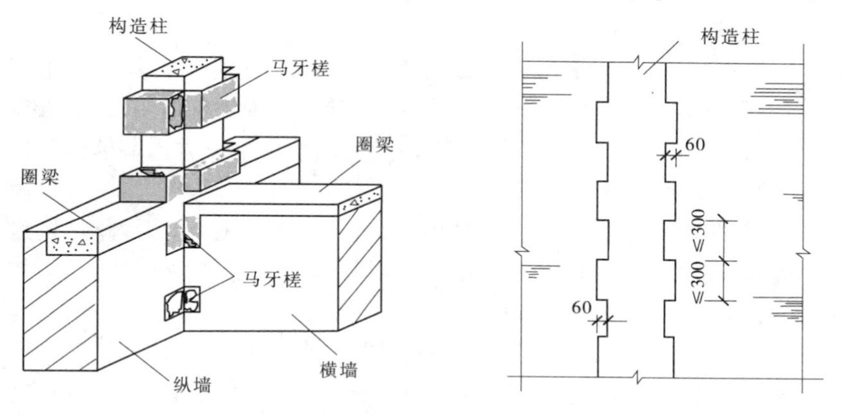

图 2-34　构造柱与砖墙嵌接部分(马牙槎)示意图

d_1、d_2 为构造柱两个方向的尺寸，n_1、n_2 为 d_1、d_2 方向咬接的边数。

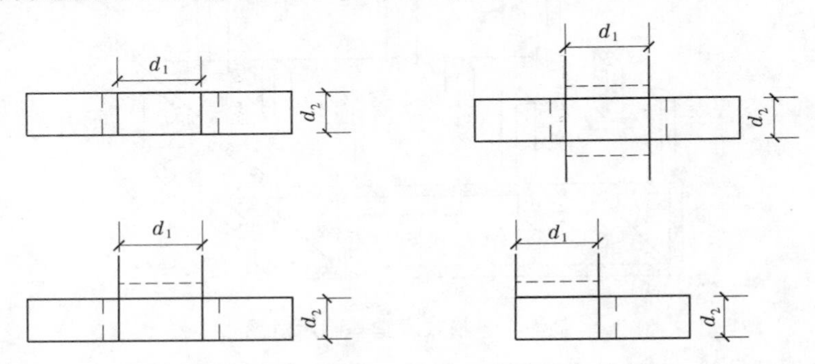

图 2-35　构造柱平面位置图

2.4.2.3　**现浇混凝土梁**

现浇混凝土梁可分为基础梁、矩形梁、异形梁、圈梁、过梁、弧形梁、拱形梁。基础梁独立基础间架设的、承受上部墙传来荷载的梁；圈梁项目适用于为了加强结构整体性，构造上要求设置的封闭型的水平梁；过梁项目适用于建筑物门窗洞口上所设置的梁；矩形梁、异形梁、弧形梁及拱形梁项目，适用于除了以上三种梁外的截面为矩形、异形及形状为弧形、拱形的梁。

现浇混凝土梁的清单计算规则是按设计图示尺寸以体积计算，伸入墙内的梁头、梁垫并入梁体积内。其计算公式为：

$$V_{梁} = 梁断面面积 \times 梁长 \tag{2-17}$$

其中梁长度计算规定如下：

(1)梁与柱连接时，梁长算至柱内侧面；次梁与主梁连接时，次梁长算至主梁内侧面；梁端与混凝土墙相接时，梁长算至混凝土墙内侧面；梁端与砖墙交接时伸入砖墙的部分(包括梁头)并入梁内。

(2)对于圈梁的长度，外墙上圈梁长取外墙中心线长；内墙上圈梁长取内墙净长，且当圈梁与主次梁或柱交接时，圈梁长度算至主次梁或柱的侧面；当圈梁与构造柱相交时，其相交部分的体积计入构造柱内。

2.4.2.4　**现浇混凝土墙**

现浇混凝土墙项目包括直形墙、弧形墙、短肢剪力墙和挡土墙，其清单工程量计算规则是按设计图示尺寸以体积计算。不扣除构件内钢筋、预埋铁件所占体积，扣除门窗洞口及单个面积大于0.3 m^2 的孔洞所占体积，墙垛及突出墙面部分并入墙体体积内计算。

2.4.2.5　**现浇混凝土板**

现浇混凝土板包括有梁板、无梁板、平板、拱板、薄壳板、栏板、天沟板、挑檐板、雨篷、阳台板、其他板等，其清单工程量计算规则是按设计图示尺寸以体积计算，不扣除单个面积≤0.3 m^2 的柱、垛以及孔洞所占体积。

(1)有梁板(包括主、次梁与板)。其工程量按梁、板体积之和计算。

(2)无梁板。是指不带梁，直接用柱头支撑的板，其工程量按板和柱帽体积之和计算。

(3)平板。是指无柱无梁，四边直接搁在圈梁或承重墙上的板，其工程量按板实体体积计算。有多种板连接时，应以墙中心线划分。

(4)雨篷和阳台板。按设计图示尺寸以墙外部分体积计算,包括伸出墙外的牛腿和雨篷反挑檐的体积。

雨篷、阳台与板(楼板、屋面板)连接时,以外墙的外边线为界,与圈梁(包括其他梁)连接时,以梁的外边线为界,外边线以外为雨篷、阳台,如图2-36所示。

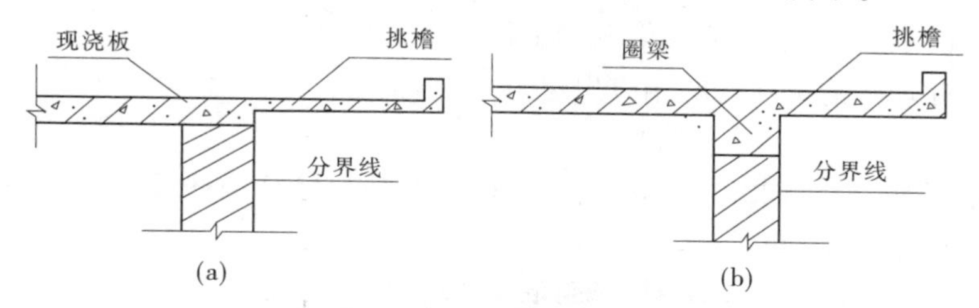

图2-36　挑檐与现浇混凝土板的分界线

(5)各类板伸入墙内的板头并入板体积内,薄壳板的肋、基梁并入薄壳体积内计算。

2.4.2.6　现浇混凝土楼梯

现浇混凝土楼梯包括直形楼梯和弧形楼梯,其清单工程量计算规则有两种。

(1)以平方米计量,按设计图示尺寸以水平投影面积计算。不扣除宽度小于500 mm的楼梯井,伸入墙内部分不计算。

其水平投影面积包括休息平台、平台梁、斜梁以及楼梯与楼板连接的梁,如图2-37所示。当整体楼梯与现浇楼板无梯梁连接时,以楼梯的最后一个踏步边缘加300 mm为界。

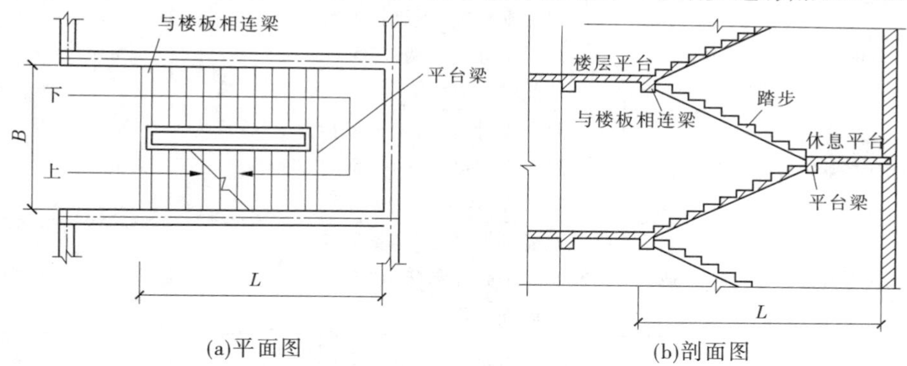

图2-37　楼梯平面图及剖面图

(2)以立方米计量,按设计图示尺寸以体积计算。

2.4.2.7　现浇混凝土其他构件

其他构件项目适用于小型池槽、压顶(加强稳定封顶的构件,较宽)、扶手(依附之用的附握构件,较窄)、垫块、台阶、门框等;散水、坡道项目适用于结构层为混凝土的散水、坡道;电缆沟、地沟项目适用于沟壁为混凝土的地沟项目。

(1)扶手、压顶按长度(包括伸入墙内的长度)计算,计量单位m;台阶按水平投影面积计算,计量单位m^2。台阶与平台连接时,其分界线以最上层踏步外沿加300 mm计算。

(2)散水、坡道、电缆沟、地沟需抹灰时,其费用应包含在报价内。

2.4.2.8　后浇带

后浇带是一种刚性变形缝,适用于不允许留设柔性变形缝的部位。后浇带的浇筑应

待两侧结构的主体混凝土干缩变形稳定后进行。后浇带项目适用于基础(满堂式)、梁、墙、板的后浇带,一般宽 700 ~ 1 000 mm。

【任务实施】

1. 实践准备

(1)阅读图纸,获取清单列项信息和工程量计算数据。

(2)阅读并理解清单项目的相应规定。

2. 任务实施

(1)根据图纸设计要求和清单项目工作内容及项目特征描述要求列出现浇混凝土工程清单项目,如表 2-41 所示。

表 2-41 现浇混凝土工程清单项目表

序号	项目编码	项目名称	项目特征	计量单位	工程量
1	010501001001	垫层	1. 混凝土种类:现浇钢筋混凝土 2. 混凝土强度等级:C10	m^3	
2	010501003001	独立基础	1. 混凝土种类:现浇钢筋混凝土 2. 混凝土强度等级:C25	m^3	
3	010502001001	矩形柱	1. 混凝土种类:现浇钢筋混凝土 2. 混凝土强度等级:C25 3. 柱截面、高度:	m^3	
4	010502002001	构造柱	1. 混凝土种类:现浇钢筋混凝土 2. 混凝土强度等级:C25 3. 柱截面、高度:	m^3	
5	010503001001	基础梁	1. 混凝土种类:现浇钢筋混凝土 2. 混凝土强度等级:C25 3. 梁截面、尺寸:	m^3	
6	010503002001	矩形梁	1. 混凝土种类:现浇钢筋混凝土 2. 混凝土强度等级:C25 3. 梁截面、尺寸:	m^3	
7	010503005001	过梁	1. 混凝土种类:现浇钢筋混凝土 2. 混凝土强度等级:C25 3. 梁截面、尺寸:	m^3	
8	010505001001	有梁板	1. 混凝土种类:现浇钢筋混凝土 2. 混凝土强度等级:C25 3. 板厚:	m^3	
9	010505008001	雨篷	1. 混凝土种类:现浇钢筋混凝土 2. 混凝土强度等级:C25	m^3	
10	010506001001	直形楼梯	1. 混凝土种类:现浇钢筋混凝土 2. 混凝土强度等级:C25 3. 板厚:	m^2	
11	010507001001	散水	1. 混凝土种类:现浇钢筋混凝土 2. 混凝土强度等级:C25	m^2	

(2)理解工程量计算规则,计算清单项目工程量,详细计算过程:

①基础垫层(以 J-1 为例):

$4.20\times0.1\times6=2.52(m^3)$

②独立基础(以 J-1 为例):

J-1 体积:$(1.026+0.229)\times6=1.255\times6=7.53(m^3)$

下部体积:$1.8\times1.9\times0.3=1.026(m^3)$

上部(棱台)体积:$\frac{1}{3}\times(0.45-0.3)\times(1.8\times1.9+0.45\times0.55+\sqrt{1.8\times1.9\times0.45\times0.55})$
$=0.229(m^3)$

③矩形柱(以 J-1 上设置的 KZ-1 为例):

第一步:确定 KZ-1 清单列项。

根据结施图1,基础至3.600 m 的框架柱为 C30 混凝土;3.600 m 至屋面的框架柱为 C25 混凝土,则 KZ-1 应分别列项计算。

第二步:确定 KZ-1 截面尺寸(见结施图3 及图2-38)。

KZ-1 断面为:$0.45\times0.55=0.2475(m^2)$

第三步:确定柱高。

基础至3.600 m:$5-0.45+3.6=8.15(m)$

3.600 m 至屋面:$11.4-3.6=7.8(m)$

第四步:计算 KZ-1 工程量。

基础至3.600 m:$0.2475\times8.15=2.02(m^3)$

3.600 m ~ 屋面:$0.2475\times7.8=1.93(m^3)$

④过梁(以一层①~②轴办公室过梁为例):

第一步:确定过梁长。

根据建施图3 可知,一层①~②轴办公室过梁长为:

M1221 上过梁:$1.2+0.25\times2=1.7(m)$

C1821 上过梁:$1.8+0.25\times2=2.3(m)$

第二步:确定过梁截面尺寸(见结施图1)

M1221 上过梁:$0.2\times0.12=0.024(m^2)$

C1821 上过梁:$0.2\times0.18=0.036(m^2)$

第三步:计算过梁工程量。

M1221 上过梁:$0.024\times1.7=0.041(m^3)$

C1821 上过梁:$0.036\times2.3\times2=0.166(m^3)$

⑤有梁板(以一层①~②轴与Ⓒ~Ⓓ轴之间的顶板为例):

第一步:确定板的体积。

根据结施图13 及图2-39,获知板厚为0.12 m。

根据结施图9 及图2-40,计算板的水平投影面积:

$$(7-0.075-0.15)\times(7.8-0.15-0.1)=51.15(m^2)$$

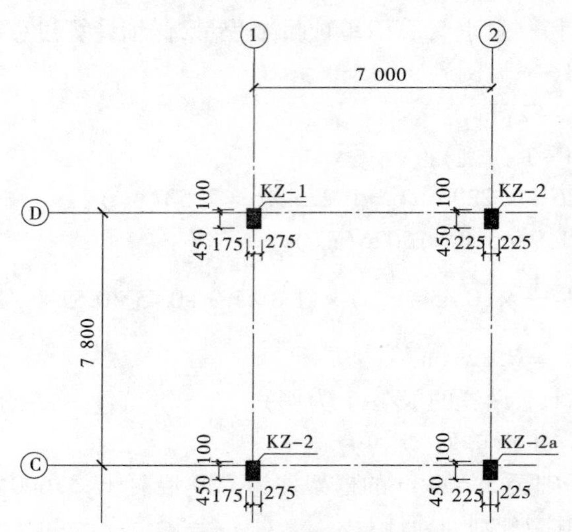

图 2-38　首层办公室柱平面图

则板的体积为:51.15 ×0.12 =6.14(m^3)

第二步:确定框架梁的体积。

根据结施图 9 及图 2-40 获知框架梁的长度,计算其工程量。

KL1:$0.25 \times 0.7 \times (7.8 - 0.45 - 0.1) = 1.27(m^3)$

KL2:$0.3 \times 0.7 \times (7.8 - 0.45 - 0.1) = 1.52(m^3)$

KL14:$0.25 \times 0.7 \times (7.0 - 0.275 - 0.225) = 1.14(m^3)$

KL15:$0.25 \times 0.7 \times (7.0 - 0.275 - 0.225) = 1.14(m^3)$

框架梁体积:$1.27 + 1.52 + 1.14 + 1.14 = 5.07(m^3)$

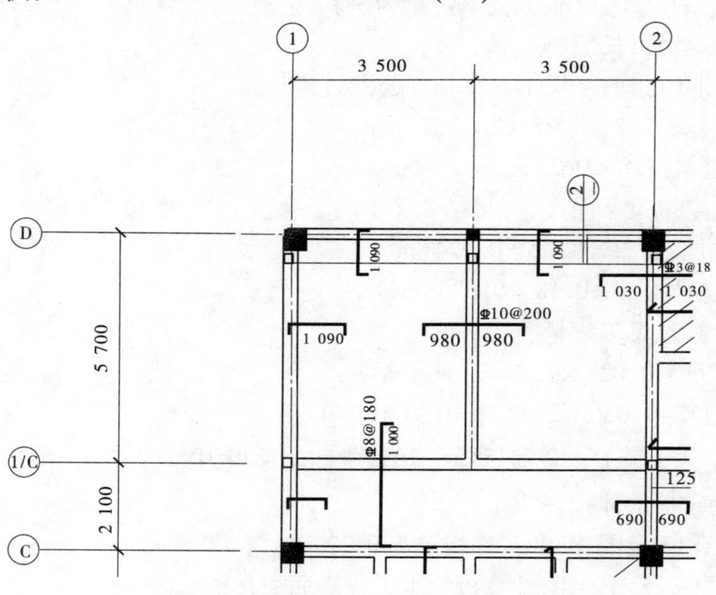

图 2-39　首层办公室板图

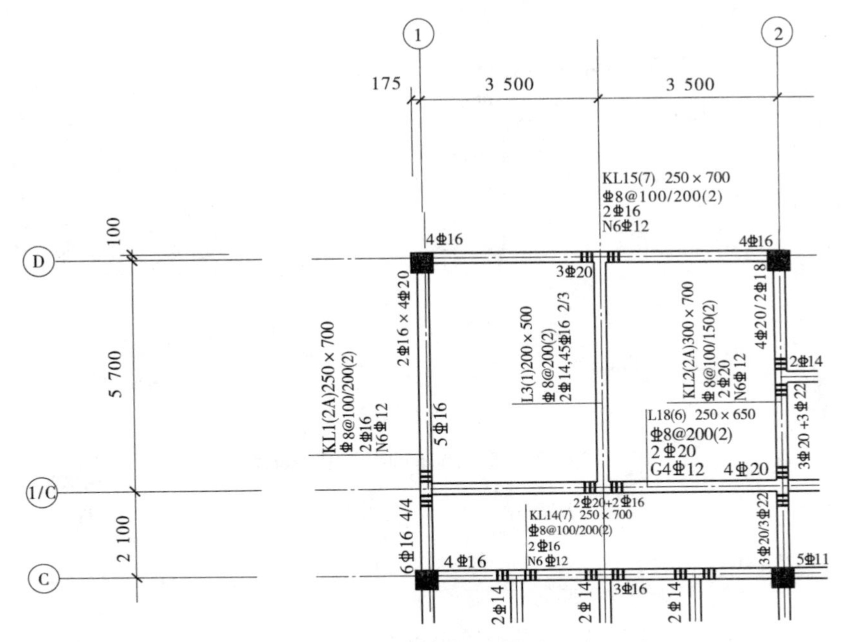

图 2-40 首层办公室梁图

第三步:确定普通矩形梁的体积。

L3:$0.2 \times 0.5 \times (5.7 - 0.15 - 0.125) = 0.54(\mathrm{m}^3)$

L18:$0.25 \times 0.65 \times (7.0 - 0.075 - 0.15) = 1.10(\mathrm{m}^3)$

普通矩形梁的体积:$0.54 + 1.10 = 1.64(\mathrm{m}^3)$

第四步:计算有梁板工程量。

$6.14 + 5.07 + 1.64 = 12.85(\mathrm{m}^3)$

⑥直行楼梯(以②~③轴之间的楼梯为例)。

第一步:确定楼梯宽度。

根据建施图 12,获知楼梯宽度为:$3 - 0.1 \times 2 = 2.8(\mathrm{m})$

第二步:确定楼梯长度。

根据结施图 18,获知楼梯长度为:$1.5 + 2.97 + 0.25 = 4.72(\mathrm{m})$

第三步:计算楼梯工程量。

楼梯水平投影面积:$4.72 \times 2.8 \times 3 = 39.65(\mathrm{m}^2)$

【典型小案例】

【例 2-7】 如图 2-41 所示为某房屋基础平面及剖面图,如图 2-42 所示为内、外墙基础交接示意图,计算现浇混凝土基础的清单工程量。

解:(1)清单工程量计算:

外墙下基础工程量:

$$[(0.08 \times 2 + 0.24) \times 0.3 + \frac{1}{2} \times (0.08 \times 2 + 0.24 + 1) \times 0.15 + 1 \times 0.2] \times (3.9 \times 2 + 2.7 \times 2) \times 2$$

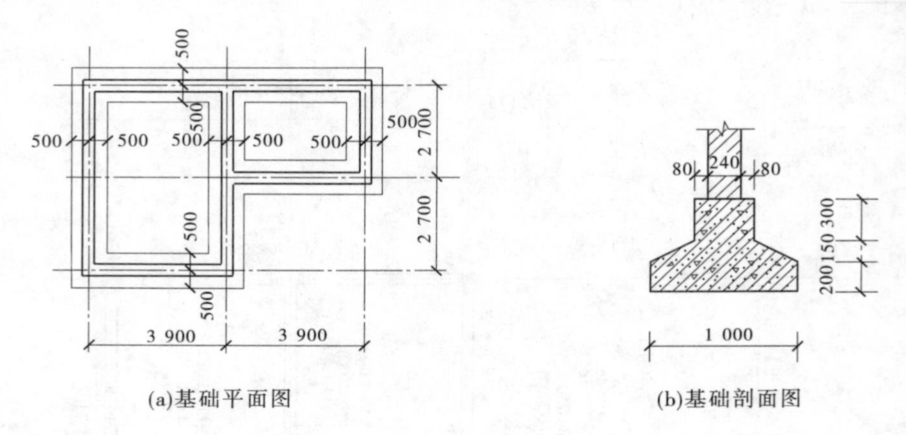

(a)基础平面图　(b)基础剖面图

图2-41　某房屋基础平面及剖面图

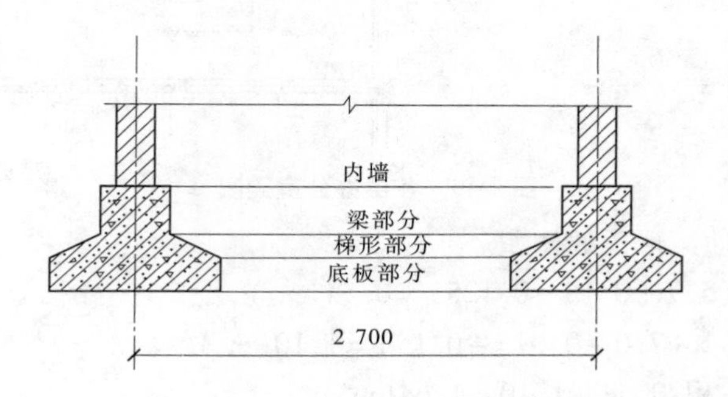

图2-42　内、外墙基础交接示意图

$=(0.12+0.105+0.2)\times 26.4=11.22(\text{m}^3)$

从图2-41中可以看出，内墙下基础：

梁间净长：$2.7-(0.12+0.08)\times 2=2.3(\text{m})$

斜坡中心线长：$2.7-\frac{1}{2}\times(0.2+0.5)\times 2=2.0(\text{m})$

基底净长：$2.7-0.5\times 2=1.7(\text{m})$

内墙下基础工程量 = ∑(内墙下基础各部分断面面积×相应计算长度)

$$=(0.08\times 2+0.24)\times 0.3\times 2.3+\frac{1}{2}\times(0.08\times 2+0.24+1)\times 0.15\times 2.0+1\times 0.2\times 1.7$$

$$=0.28+0.21+0.34=0.83(\text{m}^3)$$

基础工程量 = 外墙下基础工程量 + 内墙下基础工程量 $=11.22+0.83=12.05(\text{m}^3)$

(2)工程量清单编制。

分部分项工程量清单(七)见表2-42。

表2-42　分部分项工程量清单(七)

序号	项目编码	项目名称	项目特征	计量单位	工程量
1	010501002001	带形基础	基础形式:带形基础	m^3	12.05

【例2-8】　如图2-43所示,计算50个钢筋混凝土杯形基础混凝土的清单工程量。

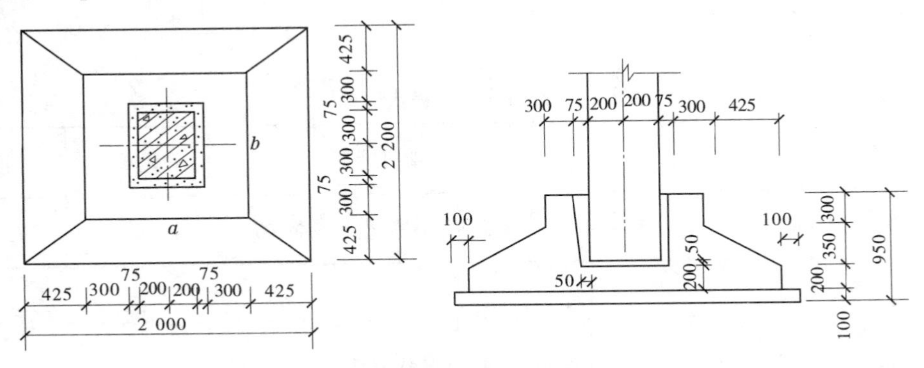

图2-43　钢筋混凝土杯形基础示意图

解:(1)清单工程量计算。

杯形基础工程量:$\{2\times2.2\times0.2+1.15\times1.35\times0.3+0.35/6\times[2\times2.2+(2+1.15)\times(2.2+1.35)+(1.15\times1.35)]-0.65/6\times[0.55\times0.75+(0.55+0.4)\times(0.75+0.60)+0.4\times0.6]\}\times50$

$=(0.88+0.47+1-0.21)\times50$

$=107.00(m^3)$

(2)工程量清单编制。

分部分项工程量清单(八)见表2-43。

表2-43　分部分项工程量清单(八)

序号	项目编码	项目名称	项目特征	计量单位	工程量
1	010501003001	独立基础	基础形式:杯形基础	m^3	107.00

【例2-9】　如图2-44所示,计算有梁式满堂基础混凝土的清单工程量。

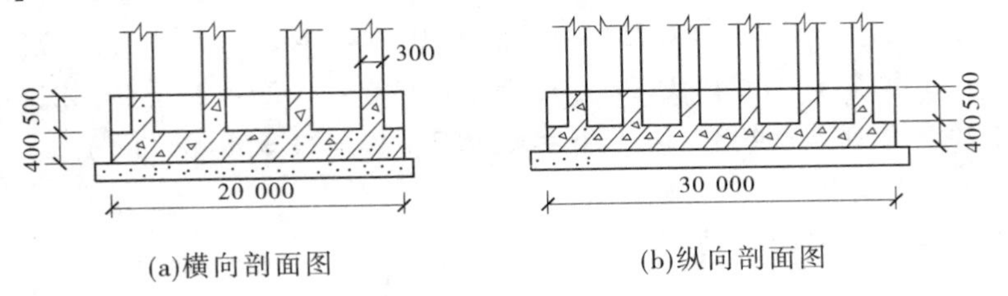

图2-44　有梁式满堂基础示意图

解:(1)清单工程量计算。

底板混凝土工程量:$30 \times 20 \times 0.4 = 240.00(m^3)$

梁混凝土工程量:$0.5 \times 0.3 \times (30 - 0.3 \times 6) \times 4 + 0.5 \times 0.3 \times (20 - 0.3 \times 4) \times 6$
$= 33.84(m^3)$

梁板式满堂基础混凝土工程量 = 底板混凝土工程量 + 梁混凝土工程量
$= 240.00 + 33.84 = 273.84(m^3)$

(2)工程量清单编制。

分部分项工程量清单(九)见表 2-44。

表 2-44　分部分项工程量清单(九)

序号	项目编码	项目名称	项目特征	计量单位	工程量
1	010501004001	满堂基础	基础形式:有梁式满堂基础	m^3	273.84

【例 2-10】　如图 2-45 所示构造柱,A 形 4 根,B 形 8 根,C 形 12 根,D 形 24 根,总高 26 m,混凝土强度等级为 C25,试计算现浇混凝土构造柱的清单工程量。

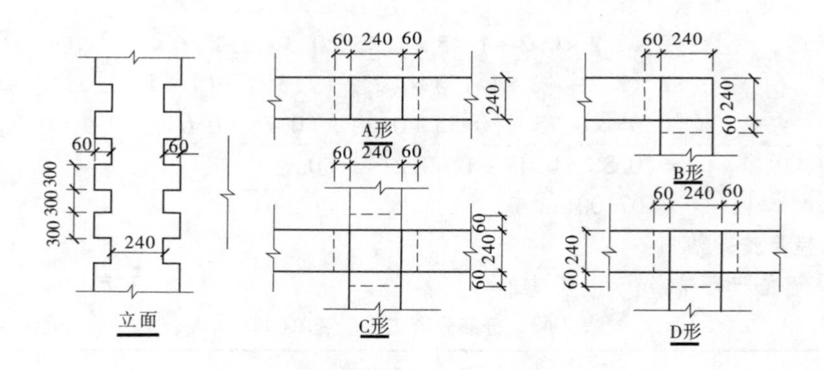

图 2-45　构造柱示意图

解:(1)清单工程量计算。

A 形构造柱工程量 $= (0.24 \times 0.24 + 0.24 \times 0.03 \times 2) \times 26 \times 4 = 7.488(m^3)$

B 形构造柱工程量 $= (0.24 \times 0.24 + 0.24 \times 0.03 \times 2) \times 26 \times 8 = 14.976(m^3)$

C 形构造柱工程量 $= (0.24 \times 0.24 + 0.24 \times 0.03 \times 4) \times 26 \times 12 = 26.957(m^3)$

D 形构造柱工程量 $= (0.24 \times 0.24 + 0.24 \times 0.03 \times 3) \times 26 \times 24 = 49.421(m^3)$

构造柱工程量总计 $= 7.488 + 14.976 + 26.957 + 49.421 = 98.84(m^3)$

(2)工程量清单编制。

分部分项工程量清单(十)见表 2-45。

表 2-45　分部分项工程量清单(十)

序号	项目编码	项目名称	项目特征	计量单位	工程量
1	010502002001	构造柱	混凝土强度等级:C25	m^3	98.84

【例 2-11】 某房屋 2 层结构平面图如图 2-46 所示,已知 1 层板顶标高为 3.0 m,2 层板顶标高为 6.0 m,现浇板厚 100 mm,各构件混凝土强度等级为 C25,断面尺寸见表 2-46,试计算 2 层各钢筋混凝土构件的清单工程量。

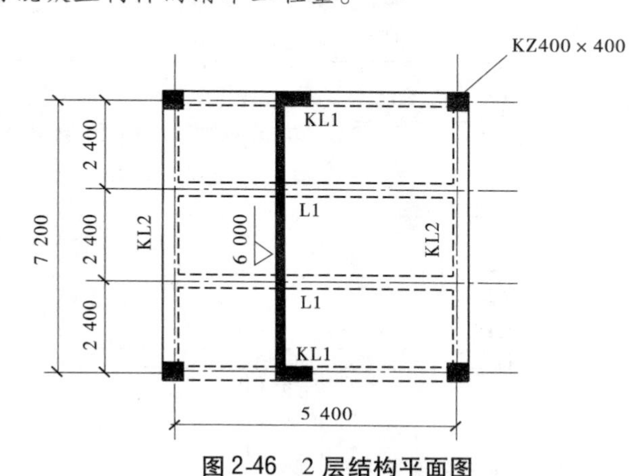

图 2-46　2 层结构平面图

表 2-46　构件尺寸

构件名称	构件尺寸
KZ	宽 × 高 = 400 mm × 400 mm
KL1	宽 × 高 = 250 mm × 500 mm
KL2	宽 × 高 = 300 mm × 650 mm
L1	宽 × 高 = 250 mm × 400 mm

解:(1)清单工程量计算。

①矩形柱(KZ)

矩形柱工程量:$0.4 \times 0.4 \times (6-3) \times 4 = 1.92(m^3)$

②有梁板

KL1 工程量:$0.25 \times 0.5 \times (5.4 - 0.2 \times 2) \times 2 = 1.25(m^3)$

KL2 工程量:$0.3 \times 0.65 \times (7.2 - 0.2 \times 2) \times 2 = 2.65(m^3)$

L1 工程量:$0.25 \times 0.4 \times (5.4 + 0.2 \times 2 - 0.3 \times 2) \times 2 = 1.04(m^3)$

平板工程量:$(7.2 - 0.05 \times 2) \times (5.4 - 0.1 \times 2) \times 0.1$

$= 3.69(m^3)$

则有梁板工程量:$1.25 + 2.65 + 1.04 + 3.69 = 8.63(m^3)$

(2)工程量清单编制。

分部分项工程量清单(十一)见表2-47。

表2-47　分部分项工程量清单(十一)

序号	项目编码	项目名称	项目特征	计量单位	工程量
1	010502001001	矩形柱	1. 柱尺寸、高度:断面尺寸400 mm×400 mm,高3 m 2. 混凝土强度等级:C25	m^3	1.92
2	010505001001	有梁板	1. 板厚:100 mm 2. 混凝土类别:现浇钢筋混凝土 3. 混凝土强度等级:C25	m^3	8.63

【例2-12】　(接例2-11)如图2-47所示,若屋面设计为挑檐,试计算挑檐的清单工程量。

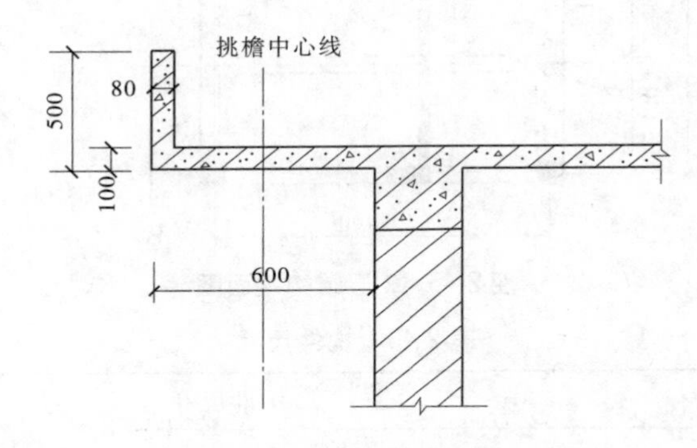

图2-47　挑檐剖面图

解:(1)清单工程量计算。

挑檐平板的中心线长:[(5.4+0.2×2+0.3×2)+(7.2+0.2×2+0.3×2)]×2=29.20(m)

挑檐平板工程量:0.6×0.1×29.20=1.75(m^3)

挑檐立板的中心线长:[5.4+0.2×2+(0.6−0.08÷2)×2+7.2+0.2×2+(0.6−0.08÷2)×2]×2=31.28(m)

挑檐立板工程量:(0.5−0.1)×0.08×31.28=1.00(m^3)

挑檐工程量=挑檐平板工程量+挑檐立板工程量=1.75+1.00=2.75(m^3)

(2)工程量清单编制。

分部分项工程量清单(十二)见表2-48。

表2-48　分部分项工程量清单(十二)

序号	项目编码	项目名称	项目特征	计量单位	工程量
1	010505007001	挑檐板	混凝土强度等级:C25	m^3	2.75

【例2-13】　某房屋平面图如图2-48所示,散水、台阶所用混凝土的强度等级为C25,

试计算散水和台阶的清单工程量。

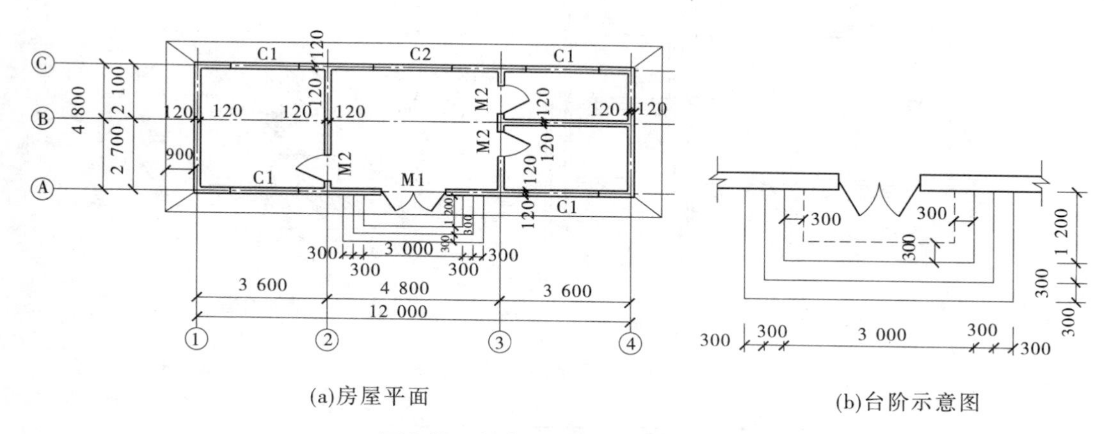

(a)房屋平面　　(b)台阶示意图

图2-48　某房屋平面及台阶示意图

解:(1)清单工程量计算。

散水工程量:$(12+0.24+0.45\times2+4.8+0.24+0.45\times2)\times2\times0.9-(3+0.3\times4)\times0.9$

$=38.16\times0.9-4.2\times0.9=30.56(m^3)$

台阶工程量:$(3.0+0.3\times4)\times(1.2+0.3\times2)-(3.0-0.3\times2)\times(1.2-0.3)$

$=7.56-2.16=5.40(m^3)$

(2)工程量清单编制。

分部分项工程量清单(十三)见表2-49。

表2-49　分部分项工程量清单(十三)

序号	项目编码	项目名称	项目特征	计量单位	工程量
1	010507001001	散水	混凝土强度等级:C25	m^3	30.56
2	010507004001	台阶	1. 踏步宽:300 mm 2. 混凝土强度等级:C25	m^3	5.40

【自测及相关实训】

(1)某钢筋混凝土房屋的有梁式(带肋)基础平面图及1—1基础剖面图如图2-49所示,基础混凝土强度等级为C25,垫层混凝土强度等级为C15,试计算该钢筋混凝土带形基础的清单工程量。

(2)某钢筋混凝土房屋的无梁式基础平面及剖面图如图2-50所示,基础混凝土强度等级为C25,垫层混凝土强度等级为C15,试计算该钢筋混凝土带形基础的清单工程量。

(3)教学单层用房,现浇钢筋混凝土圈梁代过梁,如图2-51所示。门洞1 000 mm×2 700 mm,共4个;窗洞1 500 mm×1 500 mm,共8个。混凝土强度等级均为C25,现场搅拌混凝土,试计算现浇钢筋混凝土圈梁、过梁的清单工程量。

(4)某工程现浇钢筋混凝土无梁板,如图2-52所示。板顶标高5.4m,混凝土强度等级为C25,现场搅拌混凝土,试计算现浇钢筋混凝土无梁板的清单工程量。

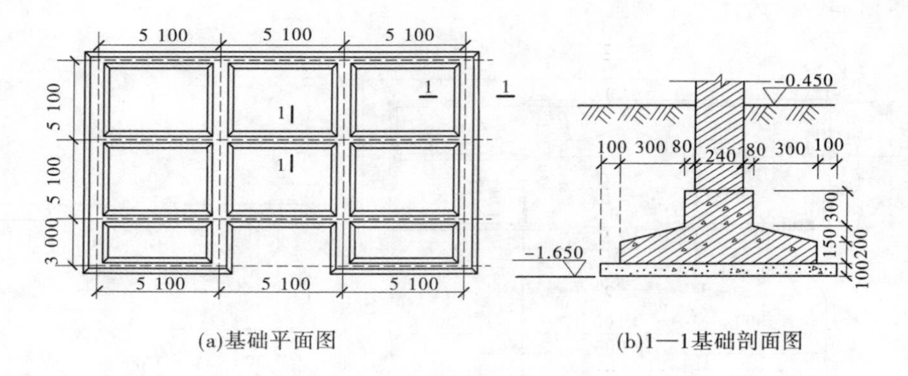

图 2-49 基础平面图及剖面图

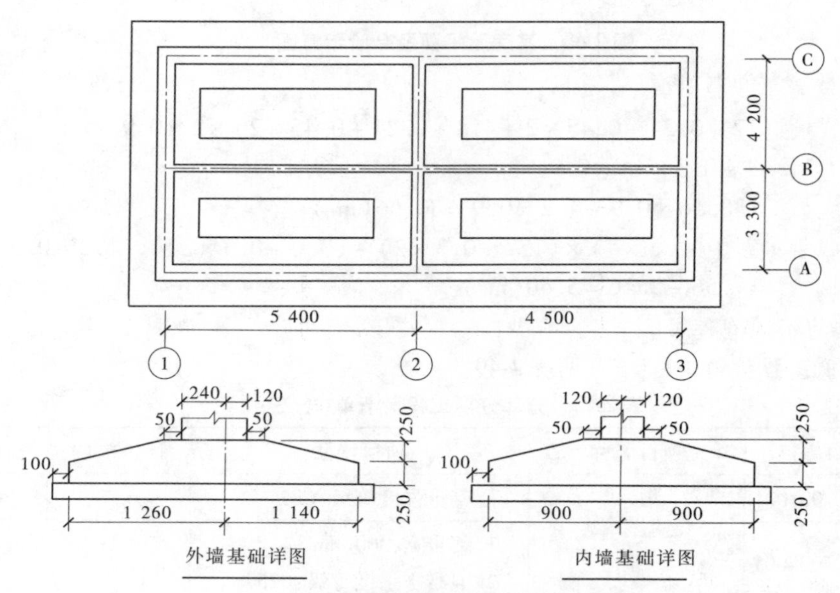

图 2-50 基础平面图及剖面图

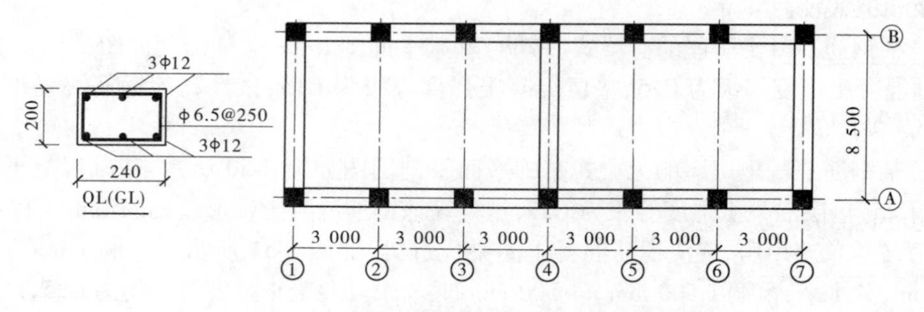

图 2-51 现浇钢筋混凝土圈梁(过梁)示意图

(5)某工程现浇钢筋混凝土楼梯平面图如图 2-53 所示,试计算现浇钢筋混凝土楼梯的清单工程量(建筑物 4 层,共 3 层楼梯)。

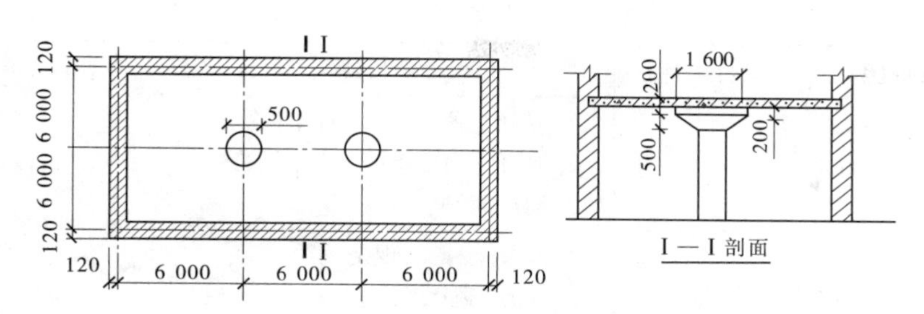

图 2-52　现浇钢筋混凝土无梁板示意图

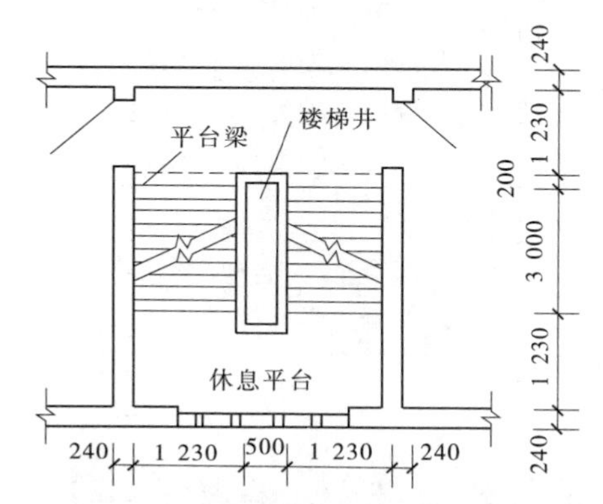

图 2-53　现浇钢筋混凝土楼梯平面图

(6)根据清单规范和多层框架结构办公楼施工图纸的要求,将表 2-50 中混凝土工程清单项目填写完整。

表 2-50　混凝土工程清单项目

序号	项目编码	项目名称	项目特征	计量单位	工程量
1	010501001001	垫层	1. 混凝土种类:现浇钢筋混凝土 2. 混凝土强度等级:C10	m^3	
2	010501003001	独立基础	1. 混凝土种类:现浇钢筋混凝土 2. 混凝土强度等级:C25	m^3	
3	010502001001	矩形柱	1. 混凝土种类:现浇钢筋混凝土 2. 混凝土强度等级:C25 3. 柱截面、高度:	m^3	
4	010502002001	构造柱	1. 混凝土种类:现浇钢筋混凝土 2. 混凝土强度等级:C25 3. 柱截面、高度:	m^3	
5	010503001001	基础梁	1. 混凝土种类:现浇钢筋混凝土 2. 混凝土强度等级:C25 3. 梁截面、尺寸:	m^3	
6	010503002001	矩形梁	1. 混凝土种类:现浇钢筋混凝土 2. 混凝土强度等级:C25 3. 梁截面、尺寸:	m^3	

续表 2-50

序号	项目编码	项目名称	项目特征	计量单位	工程量
7	010503005001	过梁	1. 混凝土种类:现浇钢筋混凝土 2. 混凝土强度等级:C25 3. 梁截面、尺寸:	m^3	
8	010505001001	有梁板	1. 混凝土种类:现浇钢筋混凝土 2. 混凝土强度等级:C25 3. 板厚:	m^3	
9	010505008001	雨篷	1. 混凝土种类:现浇钢筋混凝土 2. 混凝土强度等级:C25	m^3	
10	010506001001	直形楼梯	1. 混凝土种类:现浇钢筋混凝土 2. 混凝土强度等级:C25 3. 板厚:	m^2	
11	010507001001	散水	1. 混凝土种类:现浇钢筋混凝土 2. 混凝土强度等级:C25	m^3	

任务 2.5 门窗工程工程量清单编制

【任务介绍】 多层框架结构办公楼门窗工程工程量清单编制。

阅读施工图纸和《房屋建筑与装饰工程工程量计算规范》(GB 50854—2013)及《建设工程工程量清单计价规范》(GB 50500—2013),按照任务要求完成本工程门窗工程的分部分项工程量清单的编制。

【任务解析】

1. 阅读施工图纸和《房屋建筑与装饰工程工程量计算规范》(GB 50854—2013),选择本工程门窗工程应列的清单项目。

2. 根据工程设计的具体情况,在工程量清单表中书写清单项目名称、项目编码、项目特征和计量单位。

3. 理解门窗工程清单项目的工程量计算规则,阅读图纸,获取工程量计算数据信息,列式计算相应清单项目的工程量。

4. 检验清单项目工程量计算过程的准确性,避免计算性错误。

5. 汇总数据,填入工程量清单表中相应位置。

【知识目标】

理解《房屋建筑与装饰工程工程量清单计算规范》(GB 50854—2013)中门窗工程的有关说明和工程量计算规则,掌握门窗工程工程量清单的编制步骤和方法。

【能力目标】

依据《房屋建筑与装饰工程工程量清单计算规范》(GB 50854—2013)中门窗工程的要求和某办公楼土建施工图纸,正确列出本工程门窗工程量清单项目、描述项目特征及计算相应工程量。

【相关知识】

2.5.1 门窗工程清单规范有关说明

(1)木质门应区分镶板木门、企口木板门、实木装饰门、胶合板门、夹板装饰门、木纱门、全玻门(带木质扇框)、木质半玻门(带木质扇框)等项目,分别编码列项;金属门应区分金属平开门、金属推拉门、金属地弹门、全玻门(带金属扇框)、金属半玻门(带扇框)等项目,分别编码列项。

(2)特种门应区分冷藏门、冷冻间门、保温门、变电室门、隔音门、防射电门、人防门、金库门等项目,分别编码列项。

(3)木质窗应区分木百叶窗、木组合窗、木天窗、木固定窗、木装饰空花窗等项目,分别编码列项。

(4)门、窗五金。

①木门五金应包括折页、插销、门碰珠、弓背拉手、搭机、木螺丝、弹簧折页(自动门)、管子拉手(自由门、地弹门)、地弹簧(地弹门)、角铁、门轧头(地弹门、自由门)等。

②铝合金门五金包括地弹簧、门锁、拉手、门插、门铰、螺丝等。

③其他金属门五金包括L形执手插锁(双舌)、执手锁(单舌)、门轨头、地锁、防盗门机、门眼(猫眼)、门碰珠、电子锁(磁卡锁)、闭门器、装饰拉手等。

④木窗五金包括折页、插销、风钩、木螺丝、滑楞滑轨(推拉窗)等。

⑤金属窗中铝合金窗五金应包括卡锁、滑轮、铰拉、执手、拉把、拉手、风撑、角码、牛角制等。

(5)木质门带套计量按洞口尺寸以面积计算,不包括门套的面积。

(6)门、窗以樘计量,项目特征必须描述洞口尺寸,以平方米计量,项目特征可不描述洞口尺寸。

(7)单独制作安装木门框按木门框项目编码列项。

(8)木橱窗、木飘(凸)窗以樘计量,项目特征必须描述框截面及外围展开面积。

(9)门窗套:

①以樘计量,项目特征必须描述洞口尺寸、门窗套展开宽度。

②以平方米计量,项目特征可不描述洞口尺寸、门窗套展开宽度。

③以米计量,项目特征必须描述门窗套展开宽度、筒子板及贴脸宽度。

(10)窗帘:

①窗帘若是双层,项目特征必须描述每层材质。

②窗帘以米计量,项目特征必须描述窗帘高度和宽。

2.5.2 门窗工程清单项目及计量规则

门窗工程工程量清单项目设置及工程量计算规则,应按表2-51~表2-55的规定执行。

表 2-51　木门(编码:010801)

项目编码	项目名称	项目特征	计量单位	工程量计算规则	工程内容
010801001	木质门	1. 门代号及洞口尺寸 2. 镶嵌玻璃品种、厚度	1. 樘 2. m^2	1. 以樘计量,按设计图示数量计算 2. 以平方米计量,按设计图示洞口尺寸以面积计算	1. 门安装 2. 玻璃安装 3. 五金安装
010801002	木质门带套				
010801003	木质连窗门				
010801004	木质防火门	1. 门代号及洞口尺寸 2. 镶嵌玻璃品种、厚度			
010801005	木门框	1. 门代号及洞口尺寸 2. 框截面尺寸 3. 防护材料种类			1. 木门框制作、安装 2. 运输 3. 刷防护材料
010801006	门锁安装	1. 锁品种 2. 锁规格	个(套)	按设计图示数量计算	安装

表 2-52　金属门(编码:010802)

项目编码	项目名称	项目特征	计量单位	工程量计算规则	工程内容
010802001	金属(塑钢)门	1. 门代号及洞口尺寸 2. 门框或扇外围尺寸 3. 门框、扇材质 4. 玻璃品种、厚度	1. 樘 2. m^2	1. 以樘计量,按设计图示数量计算 2. 以平方米计量,按设计图示洞口尺寸以面积计算	1. 门安装 2. 五金安装 3. 玻璃安装
010802002	彩板门	1. 门代号及洞口尺寸 2. 门框或扇外围尺寸			
010802003	钢质防火门	1. 门代号及洞口尺寸 2. 门框或扇外围尺寸 3. 门框、扇材质			
010802004	防盗门	1. 门代号及洞口尺寸 2. 门框或扇外围尺寸 3. 门框、扇材质			1. 门安装 2. 五金安装

表2-53　木窗(编码:010806)

项目编码	项目名称	项目特征	计量单位	工程量计算规则	工程内容
010806001	木质窗	1. 窗代号及洞口尺寸 2. 玻璃品种、厚度 3. 防护材料种类	1. 樘 2. m^2	1. 以樘计量,按设计图示数量计算 2. 以平方米计量,按设计图示洞口尺寸以面积计算	1. 窗制作、运输、安装 2. 五金、玻璃安装 3. 刷防护材料
010806002	木橱窗	1. 窗代号 2. 框截面及外围展开面积 3. 玻璃品种、厚度 4. 防护材料种类		1. 以樘计量,按设计图示数量计算 2. 以平方米计量,按设计图示尺寸以框外围展开面积计算	
010806003	木飘(凸)窗				
010806004	木质成品窗	1. 窗代号及洞口尺寸 2. 玻璃品种、厚度		1. 以樘计量,按设计图示数量计算 2. 以平方米计量,按设计图示洞口尺寸以面积计算	1. 窗安装 2. 五金、玻璃安装

表2-54　金属窗(编码:010807)

项目编码	项目名称	项目特征	计量单位	工程量计算规则	工程内容
010807001	金属(塑钢、断桥)窗	1. 窗代号及洞口尺寸 2. 框、扇材质 3. 玻璃品种、厚度	1. 樘 2. m^2	1. 以樘计量,按设计图示数量计算 2. 以平方米计量,按设计图示洞口尺寸以面积计算	1. 窗安装 2. 五金、玻璃安装
010807002	金属防火窗				
010807003	金属百叶窗				1. 窗安装 2. 五金安装
010807005	金属格栅窗	1. 窗代号及洞口尺寸 2. 框外围尺寸 3. 框、扇材质			1. 窗安装 2. 五金安装
010807006	金属(塑钢、断桥)橱窗	1. 窗代号 2. 框外围展开面积 3. 框、扇材质 4. 玻璃品种、厚度 5. 防护材料种类		1. 以樘计量,按设计图示数量计算 2. 以平方米计量,按设计图示尺寸以框外围展开面积计算	1. 窗制作、运输、安装 2. 五金、玻璃安装 3. 刷防护材料
010807007	金属(塑钢、断桥)飘(凸)窗	1. 窗代号 2. 框外围展开面积 3. 框、扇材质 4. 玻璃品种、厚度			1. 窗安装 2. 五金、玻璃安装

表 2-55　窗台板(编码:010809)

项目编码	项目名称	项目特征	计量单位	工程量计算规则	工程内容
010809001	木窗台板	1. 基层材料种类 2. 窗台面板材质、规格、颜色 3. 防护材料种类	m²	按设计图示尺寸以展开面积计算	1. 基层清理 2. 基层制作、安装 3. 窗台板制作、安装 4. 刷防护材料
010809002	铝塑窗台板				
010809003	金属窗台板				
010809004	石材窗台板	1. 黏结层厚度、砂浆配合比 2. 窗台板材质、规格、颜色			1. 基层清理 2. 抹找平层 3. 窗台板制作、安装

【任务实施】

1. 实践准备

(1)阅读图纸,获取清单列项信息和工程量计算数据。

(2)阅读并理解清单项目的相应规定。

(3)了解门窗工程施工项目和施工工艺。

2. 任务实施

(1)根据图纸设计要求和清单项目工作内容及项目特征描述要求列出门窗工程清单项目,如表 2-56 所示。

表 2-56　门窗工程清单项目表

序号	项目编码	项目名称	项目特征	计量单位	工程量
1	010801001001	木质门	1. 门类型:M0821 2. 洞口尺寸:800 mm×2 100 mm	m²	
2	…	…	…	…	
3	010801004001	木质防火门	1. 门类型:FM 丙 0521 2. 洞口尺寸:500 mm×2 100 mm	m²	
4	010801004002	木质防火门	1. 门类型:FM 乙 0821 2. 洞口尺寸:800 mm×2 100 mm	m²	

续表 2-56

序号	项目编码	项目名称	项目特征	计量单位	工程量
5	010802001001	金属门	1. 门类型:ZM6431 2. 洞口尺寸:6 350 mm×2 100 mm 3. 框材质:断热铝合金框	m^2	
6	…	…	…	…	
7	010807001001	金属窗	1. 窗类型:C0757 2. 洞口尺寸:720 mm×5 700 mm 3. 框材质:断热铝合金框 4. 玻璃品种:低辐射中空玻璃 6+12A+6遮阳型	m^2	
8	…	…	…	…	

(2)理解工程量计算规则,计算清单项目工程量,详细计算过程:

①门(以 M0821 为例)。

第一步:确定 M0821 的面积:

$$0.8\times2.1=1.68(m^2)$$

第二步:确定本工程 M0821 的数量。

根据建施图 12 门窗表,获知 M0821 共 10 樘。

第三步:确定 M0821 工程量:

$$1.68\times10=16.8(m^2)$$

②窗(以 C0757 为例)。

第一步:确定 C0757 的面积:

$$0.72\times5.7=4.104(m^2)$$

第二步:确定本工程 C0757 的数量:

根据建施图 12 门窗表,获知 C0757 共 4 樘。

第三步:确定 C0757 工程量:

$$4.104\times4=16.42(m^2)$$

【自测及相关实训】

根据清单规范和多层框架结构办公楼施工图纸的要求,将表 2-56 中门窗工程清单项目填写完整。

任务 2.6 屋面及防水工程工程量清单编制

【任务介绍】 多层框架结构办公楼屋面及防水工程工程量清单编制。

阅读施工图纸和《房屋建筑与装饰工程工程量计算规范》(GB 50854—2013)及《建设工程工程量清单计价规范》(GB 50500—2013),按照任务要求完成本工程屋面及防水工程的分部分项工程量清单的编制。

【任务解析】

1. 阅读施工图纸和《房屋建筑与装饰工程工程量计算规范》(GB 50854—2013),选择本工程屋面及防水工程应列的清单项目。

2. 根据工程设计的具体情况,在工程量清单表中书写清单项目名称、项目编码、项目特征和计量单位。

3. 理解屋面及防水工程清单项目的工程量计算规则,阅读图纸,获取工程量计算数据信息,列式计算相应清单项目的工程量。

4. 检验清单项目工程量计算过程的准确性,避免计算性错误。

5. 汇总数据,填入工程量清单表中相应位置。

【知识目标】

理解《房屋建筑与装饰工程工程量清单计算规范》(GB 50854—2013)中屋面及防水工程的有关说明和工程量计算规则,掌握屋面及防水工程工程量清单的编制步骤和方法。

【能力目标】

依据《房屋建筑与装饰工程工程量清单计算规范》(GB 50854—2013)中屋面及防水工程的要求和某办公楼土建施工图纸,正确列出本工程屋面及防水工程量清单项目、描述项目特征及计算相应工程量。

【相关知识】

2.6.1 屋面及防水工程清单规范有关说明

(1)瓦屋面,若是在木基层上铺瓦,项目特征不必描述黏结层砂浆的配合比,瓦屋面铺防水层,按 I.2 屋面防水及其他相关项目编码列项。

(2)型材屋面、阳光板屋面、玻璃钢屋面的柱、梁、屋架,按《计算规范》附录 F 金属结构工程、附录 G 木结构工程中相关项目编码列项。

(3)屋面刚性层防水,按屋面卷材防水、屋面涂膜防水项目编码列项;屋面刚性层无钢筋,其钢筋项目特征不必描述。

(4)屋面找平层按《计算规范》附录 K 楼地面装饰工程“平面砂浆找平层”项目编码列项。

(5)屋面防水搭接及附加层用量不另行计算,在综合单价中考虑。

(6)墙面防水搭接及附加层用量不另行计算,在综合单价中考虑。

(7)墙面变形缝,若做双面,工程量乘系数2。

(8)墙面找平层按《计算规范》附录L墙、柱面装饰与隔断工程“立面砂浆找平层”项目编码列项。

(9)楼(地)面防水找平层按《计算规范》附录K楼地面装饰工程“平面砂浆找平层”项目编码列项。

(10)楼(地)面防水搭接及附加层用量不另行计算,在综合单价中考虑。

2.6.2　屋面及防水工程清单项目及计量规则

屋面及防水工程工程量清单项目设置及工程量计算规则,应按表2-57~表2-60的规定执行。

表2-57　瓦、型材及其他屋面(编码:010901)

项目编码	项目名称	项目特征	计量单位	工程量计算规则	工程内容
010901001	瓦屋面	1.瓦品种、规格 2.黏结层砂浆配合比	m^2	按设计图示尺寸以斜面积计算。不扣除房上烟囱、风帽底座、风道、小气窗、斜沟等所占面积,小气窗的出檐部分不增加面积	1.砂浆制作、运输、摊铺、养护 2.安瓦、做瓦脊
010901002	型材屋面	1.型材品种、规格 2.金属檩条材料品种、规格 3.接缝、嵌缝材料种类			1.檩条制作、运输、安装 2.屋面型材安装 3.接缝、嵌缝
010901005	膜结构屋面	1.膜布品种、规格 2.支柱(网架)钢材品种、规格 3.钢丝绳品种、规格 4.锚固基座做法 5.油漆品种、刷漆遍数		按设计图示尺寸以需要覆盖的水平投影面积计算	1.膜布热压胶接 2.支柱(网架)制作、安装 3.膜布安装 4.穿钢丝绳、锚头锚固 5.锚固基座、挖土、回填 6.刷防护材料,油漆

表 2-58　屋面防水及其他(编码:010902)

项目编码	项目名称	项目特征	计量单位	工程量计算规则	工程内容
010902001	屋面卷材防水	1. 卷材品种、规格、厚度 2. 防水层数 3. 防水层做法	m^2	按设计图示尺寸以面积计算 1. 斜屋顶(不包括平屋顶找坡)按斜面积计算,平屋顶按水平投影面积计算 2. 不扣除房上烟囱、风帽底座、风道、屋面小气窗和斜沟所占面积 3. 屋面的女儿墙、伸缩缝和天窗等处的弯起部分,并入屋面工程量内	1. 基层处理 2. 刷底油 3. 铺油毡卷材、接缝、嵌缝
010902002	屋面涂膜防水	1. 防水膜品种 2. 涂膜厚度、遍数 3. 增强材料种类			1. 基层处理 2. 刷基层处理剂 3. 铺布、喷涂防水层
010902003	屋面刚性层	1. 刚性层厚度 2. 混凝土种类 3. 混凝土强度等级 4. 嵌缝材料种类 5. 钢筋规格、型号		按设计图示尺寸以面积计算。不扣除房上烟囱、风帽底座、风道等所占面积	1. 基层处理 2. 混凝土制作、运输、铺筑、养护 3. 钢筋制作、安装
010902004	屋面排水管	1. 排水管品种、规格 2. 雨水斗、山墙出水口品种、规格 3. 接缝、嵌缝材料种类 4. 油漆品种、刷漆遍数	m	按设计图示尺寸以长度计算。如设计未标注尺寸,以檐口至设计室外散水上表面垂直距离计算	1. 排水管及配件安装、固定 2. 雨水斗、山墙出水口、雨水箅子安装 3. 接缝、嵌缝 4. 刷漆
010902007	屋面天沟、檐沟	1. 材料品种 2. 接缝、嵌缝材料种类	m^2	按设计图示尺寸以展开面积计算	1. 天沟材料铺设 2. 天沟配件安装 3. 接缝、嵌缝 4. 刷防护材料
010902008	屋面变形缝	1. 嵌缝材料种类 2. 止水带材料种类 3. 盖缝材料 4. 防护材料种类	m	按设计图示以长度计算	1. 清缝 2. 填塞防水材料 3. 止水带安装 4. 盖缝制作、安装 5. 刷防护材料

表 2-59　墙面防水、防潮(编码:010903)

项目编码	项目名称	项目特征	计量单位	工程量计算规则	工程内容
010903001	墙面卷材防水	1. 卷材品种、规格、厚度 2. 防水层数 3. 防水层做法	m^2	按设计图示尺寸以面积计算	1. 基层处理 2. 刷黏结剂 3. 铺防水卷材 4. 接缝、嵌缝
010903002	墙面涂膜防水	1. 防水膜品种 2. 涂膜厚度、遍数 3. 增强材料种类			1. 基层处理 2. 刷基层处理剂 3. 铺布、喷涂防水层
010903003	墙面砂浆防水(防潮)	1. 防水层做法 2. 砂浆厚度、配合比 3. 钢丝网规格			1. 基层处理 2. 挂钢丝网片 3. 设置分格缝 4. 砂浆制作、运输、摊铺、养护
010903004	墙面变形缝	1. 嵌缝材料种类 2. 止水带材料种类 3. 盖缝材料 4. 防护材料种类	m	按设计图示以长度计算	1. 清缝 2. 填塞防水材料 3. 止水带安装 4. 盖缝制作、安装 5. 刷防护材料

2.6.2.1　瓦屋面、型材屋面

瓦屋面、型材屋面清单工程量均是按设计图示尺寸以斜面积计算。不扣除房上烟囱、风帽底座、风道、小气窗、斜沟等所占面积,小气窗的出檐部分不增加面积。其计算公式为:

$$\text{斜屋面的面积 } S = \text{屋面图示尺寸的水平投影面积 } S_{\text{水平}} \times \text{延尺系数 } C \quad (2\text{-}18)$$

(1)延尺系数 C。指两坡屋面的坡度系数,实际是三角形的斜边与直角底边的比值,即

$$C = \text{斜长} / \text{直角底边} = 1/\cos\alpha \quad (2\text{-}19)$$

$$\text{斜长} = (A^2 + B^2)^{1/2} \quad (2\text{-}20)$$

坡屋面示意图如图 2-54 所示。

表 2-60　楼(地)面防水、防潮(编码:010904)

项目编码	项目名称	项目特征	计量单位	工程量计算规则	工程内容
010904001	楼(地)面卷材防水	1. 卷材品种、规格、厚度 2. 防水层数 3. 防水层做法	m^2	按设计图示尺寸以面积计算 1. 楼(地)面防水:按主墙间净空面积计算,扣除凸出地面的构筑物、设备基础等所占面积,不扣除间壁墙及单个面积 $\leq 0.3\ m^2$ 的柱、垛、烟囱和孔洞所占面积 2. 楼(地)面防水反边高度 ≤ 300 mm 算作地面防水,反边高度 >300 mm 算作墙面防水	1. 基层处理 2. 刷黏结剂 3. 铺防水卷材 4. 接缝、嵌缝
010904002	楼(地)面涂膜防水	1. 防水膜品种 2. 涂膜厚度、遍数 3. 增强材料种类			1. 基层处理 2. 刷基层处理剂 3. 铺布、喷涂防水层
010904003	楼(地)面砂浆防水(防潮)	1. 防水层做法 2. 砂浆厚度、配合比			1. 基层处理 2. 砂浆制作、运输、摊铺、养护
010904004	楼(地)面变形缝	1. 嵌缝材料种类 2. 止水带材料种类 3. 盖缝材料 4. 防护材料种类	m	按设计图示以长度计算	1. 清缝 2. 填塞防水材料 3. 止水带安装 4. 盖缝制作、安装 5. 刷防护材料

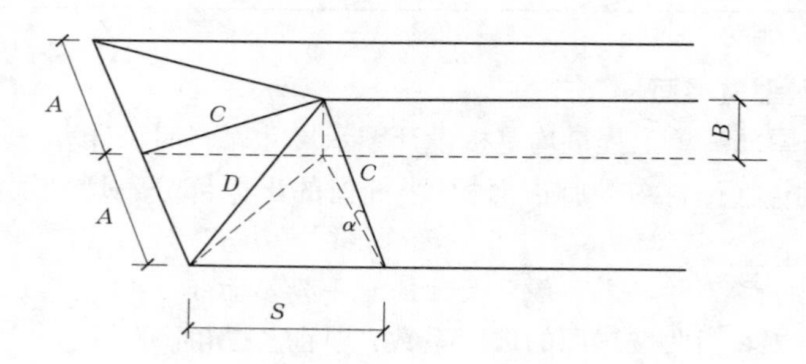

图 2-54　坡屋面示意图

注:1. 两坡排水屋面的面积为屋面水平投影面积乘以延尺系数 C。

2. 四坡排水屋面斜脊长度 $=A\times D$(当 $S=A$ 时)。

3. 两坡排水屋面的沿山墙泛水长度 $=A\times C$。

4. 坡屋面高度 $=B$。

(2)隅延尺系数 D。指四坡屋面斜脊长度系数,实际是四坡排水屋面斜脊长度与直角底边的比值,即

$$D = 四坡排水屋面斜脊长度/直角底边 = 1/\cos\alpha \quad (2\text{-}21)$$

$$四坡排水屋面斜脊长度 = (A^2 + 斜长^2)^{1/2} = A \times D \quad (2\text{-}22)$$

延尺系数 C、隅延尺系数 D 如表2-61所示。

表2-61 屋面坡度系数表

坡度 $B/A(A=1)$	高跨比 $B/(2A)$	坡角角度 α	延尺系数 C $(A=1)$	隅延尺系数 D $(A=1)$
1	1/2	45°	1.414 2	1.732 1
0.75		36°52′	1.250 0	1.600 8
0.70		35°	1.220 7	1.577 9
0.666	1/3	33°40′	1.201 5	1.562 0
0.65		33°01′	1.192 6	1.556 4
0.60		30°58′	1.166 2	1.536 2
0.577		30°	1.154 7	1.527 0
0.55		28°49′	1.141 3	1.517 0
0.5	1/4	26°34′	1.118 0	1.500 0
0.45		24°14′	1.096 6	1.483 9
0.4	1/5	21°48′	1.077 0	1.469 7
0.35		19°17′	1.059 4	1.456 9
0.30		16°42′	1.044 0	1.445 7
0.25		14°02′	1.030 8	1.436 2
0.20	1/10	11°19′	1.019 8	1.428 3
0.15		8°32′	1.011 2	1.422 1
0.125		7°8′	1.007 8	1.419 1
0.100	1/20	5°42′	1.005 0	1.417 7
0.083		4°45′	1.003 5	1.416 6
0.066	1/30	3°49′	1.002 2	1.415 7

2.6.2.2 屋面防水及其他

屋面卷材防水、屋面涂膜防水按设计图示尺寸以面积计算,斜屋顶(不包括平屋顶找坡)按斜面积计算,平屋顶按水平投影面积计算;不扣除房上烟囱、风帽底座、风道、屋面小气窗和斜沟所占面积;屋面的女儿墙、伸缩缝和天窗等处的弯起部分,并入屋面工程量内。

【任务实施】

1. 实践准备

(1)阅读图纸,获取清单列项信息和工程量计算数据。

(2)阅读并理解清单项目的相应规定。

(3)了解屋面及防水施工项目和施工工艺。

2. 任务实施

(1)根据图纸设计要求和清单项目工作内容及项目特征描述要求列出屋面及防水工程清单项目,如表 2-62 所示。

表 2-62　屋面及防水工程清单项目表

序号	项目编码	项目名称	项目特征	计量单位	工程量
1	010901001001	瓦屋面	1. 瓦品种、规格:平瓦 2. 黏结层砂浆配合比:20 mm 厚 1:2.5 水泥砂浆找平	m^2	
2	010902001001	屋面卷材防水	卷材品种、规格、厚度:4 mm 厚 SBS 改性沥青防水卷材	m^2	
3	010902003001	屋面刚性层	刚性层厚度:40 mm 厚细石混凝土	m^2	
4	010902004001	屋面排水管	1. 排水管品种、规格:UPVC 管,直径 100 mm 2. 雨水口、雨水斗:	m	
5	010904002001	楼地面涂膜防水	1. 防水膜品种:无机高聚物改性水泥基防水材料 2. 涂膜厚度:2 mm 厚	m^2	

(2)理解工程量计算规则,计算清单项目工程量,详细计算过程如下。

①瓦屋面(以① ~ ②轴之间的屋面为例)。

第一步:确定坡屋面的具体数据。

根据建施图 6 及图 2-55 可知,① ~ ②轴之间的坡屋面由一块三角形和两块梯形构成。

三角形部分斜高为:$\sqrt{(2.539+0.275)^2+(12.3-11.4)^2}=2.95(\text{m})$

梯形部分斜高为:$\sqrt{(6.6+0.25)^2+(12.3-11.4)^2}=6.91(\text{m})$

第二步:计算坡屋面的工程量。

$$
\begin{aligned}
\text{斜面积} &= \frac{1}{2}\times(13.2+0.25\times2)\times2.95+\frac{1}{2}\times(4.286+7+0.275)\times6.91\times2\\
&=20.21+79.89\\
&=100.10(\text{m}^2)
\end{aligned}
$$

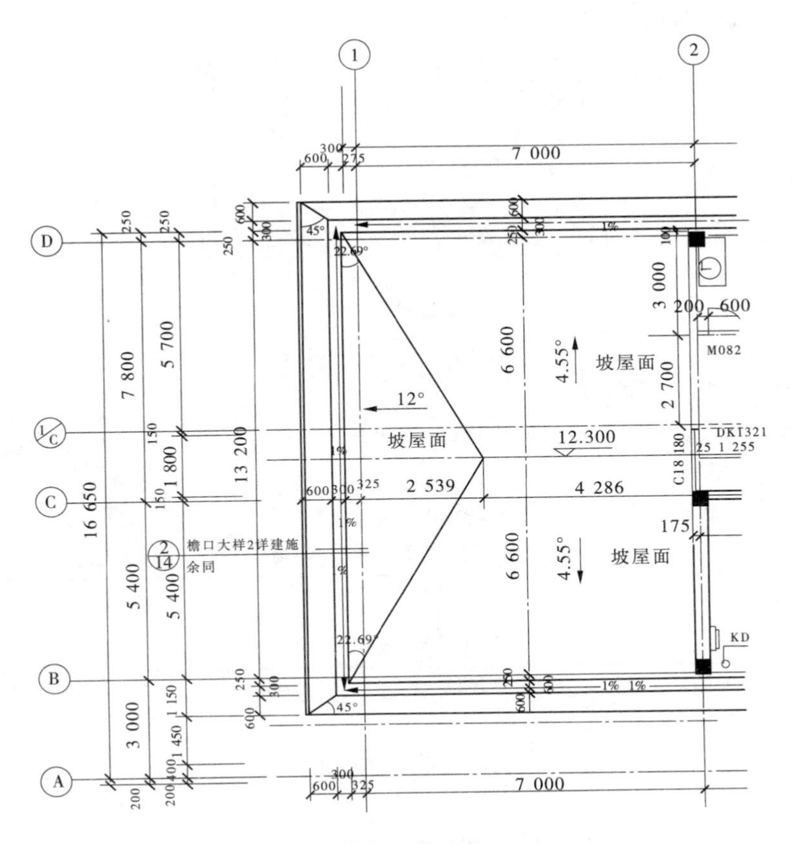

图 2-55　屋顶平面局部图

②屋面卷材防水(以①～②轴之间的屋面为例)。

斜面积 = 100.10 m^2

③楼地面涂膜防水(以②～③轴之间的卫生间为例)。

第一步:计算男卫生间、女卫生间楼地面面积。

男卫生间:$(4-0.1-0.025)\times(1.35+0.6+0.6+0.35)=3.875\times2.9=11.24(m^2)$

女卫生间:$(1.3+0.6+0.08+0.02+0.5)\times2.68-0.6\times(0.85+0.08)$

$=2.5\times2.68-0.558=6.14(m^2)$

第二步:计算男卫生间、女卫生间反边面积。

根据建施图 1 获知,防水层沿墙上翻 300 mm。

男卫生间:$[(4-0.1-0.025)\times(1.35+0.6+0.6+0.35)]\times2\times0.3=6.74(m^2)$

女卫生间:$[(1.3+0.6+0.08+0.02+0.5)\times2.68]\times2\times0.3=4.31(m^2)$

第三步:计算楼地面涂膜防水工程量。

$$11.24+6.14+6.74+4.31=28.43(m^2)$$

【典型小案例】

【例 2-14】　某建筑物坡屋面如图 2-56 所示,求四面坡(坡度 $B/A=1/2$ 的黏土瓦屋面)屋面的工程量。

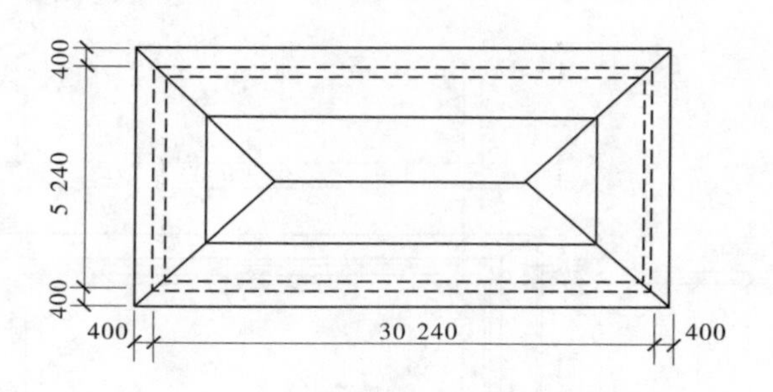

图 2-56　屋顶平面图

解:(1)清单工程量计算:

屋面工程量 $=(5.24+0.8)\times(30.00+0.24+0.8)\times1.118=209.60(\mathrm{m}^2)$

(2)工程量清单编制。

分部分项工程量清单(十四)见表 2-63。

表 2-63　分部分项工程量清单(十四)

序号	项目编码	项目名称	项目特征	计量单位	工程量
1	010901001001	瓦屋面	瓦品种、规格:黏土瓦屋面	m^2	209.60

【自测及相关实训】

根据清单规范和多层框架结构办公楼施工图纸的要求,将表 2-64 中屋面及防水工程清单项目填写完整。

表 2-64　屋面及防水工程清单项目

序号	项目编码	项目名称	项目特征	计量单位	工程量
1	010901001001	瓦屋面	1. 瓦品种、规格:平瓦 2. 黏结层砂浆配合比:20 mm 厚 1∶2.5水泥砂浆找平	m^2	
2	010902001001	屋面卷材防水	卷材品种、规格、厚度:4 mm 厚 SBS 改性沥青防水卷材	m^2	
3	010902003001	屋面刚性层	刚性层厚度:40 mm 厚细石混凝土	m^2	
4	010902004001	屋面排水管	1. 排水管品种、规格:UPVC 管,直径 100 mm 2. 雨水口、雨水斗:	m	
5	010904002001	楼地面涂膜防水	1. 防水膜品种:无机高聚物改性水泥基防水材料 2. 涂膜厚度:2 mm 厚	m^2	

任务2.7 保温、隔热工程工程量清单编制

【任务介绍】 多层框架结构办公楼保温、隔热工程工程量清单编制。

阅读施工图纸和《房屋建筑与装饰工程工程量计算规范》(GB 50854—2013)及《建设工程工程量清单计价规范》(GB 50500—2013),按照任务要求完成本工程保温、隔热工程的分部分项工程量清单的编制。

【任务解析】

1. 阅读施工图纸和《房屋建筑与装饰工程工程量计算规范》(GB 50854—2013),选择本工程保温、隔热工程应列的清单项目。

2. 根据工程设计的具体情况,在工程量清单表中书写清单项目名称、项目编码、项目特征和计量单位。

3. 理解保温、隔热工程清单项目的工程量计算规则,阅读图纸,获取工程量计算数据信息,列式计算相应清单项目的工程量。

4. 检验清单项目工程量计算过程的准确性,避免计算性错误。

5. 汇总数据,填入工程量清单表中相应位置。

【知识目标】

理解《房屋建筑与装饰工程工程量清单计算规范》(GB 50854—2013)中保温、隔热工程的有关说明和工程量计算规则,掌握保温、隔热工程工程量清单的编制步骤和方法。

【能力目标】

依据《房屋建筑与装饰工程工程量清单计算规范》(GB 50854—2013)中保温、隔热工程的要求和某办公楼土建施工图纸,正确列出本工程保温、隔热工程量清单项目、描述项目特征及计算相应工程量。

【相关知识】

2.7.1 保温、隔热工程清单规范有关说明

(1)保温隔热装饰面层,按《房屋建筑与装饰工程工程量清单计价规范》(GB 50854—2013)附录K、L、M、N、O中相关项目编码列项;仅做找平层,按《房屋建筑与装饰工程工程量清单计价规范》(GB 50854—2013)附录K中"平面砂浆找平层"或附录L"立面砂浆找平层"项目编码列项。

(2)柱帽保温隔热应并入天棚保温隔热工程量内。

(3)池槽保温隔热应按其他保温隔热项目编码列项。

(4)保温隔热方式指内保温、外保温、夹心保温。

(5)保温柱、梁适用于不与墙、天棚相连的独立柱、梁。

2.7.2 保温、隔热工程清单项目及计量规则

保温、隔热工程工程量清单项目设置及工程量计算规则,应按表2-65的规定执行。

表 2-65　保温、隔热(编码:011001)

项目编码	项目名称	项目特征	计量单位	工程量计算规则	工程内容
011001001	保温隔热屋面	1. 保温隔热材料品种、规格、厚度 2. 隔气层材料品种、厚度 3. 黏结材料种类、做法 4. 防护材料种类、做法	m^2	按设计图示尺寸以面积计算。扣除面积 >0.3 m^2 的孔洞所占面积	1. 基层清理 2. 刷黏结材料 3. 铺贴保温层 4. 铺、刷(喷)防护材料
011001002	保温隔热天棚	1. 保温隔热面层材料品种、规格、性能 2. 保温隔热材料品种、规格、厚度 3. 黏结材料种类及做法 4. 防护材料种类及做法		按设计图示尺寸以面积计算。扣除面积 >0.3 m^2 的柱、垛、孔洞所占面积,与天棚相连的梁按展开面积,计算并入天棚工程量内	
011001003	保温隔热墙面	1. 保温隔热部位 2. 保温隔热方式 3. 踢脚线、勒脚线保温做法 4. 龙骨材料品种、规格 5. 保温隔热面层材料品种、规格、性能 6. 保温隔热材料品种、规格 7. 增强网及抗裂防水砂浆种类 8. 黏结材料种类及做法 9. 防护材料种类及做法		按设计图示尺寸以面积计算。扣除门窗洞口以及面积 >0.3 m^2 的梁、孔洞所占面积;门窗洞口侧壁以及与墙相连的柱,并入保温墙体工程量内	1. 基层清理 2. 刷界面剂 3. 安装龙骨 4. 填贴保温材料 5. 保温板安装 6. 粘贴面层 7. 铺设增强格网、抹抗裂、防水砂浆面层 8. 嵌缝 9. 铺、刷(喷)防护材料
011001004	保温隔热柱、梁			按设计图示尺寸以面积计算 1. 柱按设计图示柱断面保温层中心线展开长度乘以保温层高度以面积计算,扣除面积 >0.3 m^2 的梁所占面积 2. 梁按设计图示梁断面保温层中心线展开长度乘以保温层长度以面积计算	
011001005	保温隔热楼地面	1. 保温隔热部位 2. 保温隔热材料品种、规格、厚度 3. 隔气层材料品种、厚度 4. 黏结材料种类、做法 5. 防护材料种类、做法		按设计图示尺寸以面积计算。扣除面积 >0.3 m^2 的柱、垛、孔洞所占面积,门洞、空圈、暖气包槽、壁龛的开口部分不增加面积	1. 基层清理 2. 刷黏结材料 3. 铺贴保温层 4. 铺、刷(喷)防护材料

【任务实施】

1. 实践准备

(1)阅读图纸,获取清单列项信息和工程量计算数据。

(2)阅读并理解清单项目的相应规定。

2. 任务实施

(1)根据图纸设计要求和清单项目工作内容及项目特征描述要求列出保温、隔热工程清单项目,如表2-66所示。

表2-66 保温、隔热工程清单项目表

序号	项目编码	项目名称	项目特征	计量单位	工程量
1	011001001001	保温隔热屋面	1. 保温隔热材料品种、规格、厚度:JM无机防火保温板,100 mm厚 2. 黏结材料种类:石灰水泥砂浆	m^2	
2	011001003001	保温隔热墙面	1. 保温隔热部位:外墙外保温,具体做法详见标准图集10J121附录3 2. 保温隔热材料品种、规格、厚度:JM无机防火保温板,100 mm厚	m^2	

(2)理解工程量计算规则,计算清单项目工程量,详细计算过程:

保温隔热屋面(以①~②轴之间的屋面为例):

斜面积 = 100.10 m^2(具体计算见本项目任务2.6中瓦屋面工程量)

【典型小案例】

【例2-15】 某冷藏工程室内(包括柱子)均用石油沥青粘贴100 mm厚的聚苯乙烯泡沫塑料板,室内净高3.6 m。墙体轴线长度为8 000 mm,墙厚均为240 mm,柱外围尺寸为600 mm×600 mm,保温门为800 mm×2 000 mm,先铺顶棚、地面,后铺墙、柱面,保温门居内安装,洞口周围不需另铺保温材料。编制保温隔热顶棚、墙面、柱面、地面的工程量清单。

解:(1)清单工程量计算。

保温隔热顶棚工程量:

$$(8.00-0.24)\times(8.00-0.24)=60.22(m^2)$$

保温隔热墙面工程量:

$$(8.00-0.24-0.10+8.00-0.24-0.10)\times2\times(3.6-0.10\times2)-0.80\times2=102.58(m^2)$$

保温隔热柱工程量:

$$(0.60\times4-4\times0.10)\times(3.6-0.10\times2)=6.80(m^2)$$

地面保温隔热层工程量:

$$(8.00-0.24)\times(8.00-0.24)=60.22(m^2)$$

(2)工程量清单编制。

分部分项工程量清单(十五)见表2-67。

表2-67　分部分项工程量清单(十五)

序号	项目编码	项目名称	项目特征	计量单位	工程量
1	011001002001	保温隔热天棚	1. 保温、隔热形式:混凝土板上铺贴 2. 材料品种、规格:100 mm 厚的聚苯乙烯泡沫塑料板	m^2	60.22
2	011001003001	保温隔热墙面	1. 保温、隔热形式:混凝土板上铺贴 2. 材料品种、规格:100 mm 厚的聚苯乙烯泡沫塑料板	m^2	102.58
3	011001004001	保温隔热柱	1. 保温、隔热形式:混凝土板上铺贴 2. 材料品种、规格:100 mm 厚的聚苯乙烯泡沫塑料板	m^2	6.80
4	011001005001	保温隔热楼地面	1. 保温、隔热形式:混凝土板上铺贴 2. 材料品种、规格:100 mm 厚的聚苯乙烯泡沫塑料板	m^2	60.22

【自测及相关实训】

根据清单规范和多层框架结构办公楼施工图纸的要求,将表2-68中保温、隔热工程清单项目填写完整。

表2-68　保温、隔热工程清单项目

序号	项目编码	项目名称	项目特征	计量单位	工程量
1	011001001001	保温隔热屋面	1. 保温隔热材料品种、规格、厚度:JM 无机防火保温板,100 mm 厚 2. 黏结材料种类:石灰水泥砂浆	m^2	
2	011001003001	保温隔热墙面	1. 保温隔热部位:外墙外保温,具体做法详见标准图集 10J121 附录 3 2. 保温隔热材料品种、规格、厚度:JM 无机防火保温板,100 mm 厚	m^2	

任务2.8 楼地面工程工程量清单编制

【任务介绍】 多层框架结构办公楼楼地面工程工程量清单编制。

阅读施工图纸和《房屋建筑与装饰工程工程量计算规范》(GB 50854—2013)及《建设工程工程量清单计价规范》(GB 50500—2013),按照任务要求完成本工程楼地面工程的分部分项工程量清单的编制。

【任务解析】

1. 阅读施工图纸和《房屋建筑与装饰工程工程量计算规范》(GB 50854—2013),选择本工程楼地面工程应列的清单项目。

2. 根据工程设计的具体情况,在工程量清单表中书写清单项目名称、项目编码、项目特征和计量单位。

3. 理解楼地面工程清单项目的工程量计算规则,阅读图纸,获取工程量计算数据信息,列式计算相应清单项目的工程量。

4. 检验清单项目工程量计算过程的准确性,避免计算性错误。

5. 汇总数据,填入工程量清单表中相应位置。

【知识目标】

理解《房屋建筑与装饰工程工程量计算规范》(GB 50854—2013)中楼地面工程的有关说明和工程量计算规则,掌握楼地面工程工程量清单的编制步骤和方法。

【能力目标】

依据《房屋建筑与装饰工程工程量计算规范》(GB 50854—2013)楼地面工程的要求和某办公楼土建施工图纸,正确列出本工程楼地面工程量清单项目、描述项目特征及计算相应工程量。

【相关知识】

2.8.1 楼地面工程清单规范说明

楼地面工程适用于楼地面、楼梯、台阶等装饰工程。主要包括整体面层及找平层、块料面层、橡塑面层、其他材料面层、踢脚线、楼梯面层、台阶装饰、零星装饰项目。

楼地面是楼面与地面的总称。楼地面一般由三部分组成:基层、垫层和面层。基层多为楼板,垫层是中间层,面层的做法很多(见图2-57和图2-58)。

2.8.2 楼地面工程清单项目及计量规则

2.8.2.1 整体面层及找平层

整体面层及找平层项目包括水泥砂浆楼地面、现浇水磨石楼地面、细石混凝土地面、菱苦土楼地面、自流坪楼地面和平面砂浆找平层6个清单项目。适用于楼面、地面所做的整体面层及找平层工程。

整体面层工程量清单项目设置及工程量计算规则,应按表2-69的规定执行。

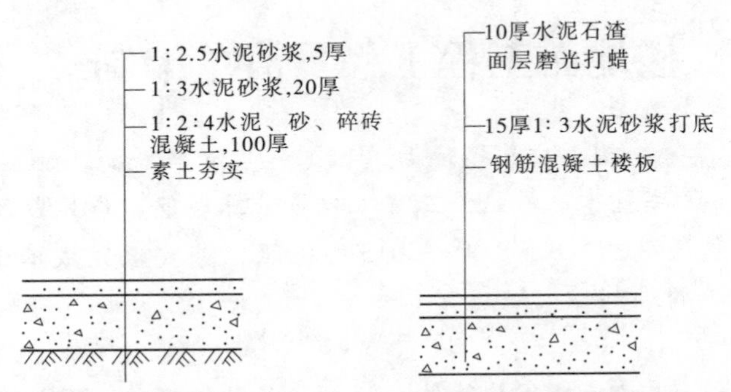

图 2-57　地面各构造层　　图 2-58　楼面各构造层

表 2-69　整体面层及找平层(编码:011101)

项目编码	项目名称	项目特征	计量单位	工程量计算规则	工程内容
011101001	水泥砂浆楼地面	1. 找平层厚度、砂浆配合比 2. 素水泥浆遍数 3. 面层厚度、砂浆配合比 4. 面层做法要求			1. 基层清理 2. 抹找平层 3. 抹面层 4. 材料运输
011101002	现浇水磨石楼地面	1. 找平层厚度、砂浆配合比 2. 面层厚度、水泥石子浆配合比 3. 嵌条材料种类、规格 4. 石子种类、规格、颜色 5. 颜料种类、颜色 6. 图案要求 7. 磨光、酸洗、打蜡要求	m^2	按设计图示尺寸以面积计算。扣除凸出地面构筑物、设备基础、室内铁道、地沟等所占面积,不扣除间壁墙及≤0.3 m^2 的柱、垛、附墙烟囱及孔洞所占面积。门洞、空圈、暖气包槽、壁龛的开口部分不增加面积	1. 基层清理 2. 抹找平层 3. 面层铺设 4. 嵌缝条安装 5. 磨光、酸洗、打蜡 6. 材料运输
011101003	细石混凝土地面	1. 找平层厚度、砂浆配合比 2. 面层厚度、混凝土强度等级			1. 基层清理 2. 抹找平层 3. 面层铺设 4. 材料运输
011101004	菱苦土楼地面	1. 找平层厚度、砂浆配合比 2. 面层厚度 3. 打蜡要求			1. 基层清理 2. 抹找平层 3. 面层铺设 4. 打蜡 5. 材料运输

续表 2-69

项目编码	项目名称	项目特征	计量单位	工程量计算规则	工程内容
011101005	自流坪楼地面	1. 找平层厚度、砂浆配合比 2. 界面剂材料种类 3. 中层漆材料种类、厚度 4. 面漆材料种类、厚度 5. 面层材料种类	m^2	按设计图示尺寸以面积计算。扣除凸出地面构筑物、设备基础、室内铁道、地沟等所占面积，不扣除间壁墙及≤0.3 m^2 的柱、垛、附墙烟囱及孔洞所占面积。门洞、空圈、暖气包槽、壁龛的开口部分不增加面积	1. 基层处理 2. 抹找平层 3. 涂界面剂 4. 涂刷中层漆 5. 打磨、吸尘 6. 镘自流平面漆（浆） 7. 拌和自流平浆料 8. 铺面层
011101006	平面砂浆找平层	找平层厚度、砂浆配合比		按设计图示尺寸以面积计算	1. 基层清理 2. 抹找平层 3. 材料运输

注：水泥砂浆面层处理是拉毛还是提浆压光应在面层做法要求中描述。

2.8.2.2　块料面层

块料面层包括：大理石、花岗岩、彩釉砖、缸砖、陶瓷棉砖、木地板等。

块料面层项目包括石材楼地面、碎石材楼地面、块料楼地面3个清单项目。适用楼面、地面所做的块料面层工程。

块料面层工程量清单项目设置及工程量计算规则，应按表2-70的规定执行。

表2-70　块料面层（编码：011102）

项目编码	项目名称	项目特征	计量单位	工程量计算规则	工程内容
011102001	石材楼地面	1. 找平层厚度、砂浆配合比 2. 结合层厚度、砂浆配合比 3. 面层材料品种、规格、品牌、颜色 4. 嵌缝材料种类 5. 防护层材料种类 6. 酸洗、打蜡要求	m^2	按设计图示尺寸以面积计算。门洞、空圈、暖气包槽、壁龛的开口部分并入相应的工程量中	1. 基层清理 2. 抹找平层 3. 面层铺设、磨边 4. 嵌缝 5. 刷防护材料 6. 酸洗、打蜡 7. 材料运输
011102002	碎石材楼地面				
011102003	块料楼地面				

2.8.2.3　**橡塑面层**

橡塑面层包括橡胶板楼地面、橡胶板卷材楼地面、塑料板楼地面、塑料卷材楼地面 4 个清单项目。

橡塑面层各清单项目适用于用黏结剂（如 CX401 胶等）粘贴橡塑楼面、地面面层工程。

橡塑面层工程量清单项目设置及工程量计算规则，应按表 2-71 的规定执行。

表 2-71　橡塑面层（编码：011103）

项目编码	项目名称	项目特征	计量单位	工程量计算规则	工程内容
011103001	橡胶板楼地面	1. 黏结层厚度、材料种类 2. 面层材料品种、规格、品牌、颜色 3. 压线条种类	m^2	按设计图示尺寸以面积计算。门洞、空圈、暖气包槽、壁龛的开口部分并入相应的工程量内	1. 基层清理 2. 面层铺贴 3. 压缝条装钉 4. 材料运输
011103002	橡胶板卷材楼地面				
011103003	塑料板楼地面				
011103004	塑料卷材楼地面				

2.8.2.4　**其他材料面层**

其他材料面层包括地毯楼地面、竹木（复合）地板、金属复合地板、防静电活动地板 4 个清单项目。

其他材料面层工程量清单项目设置及工程量计算规则，应按表 2-72 的规定执行。

2.8.2.5　**踢脚线**

踢脚线包括水泥砂浆踢脚线、石材踢脚线、块料踢脚线、塑料板踢脚线、木质踢脚线、金属踢脚线、防静电踢脚线 7 个清单项目。

踢脚线工程量清单项目设置及工程量计算规则，应按表 2-73 的规定执行。

表 2-72　其他材料面层（编码：011104）

项目编码	项目名称	项目特征	计量单位	工程量计算规则	工程内容
011104001	地毯楼地面	1. 面层材料品种、规格、颜色 2. 防护材料种类 3. 黏结材料种类 4. 压线条种类	m^2	按设计图示尺寸以面积计算。门洞、空圈、暖气包槽、壁龛的开口部分并入相应的工程量内	1. 基层清理 2. 铺贴面层 3. 刷防护材料 4. 装钉压条 5. 材料运输

续表 2-72

项目编码	项目名称	项目特征	计量单位	工程量计算规则	工程内容
011104002	竹木（复合）地板	1. 龙骨材料种类、规格、铺设间距 2. 基层材料种类、规格 3. 面层材料品种、规格、颜色 4. 防护材料种类	m^2	按设计图示尺寸以面积计算。门洞、空圈、暖气包槽、壁龛的开口部分并入相应的工程量内	1. 基层清理 2. 龙骨铺设 3. 基层铺设 4. 面层铺贴 5. 刷防护材料 6. 材料运输
011104003	金属复合地板				1. 清理基层、抹找平层 2. 铺设填充层 3. 固定支架安装 4. 活动面层安装 5. 刷防护材料 6. 材料运输
011104004	防静电活动地板	1. 支架高度、材料种类 2. 面层材料品种、规格、颜色 3. 防护材料种类			1. 基层清理 2. 固定支架安装 3. 活动面层安装 4. 刷防护材料 5. 材料运输

表 2-73 踢脚线(编码:011105)

项目编码	项目名称	项目特征	计量单位	工程量计算规则	工程内容
011105001	水泥砂浆踢脚线	1. 踢脚线高度 2. 底层厚度、砂浆配合比 3. 面层厚度、砂浆配合比	1. m^2 2. m	1. 以平方米计量，按设计图示长度乘以高度以面积计算 2. 以米计量，按延长米计算	1. 基层清理 2. 底层和面层抹灰 3. 材料运输
011105002	石材踢脚线	1. 踢脚线高度 2. 粘贴层厚度、材料种类 3. 面层材料品种、规格、颜色 4. 防护材料种类			1. 基层清理 2. 底层抹灰 3. 面层铺贴、磨边 4. 擦缝 5. 磨光、酸洗、打蜡 6. 刷防护材料 7. 材料运输
011105003	块料踢脚线				

续表 2-73

项目编码	项目名称	项目特征	计量单位	工程量计算规则	工程内容
011105004	塑料板踢脚线	1. 踢脚线高度 2. 粘贴层厚度、材料种类 3. 面层材料种类、规格、颜色	1. m^2 2. m	1. 以平方米计量,按设计图示长度乘以高度以面积计算 2. 以米计量,按延长米计算	1. 基层清理 2. 基层铺贴 3. 面层铺贴 4. 材料运输
011105005	木质踢脚线	1. 踢脚线高度 2. 基层材料种类、规格 3. 面层材料品种、规格、颜色			
011105006	金属踢脚线				
011105007	防静电踢脚线				

2.8.2.6　**楼梯面层**

楼梯面层包括石材楼梯面层、块料楼梯面层、拼碎块料面层、水泥砂浆楼梯面层、现浇水磨石楼梯面层、地毯楼梯面层、木板楼梯面层、橡胶板楼梯面层、塑料板楼梯面层 9 个清单项目。

楼梯装饰工程量清单项目设置及工程量计算规则,应按表 2-74 的规定执行。

表 2-74　楼梯面层(编码:011106)

项目编码	项目名称	项目特征	计量单位	工程量计算规则	工程内容
011106001	石材楼梯面层	1. 找平层厚度、砂浆配合比 2. 粘贴层厚度、材料种类 3. 面层材料品种、规格、颜色 4. 防滑条材料种类、规格 5. 勾缝材料种类 6. 防护材料种类 7. 酸洗、打蜡要求	m^2	按设计图示尺寸以楼梯(包括踏步、休息平台及 500 mm 以内的楼梯井)水平投影面积计算。楼梯与楼地面相连时,算至梯口梁内侧边沿;无梯口梁者,算至最上一层踏步边沿加 300 mm	1. 基层清理 2. 抹找平层 3. 面层铺贴、磨边 4. 贴嵌防滑条 5. 勾缝 6. 刷防护材料 7. 酸洗、打蜡 8. 材料运输
011106002	块料楼梯面层				
011106003	拼碎块料面层				
011106004	水泥砂浆楼梯面层	1. 找平层厚度、砂浆配合比 2. 面层厚度、砂浆配合比 3. 防滑条材料种类、规格			1. 基层清理 2. 抹找平层 3. 抹面层 4. 抹防滑条 5. 材料运输

续表 2-74

项目编码	项目名称	项目特征	计量单位	工程量计算规则	工程内容
011106005	现浇水磨石楼梯面层	1. 找平层厚度、砂浆配合比 2. 面层厚度、水泥石子浆配合比 3. 防滑条材料种类、规格 4. 石子种类、规格、颜色 5. 颜料种类、颜色 6. 磨光、酸洗、打蜡要求	m^2	按设计图示尺寸以楼梯(包括踏步、休息平台及500 mm以内的楼梯井)水平投影面积计算。楼梯与楼地面相连时,算至梯口梁内侧边沿;无梯口梁者,算至最上一层踏步边沿加300 mm	1. 基层清理 2. 抹找平层 3. 抹面层 4. 贴嵌防滑条 5. 磨光、酸洗、打蜡 6. 材料运输
011106006	地毯楼梯面层	1. 基层种类 2. 面层材料品种、规格、颜色 3. 防护材料种类 4. 黏结材料种类 5. 固定配件材料种类、规格			1. 基层清理 2. 铺贴面层 3. 固定配件安装 4. 刷防护材料 5. 材料运输
011106007	木板楼梯面层	1. 基层材料种类、规格 2. 面层材料品种、规格、颜色 3. 黏结材料种类 4. 防护材料种类			1. 基层清理 2. 基层铺贴 3. 面层铺贴 4. 刷防护材料 5. 材料运输
011106008	橡胶板楼梯面层	1. 黏结层厚度、材料种类 2. 面层材料品种、规格、颜色 3. 压线条种类			1. 基层清理 2. 面层铺贴 3. 压缝条装钉 4. 材料运输
011106009	塑料板楼梯面层				

2.8.2.7　台阶装饰

台阶装饰项目包括石材台阶面、块料台阶面、拼碎块料台阶面、水泥砂浆台阶面、现浇水磨石台阶面、剁假石台阶面6个清单项目。

台阶装饰工程量清单项目设置及工程量计算规则,应按表2-75的规定执行。

表 2-75　台阶装饰(编码:011107)

项目编码	项目名称	项目特征	计量单位	工程量计算规则	工程内容
011107001	石材台阶面	1. 找平层厚度、砂浆配合比 2. 黏结材料种类 3. 面层材料品种、规格、颜色 4. 勾缝材料种类 5. 防滑条材料种类、规格 6. 防护材料种类	m^2	按设计图示尺寸以台阶(包括最上层踏步边沿加 300 mm)水平投影面积计算	1. 基层清理 2. 抹找平层 3. 面层铺贴 4. 贴嵌防滑条 5. 勾缝 6. 刷防护材料 7. 材料运输
011107002	块料台阶面				
011107003	拼碎块料台阶面				
011107004	水泥砂浆台阶面	1. 找平层厚度、砂浆配合比 2. 面层厚度、砂浆配合比 3. 防滑条材料种类			1. 基层清理 2. 抹找平层 3. 抹面层 4. 抹防滑条 5. 材料运输
011107005	现浇水磨石台阶面	1. 找平层厚度、砂浆配合比 2. 面层厚度、水泥石子砂浆配合比 3. 防滑条材料种类、规格 4. 石子种类、规格、颜色 5. 颜料种类、颜色 6. 磨光、酸洗、打蜡要求			1. 基层清理 2. 抹找平层 3. 抹面层 4. 贴嵌防滑条 5. 打磨、酸洗、打蜡 6. 材料运输
011107006	剁假石台阶面	1. 找平层厚度、砂浆配合比 2. 面层厚度、砂浆配合比 3. 剁假石要求			1. 清理基层 2. 抹找平层 3. 抹面层 4. 剁假石 5. 材料运输

注:1. 台阶面层与平台面层是同一种材料时,平台面层与台阶面层不可重复计算。当台阶计算最上一层踏步加 300 mm 时,则平台面层中必须扣除该面积。如果平台与台阶以平台外沿为分界线,在台阶报价时,最上一步台阶的踢面应考虑在台阶的报价内。

2. 台阶侧面装饰不包括在台阶面层项目内,应按零星装饰项目编码列项。

2.8.2.8　零星装饰项目

零星装饰项目包括石材零星项目、拼碎石材零星项目、块料零星项目、水泥砂浆零星项目。

零星装饰项目适用于小面积(0.5 m^2 以内)少量分散的楼地面装饰项目。

零星装饰项目工程量清单项目设置及工程量计算规则,应按表 2-76 的规定执行。

表2-76　零星装饰项目(编码:011108)

项目编码	项目名称	项目特征	计量单位	工程量计算规则	工程内容
011108001	石材零星项目	1.工程部位 2.找平层厚度、砂浆配合比 3.粘贴层厚度、材料种类 4.面层材料品种、规格、颜色 5.勾缝材料种类 6.防护材料种类 7.酸洗、打蜡要求	m^2	按设计图示尺寸以面积计算	1.清理基层 2.抹找平层 3.面层铺贴、磨边 4.勾缝 5.刷防护材料 6.酸洗、打蜡 7.材料运输
011108002	拼碎石材零星项目				
011108003	块料零星项目				
011108004	水泥砂浆零星项目	1.工程部位 2.找平层厚度、砂浆配合比 3.面层厚度、砂浆厚度			1.清理基层 2.抹找平层 3.抹面层 4.材料运输

【任务实施】

1.实践准备

(1)阅读图纸,获取清单列项信息和工程量计算数据。

(2)阅读并理解清单项目的相应规定。

(3)了解楼地面工程施工项目和施工工艺。

2.任务实施

(1)根据图纸设计要求和清单项目工作内容及项目特征描述要求列出楼地面工程清单项目,如表2-77所示。

表2-77　楼地面工程清单项目表

序号	项目编码	项目名称	项目特征	计量单位	工程量
1	011101001001	水泥砂浆地面	1.素土分层夯实 2.100 mm厚1:3:6石灰、砂、碎砖夯实 3.80 mm厚C15混凝土垫层 4.素水泥浆结合层 5.20 mm厚1:2水泥砂浆面层	m^2	
2	011105001001	水泥砂浆踢脚线	1.高度:150 mm 2.1:3水泥砂浆打底 3.1:2水泥砂浆抹面	m^2	

(2)理解工程量计算规则,计算清单项目工程量,详细计算过程如下:

①水泥砂浆楼面:以首层办公室为例,如图2-59所示。

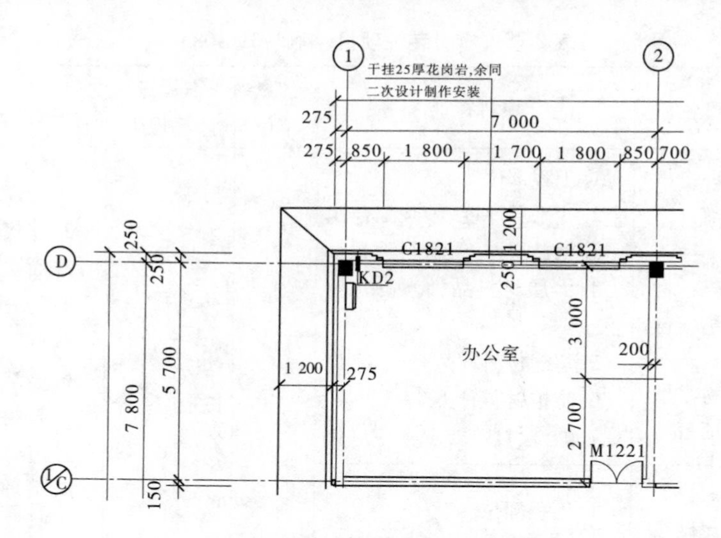

图 2-59 首层办公室图

按图示尺寸以面积计算,门洞开口部分不增加:

$$A=(7-0.025-0.175)\times(5.7-0.2)=37.40(\mathrm{m}^2)$$

②水泥砂浆踢脚线,以 m^2 计量:

$$A=[(7-0.025-0.175)\times2+(5.7-0.2)\times2-1.2]\times0.15=3.51(\mathrm{m}^2)$$

【典型小案例】

【例 2-16】 图 2-60 所示为某建筑平面图,地面工程做法为:20 mm 厚 1∶2水泥砂浆抹面压实抹光(面层);刷素水泥浆结合层一道(结合层);60 mm 厚 C20 细石混凝土找坡层,最薄处 30 mm 厚;聚氨酯涂膜防水层厚 1.5~1.8 mm,防水层周边卷起 150 mm;40 mm 厚 C20 细石混凝土随打随抹平;150 mm 厚 3∶7灰土垫层;素土夯实。试编制水泥砂浆地面工程量清单。

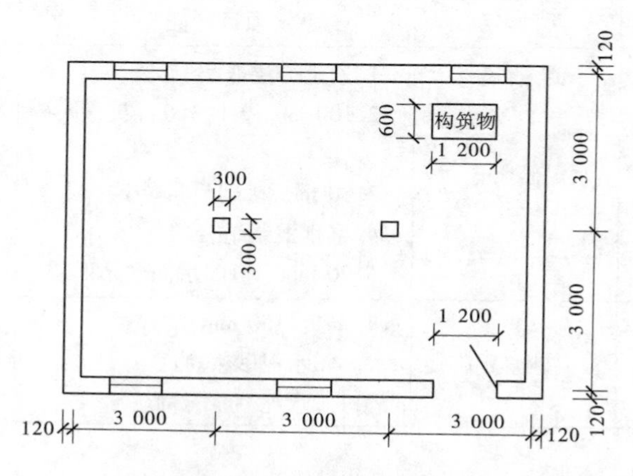

图 2-60 建筑物平面示意图

解:(1)计算水泥砂浆地面工程量。

$$(3\times3-0.12\times2)\times(3\times2-0.12\times2)-1.2\times0.6=49.74(\text{m}^2)$$

(2)编制工程量清单。

分部分项工程量清单(十六)见表 2-78。

表 2-78　分部分项工程量清单(十六)

序号	项目编码	项目名称	计量单位	工程数量
1	011101001001	1. 水泥砂浆楼地面 2. 20 mm 厚 1∶2水泥砂浆抹面压实抹光(面层) 3. 刷素水泥浆结合层一道(结合层) 4. 60 mm 厚 C20 细石混凝土找坡层,最薄处 30 mm 厚 5. 聚氨酯涂膜防水层厚 1.5～1.8 mm,防水层周边卷 150 mm 6. 40 mm 厚 C20 细石混凝土随打随抹平 7. 150 mm 厚 3∶7灰土垫层	m^2	49.50

【例 2-17】　图 2-60 所示为某建筑平面图,室内为水泥砂浆地面,踢脚线做法为 1∶2 水泥砂浆踢脚线,厚度为 20 mm,高度为 150 mm。试编制水泥砂浆踢脚线工程量清单。

解:(1)计算工程量。

$$L=(3\times3-0.12\times2)\times2+(3\times2-0.12\times2)\times2-1.2(\text{门宽})+$$
$$[0.24-0.08(\text{门框边})]\times1/2\times2(\text{门侧边})+0.3\times4\times2(\text{柱侧边})=30.40(\text{m})$$
$$S=30.40\times0.15=4.56(\text{m}^2)$$

(2)编制工程量清单。分部分项工程量清单(十七)见表 2-79。

表 2-79　分部分项工程量清单(十七)

序号	项目编码	项目名称	计量单位	工程数量
1	011105001001	1. 水泥砂浆踢脚线 2. 20 mm 厚 1∶2水泥砂浆 3. 踢脚线高 150 mm	m^2	4.56

【例 2-18】　如图 2-61 所示为楼梯贴花岗岩面层。其工程做法为:20 mm 厚芝麻白磨光花岗岩(600 mm×600 mm)铺面;撒素水泥面(洒适量水);30 mm 厚 1∶4干硬性水泥砂浆结合层;刷素水泥浆一道。试编制该项目工程量清单。

解:(1)计算工程量。楼梯井宽度为 250 mm,小于 500 mm,所以楼梯贴花岗岩面层的工程量为:

$$S=(1.4\times2+0.25)\times(0.2+9\times0.28+1.37)=12.47(\text{m}^2)$$

(2)编制工程量清单。分部分项工程量清单(十八)见表 2-80。

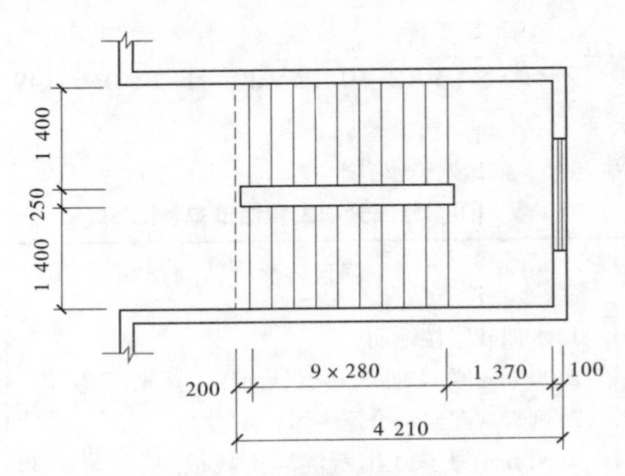

图 2-61　楼梯平面示意图

表 2-80　分部分项工程量清单（十八）

序号	项目编码	项目名称	计量单位	工程数量
1	011106001001	1. 花岗岩楼梯面层 2. 20 mm 厚芝麻白磨光花岗岩（600 mm × 600 mm 铺面 3. 撒素水泥面（洒适量水） 4. 30 mm 厚 1∶4干硬性水泥砂浆结合层 5. 刷素水泥浆一遍	m²	12.47

【例 2-19】　如图 2-62 所示为台阶贴花岗岩面层，其工程做法为：30 mm 厚芝麻白机刨花岗岩（600 mm × 600 mm）铺面，稀水泥浆擦缝；撒素水泥面（洒适量水）；30 mm 厚 1∶4 干硬性水泥砂浆结合层，向外坡 1%；刷素水泥浆结合层一道；60 mm 厚 C15 混凝土；150 mm 厚 3∶7灰土垫层；素土夯实。

试编制花岗岩台阶工程量清单。

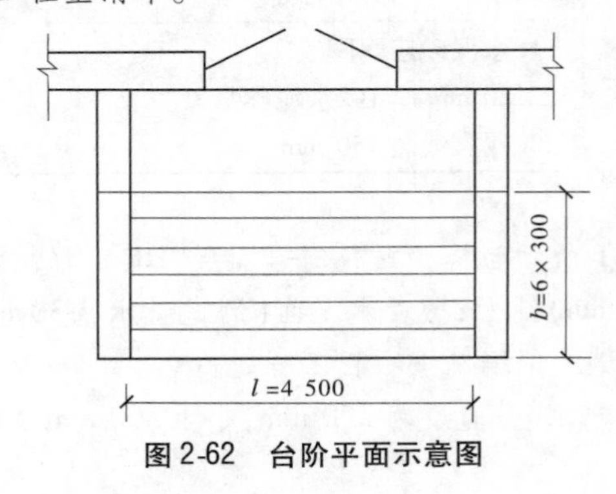

图 2-62　台阶平面示意图

解：(1) 计算工程量。

$$S = 4.5 \times (0.3 \times 6 + 0.3) = 9.45(\text{m}^2)$$

(2) 编制工程量清单。分部分项工程量清单（十九）见表 2-81。

表2-81 分部分项工程量清单(十九)

序号	项目编码	项目名称	计量单位	工程数量
1	020108001001	1. 花岗岩台阶 2. 30 mm厚芝麻白机刨花岗岩铺面,稀水泥擦缝 3. 撒素水泥面(洒适量水) 4. 30 mm厚1∶4干硬性水泥砂浆结合层,向外坡1% 5. 刷素水泥浆结合层一道 6. 60 mm厚C15混凝土 7. 150 mm厚3∶7灰土垫层	m^2	9.45

【自测及相关实训】

(1)图2-63所示为某水泥砂浆平面台阶面图,素土夯实;150 mm厚3∶7灰土;60 mm厚C20细石混凝土,随打随磨。①求水泥砂浆台阶清单工程量;②编制该水泥砂浆台阶工程量清单。

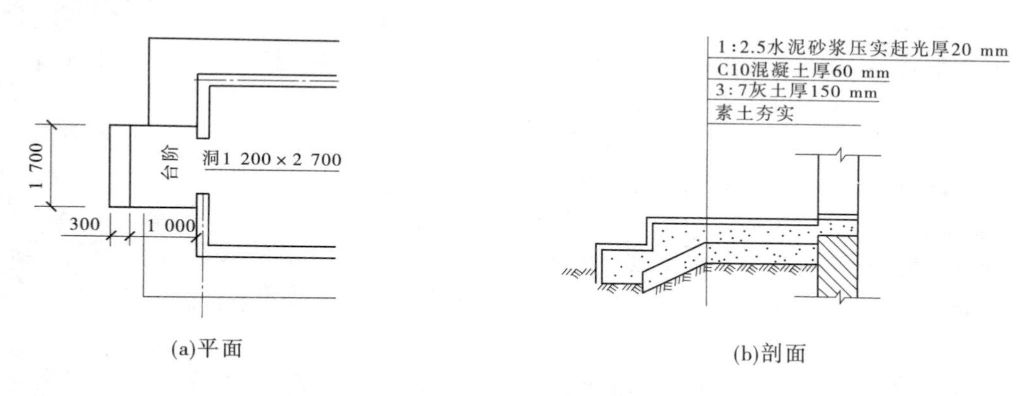

图2-63 台阶平面示意图

(2)图2-64所示为某工程楼面建筑平面图,设计楼面做法为:20 mm厚1∶3水泥砂浆

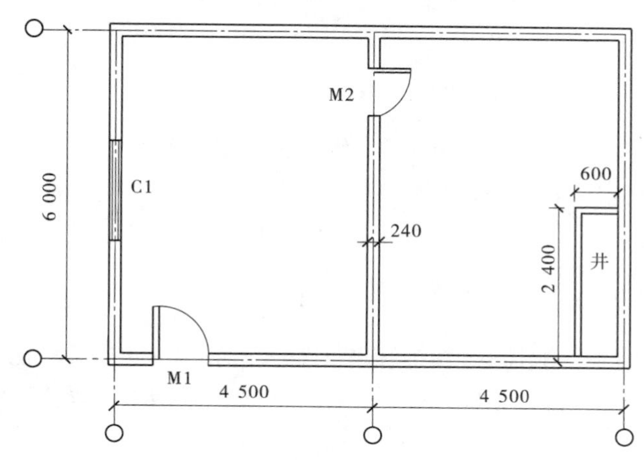

图2-64 水泥砂浆楼地面示意图

找平层;1∶2水泥细砂浆贴地面砖 600 mm×600 mm。①求块料楼地面清单工程量;②编制该楼地面工程量清单。

任务2.9　墙、柱面工程工程量清单编制

【任务介绍】　多层框架结构办公楼墙、柱面工程工程量清单编制。

阅读施工图纸和《房屋建筑与装饰工程工程量计算规范》(GB 50854—2013)及《建设工程工程量清单计价规范》(GB 50500—2013),按照任务要求完成本工程墙、柱面工程的分部分项工程量清单的编制。

【任务解析】

1. 阅读施工图纸和《房屋建筑与装饰工程工程量计算规范》(GB 50854—2013),选择本工程墙、柱面工程应列的清单项目。

2. 根据工程设计的具体情况,在工程量清单表中书写清单项目名称、项目编码、项目特征和计量单位。

3. 理解墙、柱面工程清单项目的工程量计算规则,阅读图纸,获取工程量计算数据信息,列式计算相应清单项目的工程量。

4. 检验清单项目工程量计算过程的准确性,避免计算性错误。

5. 汇总数据,填入工程量清单表中相应位置。

【知识目标】

理解《房屋建筑与装饰工程工程量计算规范》(GB 50854—2013)中墙、柱面工程的有关说明和工程量计算规则,掌握墙、柱面工程工程量清单的编制步骤和方法。

【能力目标】

依据《房屋建筑与装饰工程工程量计算规范》(GB 50854—2013)中墙、柱面工程的要求和某办公楼土建施工图纸,正确列出本工程墙、柱面工程量清单项目,描述项目特征及计算相应工程量。

【相关知识】

2.9.1　墙、柱面工程清单规范说明

(1)隔墙:非承重墙的内墙,称为隔墙。作用是分隔房间。

(2)隔断:分隔室内空间的装修构件。

(3)幕墙:是墙体的一种装饰形式或方式,外墙面较多,如图 2-65 所示。

2.9.2　墙、柱面工程清单项目及计量规则

墙、柱面工程适用于一般抹灰、装饰抹灰工程。包括墙面抹灰、柱面抹灰、零星抹灰、墙面镶贴块料、柱面镶贴块料、零星镶贴块料、墙饰面、柱(梁)饰面、隔断、幕墙等工程项目。

图 2-65　玻璃幕墙

2.9.2.1　墙面抹灰

墙面抹灰包括墙面一般抹灰、墙面装饰抹灰、墙面勾缝、立面砂浆找平层 4 个清单项目。

墙面一般抹灰包括石灰砂浆、水泥混合砂浆、水泥砂浆、聚合物水泥砂浆、膨胀珍珠岩水泥砂浆和麻刀灰、纸筋石灰、石膏灰等。

墙面装饰抹灰包括水刷石、水磨石、斩假石（剁斧石）、干粘石、假面砖、拉条灰、拉毛灰、甩毛灰、喷毛灰、喷涂、滚涂、弹涂等。

墙面勾缝包括原浆勾缝（利用砌筑砌体的砂浆勾缝）和加浆勾缝（另用水泥砂浆勾缝）。

墙面抹灰工程量清单项目设置及工程量计算规则，应按表 2-82 的规定执行。

表 2-82　墙面抹灰（编码:011201）

项目编码	项目名称	项目特征	计量单位	工程量计算规则	工程内容
011201001	墙面一般抹灰	1. 墙体类型 2. 底层厚度、砂浆配合比 3. 面层厚度、砂浆配合比 4. 装饰面材料种类 5. 分格缝宽度、材料种类	m^2	按设计图示尺寸以面积计算。扣除墙裙、门窗洞口及单个 > 0.3 m^2 以外的孔洞面积，不扣除踢脚线、挂镜线和墙与构件交接处的面积，门窗洞口和孔洞的侧壁及顶面不增加面积。附墙柱、梁、垛、烟囱侧壁并入相应的墙面面积内 1. 外墙抹灰面积按外墙垂直投影面积计算 2. 外墙裙抹灰面积按其长度乘以高度计算	1. 基层清理 2. 砂浆制作、运输 3. 底层抹灰 4. 抹面层 5. 抹装饰面 6. 勾分格缝
011201002	墙面装饰抹灰				

续表 2-82

项目编码	项目名称	项目特征	计量单位	工程量计算规则	工程内容
011201003	墙面勾缝	1. 勾缝类型 2. 勾缝材料种类	m^2	3. 内墙抹灰面积按主墙间的净长乘以高度计算 (1)无墙裙的,高度按室内楼地面至天棚底面计算 (2)有墙裙的,高度按墙裙顶至天棚底面计算 (3)有吊顶天棚抹灰,高度算至天棚底 4. 内墙裙抹灰面按内墙净长乘以高度计算	1. 基层清理 2. 砂浆制作、运输 3. 勾缝
011201004	立面砂浆找平层				1. 基层清理 2. 砂浆制作、运输 3. 抹灰找平

注:1. 外墙抹灰面积按外墙垂直投影面积计算。外墙抹灰高度:有挑檐天沟,由室外设计地坪算至挑檐下皮;无挑檐天沟,由室外设计地坪算至压顶板下皮;坡顶屋面带檐口天棚者,由室外设计地坪算至檐口天棚下皮。

2. 立面砂浆找平项目适用于仅做找平层的立面抹灰。

2.9.2.2 柱(梁)面抹灰

柱(梁)面抹灰包括柱、梁面一般抹灰,柱、梁面装饰抹灰,柱、梁面砂浆找平,柱面勾缝4个清单项目。

柱(梁)面抹灰工程量清单项目设置及工程量计算规则,应按表2-83的规定执行。

表 2-83 柱(梁)面抹灰(编码:011202)

项目编码	项目名称	项目特征	计量单位	工程量计算规则	工程内容
011202001	柱、梁面一般抹灰	1. 柱(梁)体类型 2. 底层厚度、砂浆配合比 3. 面层厚度、砂浆配合比 4. 装饰面材料种类 5. 分格缝宽度、材料种类	m^2	1. 柱面抹灰:按设计图示柱断面周长乘高度以面积计算 2. 梁面抹灰:按设计图示梁断面周长乘长度以面积计算	1. 基层清理 2. 砂浆制作、运输 3. 底层抹灰 4. 抹面层 5. 勾分格缝
011202002	柱、梁面装饰抹灰				
011202003	柱、梁面砂浆找平	1. 柱(梁)体类型 2. 找平砂浆厚度、配合比			1. 基层清理 2. 砂浆制作、运输 3. 抹灰找平
011202004	柱面勾缝	1. 勾缝类型 2. 勾缝材料种类		按设计图示柱断面周长乘高度以面积计算	1. 基层清理 2. 砂浆制作、运输 3. 勾缝

2.9.2.3　零星抹灰

零星项目抹灰包括零星项目一般抹灰、零星项目装饰抹灰和零星项目砂浆找平3个项目。

零星抹灰工程量清单项目设置及工程量计算规则，应按表2-84的规定执行。

表2-84　零星抹灰（编码：011203）

项目编码	项目名称	项目特征	计量单位	工程量计算规则	工程内容
011203001	零星项目一般抹灰	1. 基层类型、部位 2. 底层厚度、砂浆配合比 3. 面层厚度、砂浆配合比 4. 装饰面材料种类 5. 分格缝宽度、材料种类	m^2	按设计图示尺寸以面积计算	1. 基层清理 2. 砂浆制作、运输 3. 底层抹灰 4. 抹面层 5. 抹装饰面 6. 勾分格缝
011203002	零星项目装饰抹灰				
011203003	零星项目砂浆找平	1. 基层类型、部位 2. 找平的砂浆厚度、配合比			1. 基层清理 2. 砂浆制作、运输 3. 抹灰找平

2.9.2.4　墙面块料面层

墙面镶贴块料包括石材墙面、拼碎石材墙面、块料墙面和干挂石材钢骨架4个清单项目。

墙面镶贴块料工程量清单项目设置及工程量计算规则，应按表2-85的规定执行。

表2-85　墙面块料面层（编码：011204）

项目编码	项目名称	项目特征	计量单位	工程量计算规则	工程内容
011204001	石材墙面	1. 墙体类型 2. 安装方式 3. 面层材料品种、规格、颜色 4. 缝宽、嵌缝材料种类 5. 防护材料种类 6. 磨光、酸洗、打蜡要求	m^2	按镶贴表面积计算	1. 基层清理 2. 砂浆制作、运输 3. 黏结层铺贴 4. 面层安装 5. 嵌缝 6. 刷防护材料 7. 磨光、酸洗、打蜡
011204002	拼碎石材墙面				
011204003	块料墙面				
011204004	干挂石材钢骨架	1. 骨架种类、规格 2. 防锈漆品种遍数	t	按设计图示以质量计算	1. 骨架制作、运输、安装 2. 刷漆

注：1. 挂贴方式是指对大规格的石材（大理石、花岗石、青石等）使用先挂后灌浆的方式固定在墙、柱面。
2. 干挂方式是指直接干挂法，是通过不锈钢膨胀螺栓、不锈钢挂件、不锈钢连接件、不锈钢钢针等，将外墙饰面板连接在外墙墙面。间接干挂法是指通过固定在墙、柱、梁上的龙骨，再通过各种挂件固定外墙饰面板。

2.9.2.5 柱(梁)面镶贴块料

柱面(梁面)镶贴块料包括石材柱面、块料柱面、拼碎块柱面、石材梁面、块料梁面 5 个清单项目。

柱(梁)面镶贴块料工程量清单项目设置及工程量计算规则,应按表 2-86 的规定执行。

表 2-86　柱(梁)面镶贴块料(编码:011205)

项目编码	项目名称	项目特征	计量单位	工程量计算规则	工程内容
011205001	石材柱面	1. 柱截面类型、尺寸 2. 安装方式 3. 面层材料品种、规格、颜色 4. 缝宽、嵌缝材料种类 5. 防护材料种类 6. 磨光、酸洗、打蜡要求	m^2	按镶贴表面积计算	1. 基层清理 2. 砂浆制作、运输 3. 黏结层铺贴 4. 面层安装 5. 嵌缝 6. 刷防护材料 7. 磨光、酸洗、打蜡
011205002	块料柱面				
011205003	拼碎块柱面				
011205004	石材梁面	1. 安装方式 2. 面层材料品种、规格、颜色 3. 缝宽、嵌缝材料种类 4. 防护材料种类 5. 磨光、酸洗、打蜡要求			
011205005	块料梁面				

2.9.2.6 镶贴零星块料

镶贴零星块料包括石材零星项目、块料零星项目、拼碎块零星项目 3 个清单项目。

镶贴零星块料工程量清单项目设置及工程量计算规则,应按表 2-87 的规定执行。

表 2-87　镶贴零星块料(编码:011206)

项目编码	项目名称	项目特征	计量单位	工程量计算规则	工程内容
011206001	石材零星项目	1. 基层类型、部位 2. 安装方式 3. 面层材料品种、规格、颜色 4. 缝宽、嵌缝材料种类 5. 防护材料种类 6. 磨光、酸洗、打蜡要求	m^2	按镶贴表面积计算	1. 基层清理 2. 砂浆制作、运输 3. 面层安装 4. 嵌缝 5. 刷防护材料 6. 磨光、酸洗、打蜡
011206002	块料零星项目				
011206003	拼碎块零星项目				

2.9.2.7 墙饰面

墙饰面包括墙面装饰板、墙面装饰浮雕 2 个清单项目。墙饰面适用于金属饰面板、塑料饰面板、木质饰面板、软包带衬板饰面等装饰板墙面。

墙饰面工程量清单项目设置及工程量计算规则,应按表 2-88 的规定执行。

表2-88 墙饰面(编码:011207)

项目编码	项目名称	项目特征	计量单位	工程量计算规则	工程内容
011207001	墙面装饰板	1. 龙骨材料种类、规格、中距 2. 隔离层材料种类、规格 3. 基层材料种类、规格 4. 面层材料品种、规格、品牌、颜色 5. 压条材料种类、规格	m^2	按设计图示墙净长乘以净高以面积计算。扣除门窗洞口及单个大于0.3 m^2 的孔洞所占面积	1. 基层清理 2. 龙骨制作、运输、安装 3. 钉隔离层 4. 基层铺钉 5. 面层铺贴
011207002	墙面装饰浮雕	1. 基层类型 2. 浮雕材料种类 3. 浮雕样式	m^2	按设计图示尺寸以面积计算	1. 基层清理 2. 材料制作、运输 3. 安装成型

2.9.2.8 柱(梁)饰面

柱(梁)面装饰项目适用于除了石材、块料装饰柱(梁)面的装饰项目。包括柱(梁)面装饰、成品装饰柱2个清单项目。

柱(梁)饰面工程量清单项目设置及工程量计算规则,应按表2-89的规定执行。

表2-89 柱(梁)饰面(编码:011208)

项目编码	项目名称	项目特征	计量单位	工程量计算规则	工程内容
011208001	柱(梁)面装饰	1. 龙骨材料种类、规格、中距 2. 隔离层材料种类 3. 基层材料种类、规格 4. 面层材料品种、规格、颜色 5. 压条材料种类、规格	m^2	按设计图示饰面外围尺寸以面积计算。柱帽、柱墩并入相应柱饰面工程量内	1. 清理基层 2. 龙骨制作、运输、安装 3. 钉隔离层 4. 基层铺钉 5. 面层铺贴
011208002	成品装饰柱	1. 柱截面、高度尺寸 2. 柱材质	1. 根 2. m	1. 以根计量,按设计数量计算 2. 以米计量,按设计长度计算	柱运输、固定、安装

2.9.2.9 幕墙工程

幕墙包括带骨架幕墙和全玻(无框玻璃)幕墙2个清单项目。

幕墙工程量清单项目设置及工程量计算规则，应按表 2-90 的规定执行。

表 2-90　幕墙工程（编码：011209）

项目编码	项目名称	项目特征	计量单位	工程量计算规则	工程内容
011209001	带骨架幕墙	1. 骨架材料种类、规格、中距 2. 面层材料品种、规格、颜色 3. 面层固定方式 4. 隔离带、框边封闭材料品种、规格 5. 嵌缝、塞口材料种类	m^2	按设计图示框外围尺寸以面积计算。与幕墙同种材质的窗所占面积不扣除	1. 骨架制作、运输、安装 2. 面层安装 3. 隔离带、框边封闭 4. 嵌缝、塞口 5. 清洗
011209002	全玻（无框玻璃）幕墙	1. 玻璃品种、规格、颜色 2. 黏结塞口材料种类 3. 固定方式		按设计图示尺寸以面积计算，带肋全玻幕墙按展开面积计算	1. 幕墙安装 2. 嵌缝、塞口 3. 清洗

2.9.2.10　**隔断**

隔断包括木隔断、金属隔断、玻璃木隔断、塑料隔断、成品隔断、其他隔断 6 个清单项目。

隔断工程量清单项目设置及工程量计算规则，应按表 2-91 的规定执行。

表 2-91　隔断（编码：011210）

项目编码	项目名称	项目特征	计量单位	工程量计算规则	工程内容
011210001	木隔断	1. 骨架、边框材料种类、规格 2. 隔板材料品种、规格、颜色 3. 嵌缝、塞口材料品种 4. 压条材料种类	m^2	按设计图示框外围尺寸以面积计算。不扣除单个 ≤0.3 m^2 的孔洞所占面积；浴厕门的材质与隔断相同时，门的面积并入隔断面积内	1. 骨架及边框制作、运输、安装 2. 隔板制作、运输、安装 3. 嵌缝、塞口 4. 装钉压条
011210002	金属隔断	1. 骨架、边框材料种类、规格 2. 隔板材料品种、规格、颜色 3. 嵌缝、塞口材料品种			1. 骨架及边框制作、运输、安装 2. 隔板制作、运输、安装 3. 嵌缝、塞口

续表 2-91

项目编码	项目名称	项目特征	计量单位	工程量计算规则	工程内容
011210003	玻璃隔断	1. 边框材料种类、规格 2. 玻璃品种、规格、颜色 3. 嵌缝、塞口材料品种	m^2	按设计图示框外围尺寸以面积计算。不扣除单个≤0.3 m^2 的孔洞所占面积	1. 边框制作、运输、安装 2. 玻璃制作、运输、安装 3. 嵌缝、塞口
011210004	塑料隔断	1. 边框材料种类、规格 2. 隔板材料品种、规格、颜色 3. 嵌缝、塞口材料品种			1. 骨架及边框制作、运输、安装 2. 隔板制作、运输、安装 3. 嵌缝、塞口
011210005	成品隔断	1. 隔板材料品种、规格、颜色 2. 配件品种、规格	1. m^2 2. 间	1. 以平方米计量，按设计图示框外围尺寸以面积计算 2. 以间计量，按设计间的数量计算	1. 隔板运输、安装 2. 嵌缝、塞口
011210006	其他隔断	1. 骨架、边框材料种类、规格 2. 隔板材料品种、规格、颜色 3. 嵌缝、塞口材料品种	m^2	按设计图示框外围尺寸以面积计算。不扣除单个≤0.3 m^2 的孔洞所占面积	1. 骨架及边框安装 2. 隔板安装 3. 嵌缝、塞口

注：隔断上的门窗可包括在隔断项目报价内，也可单独编码列项，要在清单项目名称栏中进行描述。若门窗包括在隔断项目报价内，则门窗洞口面积不扣除。

【任务实施】

1. 实践准备

(1)阅读图纸，获取清单列项信息和工程量计算数据。

(2)阅读并理解清单项目的相应规定。

(3)了解柱、墙面装饰工程施工项目和施工工艺。

2. 任务实施

(1)根据图纸设计要求和清单项目工作内容及项目特征描述要求列出墙、柱面装饰工程清单项目，如表 2-92 所示。

(2)理解工程量计算规则，计算清单项目工程量，以首层办公室为例，如图 2-66 所示，详细计算过程如下。

表 2-92　墙、柱面装饰工程清单项目表

序号	项目编码	项目名称	项目特征	计量单位	工程量
1	011201001001	内墙面一般抹灰	1. 14 mm 1∶3水泥砂浆底 2. 6 mm 1∶2水泥砂浆抹平	m^2	
2	011204001002	外墙面石材墙面	25 mm 厚浅米黄色光面花岗岩	m^2	
3	011204004003	干挂石材钢骨架	钢骨架	t	

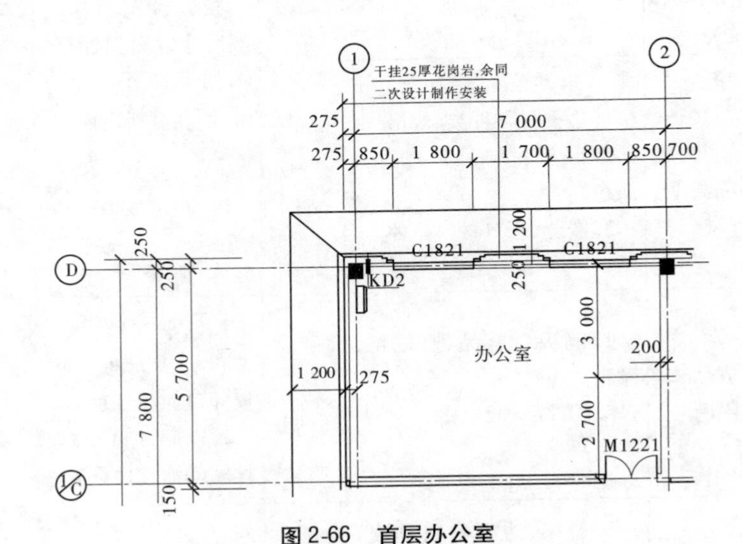

图 2-66　首层办公室

①内墙面一般抹灰:按主墙间的净长乘以高度计算,门窗侧壁不增加。

$$A = [(7-0.025-0.175)\times2+(5.7-0.2)\times2]\times(3.8-0.12)-1.8\times2.1\times2-1.2\times2.1=80.45(m^2)$$

②外墙面石材墙面:按镶贴实际面积计算,增加窗侧边。

$$A=[(7+0.175)+(5.7+0.2)]\times3.8-1.8\times2.1\times2+(1.8+2.1)\times2\times0.08=42.75(m^2)$$

③干挂石材钢骨架:由于缺少二次设计资料,钢骨架的工程量只能暂时预估。

$$质量=42.75\times0.018=0.770(t)$$

【典型小案例】

【例 2-20】　如图 2-60 所示为建筑平面图,窗洞口尺寸均为 1 500 mm×1 800 mm,门洞口尺寸为 1 200 mm×2 400 mm,室内地面至天棚底面净高为 3.2 m,内墙采用水泥砂浆抹灰(无墙裙),具体工程做法为:喷乳胶漆二遍;5 mm 厚 1∶0.3∶2.5 水泥石膏砂浆抹面压实抹光;13 mm 厚 1∶1∶6水泥石膏砂浆打底扫毛;砖墙。试编制内墙面抹灰工程工程量清单。

解:(1)计算内墙抹灰工程量。

$$S=(9-0.24+6-0.24)\times2\times3.2-1.5\times1.8\times5-1.2\times2.4=76.55(m^2)$$

(2)编制工程量清单。分部分项工程量清单(二十)见表 2-93。

表2-93　分部分项工程量清单(二十)

序号	项目编码	项目名称	计量单位	工程数量
1	011201001001	1. 墙面一般抹灰(内墙) 2. 喷乳胶漆二遍 3. 5 mm厚1∶0.3∶2.5水泥石膏砂浆抹面压实抹光 4. 13 mm厚1∶1∶6水泥石膏砂浆打底扫毛	m^2	76.55

【自测及相关实训】

(1)某变电室,外墙尺寸如图2-67所示,门窗洞口为:M = 1 500 mm×2 000 mm,C1 = 1 500 mm×1 500 mm,C2 = 1 200 mm×800 mm,门窗侧边取80 mm,外墙用1∶2水泥砂浆粘贴规格194 mm×94 mm瓷质外墙砖,灰缝5 mm。①求外墙砖清单工程量;②编制该外墙砖工程量清单。

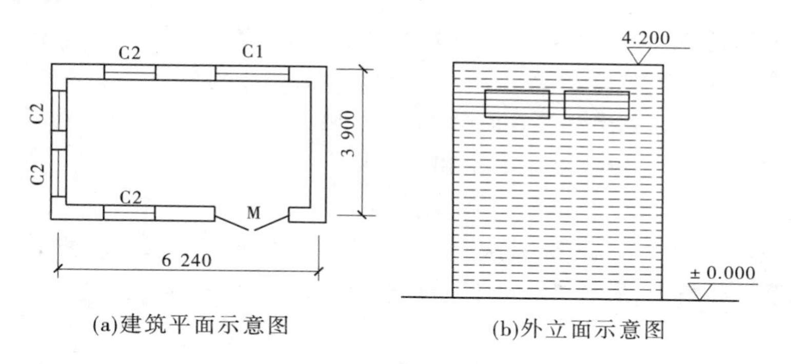

(a)建筑平面示意图　(b)外立面示意图

图2-67　某变电室

(2)住宅楼一层住户平面如图2-68所示。地面做法:300厚的3∶7灰土垫层,60厚的C15细石混凝土找平层,20厚1∶3水泥砂浆面层。试编制整体面层工程量清单。

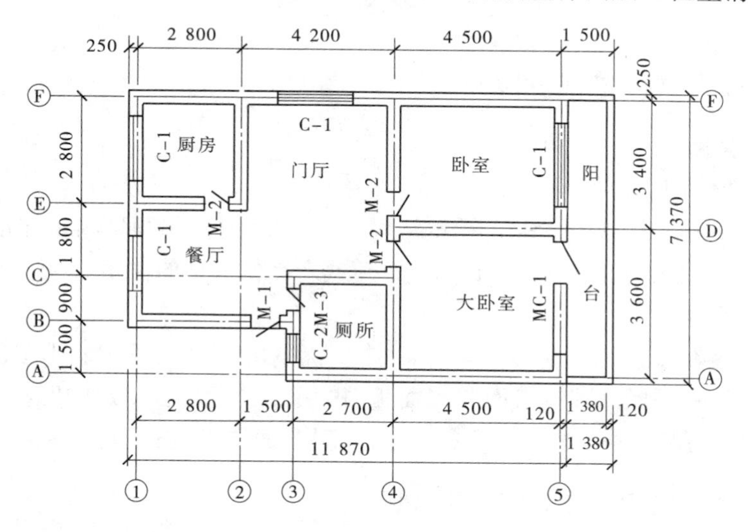

图2-68　某住宅一层平面图

任务2.10　天棚工程工程量清单编制

【任务介绍】　多层框架结构办公楼天棚工程工程量清单编制。

阅读施工图纸和《房屋建筑与装饰工程工程量计算规范》(GB 50854—2013)及《建设工程工程量清单计价规范》(GB 50500—2013),按照任务要求完成配套图纸中天棚工程的分部分项工程量清单的编制。

【任务解析】

1.阅读施工图纸和《房屋建筑与装饰工程工程量计算规范》(GB 50854—2013),选择配套图纸中天棚工程应列的清单项目。

2.根据工程设计的具体情况,在工程量清单表中书写清单项目名称、项目编码、项目特征和计量单位。

3.理解天棚工程清单项目的工程量计算规则,阅读图纸,获取工程量计算数据信息,列式计算相应清单项目的工程量。

4.检验清单项目工程量计算过程的准确性,避免计算性错误。

5.汇总数据,填入工程量清单表中相应位置。

【知识目标】

理解《房屋建筑与装饰工程工程量计算规范》(GB 50854—2013)中天棚工程的有关说明和工程量计算规则,掌握天棚工程工程量清单的编制步骤和方法。

【能力目标】

依据《房屋建筑与装饰工程工程量计算规范》(GB 50854—2013)天棚工程的要求和某办公楼土建施工图纸,正确列出本工程天棚工程量清单项目、描述项目特征及计算相应工程量。

【相关知识】

2.10.1　天棚工程清单规范说明

2.10.1.1　相关概念

(1)天棚:室内空间的顶界面。

(2)吊顶:悬挂于楼板或者屋盖承重结构下表面的顶棚,吊顶即为吊在顶面上的另一个顶面,一般采用扣板或石膏板,起到遮挡管道或者制作造型的作用。

2.10.1.2　天棚类型

(1)直接式:在楼板地面直接进行喷浆、抹灰、粘贴面砖等饰面材料形成的顶棚。

(2)悬挂式:在顶棚的装饰表面与屋面板、楼板等之间留有一定的距离,利用这部分空间布置各种管道和设备。悬挂式顶棚一般由基层、面层、吊筋三大基本部分组成。

2.10.2　天棚工程清单项目及计量规则

天棚工程适用于天棚装饰工程。天棚工程主要包括天棚抹灰、天棚吊顶、采光天棚、天棚其他装饰等项目。

2.10.2.1 天棚抹灰

天棚抹灰适用于在各种基层(混凝土现浇板、预制板、木板条等)上的抹灰工程,包括天棚抹灰1个清单项目。

天棚抹灰工程量清单项目设置及工程量计算规则,应按表2-94的规定执行。

表2-94 天棚抹灰(编码:011301)

项目编码	项目名称	项目特征	计量单位	工程量计算规则	工程内容
011301001	天棚抹灰	1. 基层类型 2. 抹灰厚度、材料种类 3. 砂浆配合比	m^2	按设计图示尺寸以水平投影面积计算。不扣除间壁墙、垛、柱、附墙烟囱、检查口和管道所占的面积,带梁天棚的梁两侧抹灰面积并入天棚面积内,板式楼梯底面抹灰按斜面积计算,锯齿形楼梯底板抹灰按展开面积计算	1. 基层清理 2. 底层抹灰 3. 抹面层

2.10.2.2 天棚吊顶

天棚吊顶项目包括吊顶天棚、格栅吊顶、吊筒吊顶、藤条造型悬挂吊顶、织物软雕吊顶、装饰网架吊顶。

天棚吊顶工程量清单项目设置及工程量计算规则,应按表2-95的规定执行。

表2-95 天棚吊顶(编码:011302)

项目编码	项目名称	项目特征	计量单位	工程量计算规则	工程内容
011302001	吊顶天棚	1. 吊顶形式、吊杆规格、高度 2. 龙骨材料种类、规格、中距 3. 基层材料种类、规格 4. 面层材料品种、规格、颜色 5. 压条材料种类、规格 6. 嵌缝材料种类 7. 防护材料种类	m^2	按设计图示尺寸以水平投影面积计算。天棚面中的灯槽及跌级、锯齿形、吊挂式、藻井式天棚面积不展开计算。不扣除间壁墙、检查口、附墙烟囱、柱垛和管道所占面积,扣除单个 $>0.3\ m^2$ 的孔洞、独立柱及与天棚相连的窗帘盒所占的面积	1. 基层清理、吊杆安装 2. 龙骨安装 3. 基层板铺贴 4. 面层铺贴 5. 嵌缝 6. 刷防护材料

续表 2-95

项目编码	项目名称	项目特征	计量单位	工程量计算规则	工程内容
011302002	格栅吊顶	1. 龙骨材料种类、规格、中距 2. 基层材料种类、规格 3. 面层材料品种、规格 4. 防护材料种类	m²	按设计图示尺寸以水平投影面积计算	1. 基层清理 2. 安装龙骨 3. 基层板铺贴 4. 面层铺贴 5. 刷防护材料
011302003	吊筒吊顶	1. 吊筒形状、规格 2. 吊筒材料种类 3. 防护材料种类			1. 基层清理 2. 吊筒制作安装 3. 刷防护材料
011302004	藤条造型悬挂吊顶	1. 骨架材料种类、规格 2. 面层材料品种、规格			1. 基层清理 2. 龙骨安装 3. 铺贴面层
011302005	织物软雕吊顶				
011302006	装饰网架吊顶	网架材料品种、规格			1. 基层清理 2. 网架制作安装

天棚吊顶形式是指平面、跌级、锯齿形、阶梯形、吊挂式、藻井式以及矩形、弧形、拱形等形式，如图 2-69 所示，应在清单项目中进行描述。

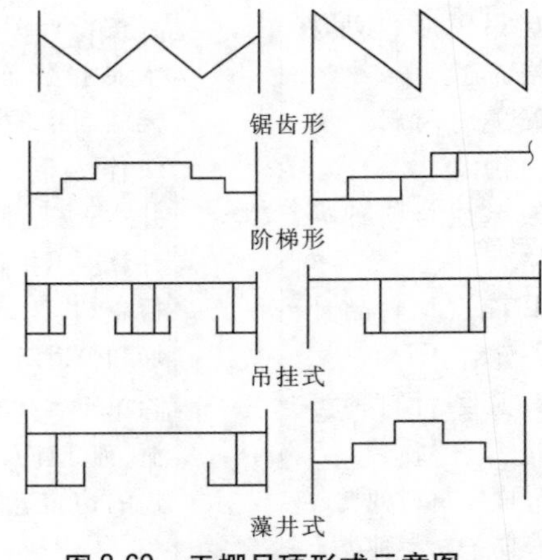

图 2-69　天棚吊顶形式示意图

(1)平面:是指吊顶面层在同一平面上的天棚。

(2)跌级:是指形状比较简单,不带灯槽、一个空间只有一个“凸”或“凹”形状的天棚。

(3)基层材料:是指底板或面层背后的加强材料。

面层材料的品种是指石膏板(包括装饰石膏板、纸面石膏板、吸声穿孔石膏板、嵌装式装饰石膏板等)、埃特板、装饰吸声罩面板(包括矿棉装饰吸声板、贴塑矿(岩)棉吸声板、膨胀珍珠岩石装饰吸声板、玻璃棉装饰吸声板等)、塑料装饰罩面板(钙塑泡沫装饰吸声板、聚苯乙烯泡沫塑料装饰吸声板(聚氯乙烯塑料天花板等)、纤维水泥加压板(包括穿孔吸声石棉水泥板、轻质硅酸钙吊顶板等)、金属装饰板(包括铝合金罩面板、金属微孔吸声板、铝合金单体构件等)、木质饰板(胶合板、薄板、板条、水泥木丝板、刨花板等)、玻璃饰面(包括镜面玻璃、镭射玻璃等)。

注意:在同一个工程中如果龙骨材料种类、规格、中距有所不同,或者虽然龙骨材料种类、规格、中距相同,但基层或面层材料的品种、规格、品牌不同,都应分别编码列项。

天棚的检查孔,天棚内的检修走道、灯槽等应包括在报价内。

采光天棚和天棚设置保温、隔热、吸声层时,按工程量清单相关项目编码列项。

2.10.2.3　采光天棚

采光天棚项目包括采光天棚1个项目。

天棚吊顶工程量清单项目设置及工程量计算规则,应按表2-96的规定执行。

表2-96　采光天棚(编码:011303)

项目编码	项目名称	项目特征	计量单位	工程量计算规则	工程内容
011303001	采光天棚	1. 骨架类型 2. 固定类型、固定材料品种、规格 3. 面层材料品种、规格 4. 嵌缝、塞口材料种类	m^2	按框外围展开面积计算	1. 清理基层 2. 面层制作、安装 3. 嵌缝、塞口 4. 清洗

2.10.2.4　天棚其他装饰

天棚其他装饰项目包括灯带(槽),送风口、回风口2个清单项目。

天棚其他装饰工程量清单项目设置及工程量计算规则,应按表2-97的规定执行。

表 2-97　天棚其他装饰(编码:011304)

项目编码	项目名称	项目特征	计量单位	工程量计算规则	工程内容
020303001	灯带	1. 灯带型式、尺寸 2. 格栅片材料品种、规格、品牌、颜色 3. 安装固定方式	m^2	按设计图示尺寸以框外围面积计算	安装、固定
020303002	送风口、回风口	1. 风口材料品种、规格、品牌、颜色 2. 安装固定方式 3. 防护材料种类	个	按设计图示数量计算	1. 安装、固定 2. 刷防护材料

【任务实施】

1. 实践准备

(1)阅读图纸,获取清单列项信息和工程量计算数据。

(2)阅读并理解清单项目的相应规定。

(3)了解天棚工程施工项目和施工工艺。

2. 任务实施

(1)根据图纸设计要求和清单项目工作内容及项目特征描述要求列出天棚工程清单项目,如表 2-98 所示。

表 2-98　天棚工程清单项目表

序号	项目编码	项目名称	项目特征	计量单位	工程量
1	011301001001	天棚抹灰	素水泥浆一道,麻刀纸筋灰面	m^2	

(2)理解工程量计算规则,计算清单项目工程量,以首层办公室为例,如图 2-70 所示,详细计算过程如下。

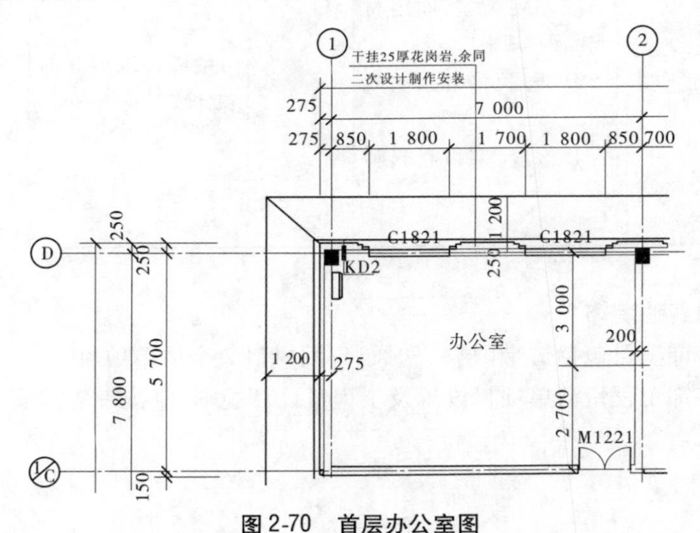

图 2-70　首层办公室图

按图示设计尺寸以水平投影面积计算：

$$A=(7-0.025-0.175)\times(5.7-0.2)-0.15\times0.25(柱)=37.36(m^2)$$

【典型小案例】

【例2-21】 如图2-60所示的建筑物平面示意图，设计采用纸面石膏板吊顶天棚，具体工程做法为：刮腻子喷乳胶漆二遍；纸面石膏板规格为1 200 mm × 800 mm ×6 mm；U形轻钢龙骨；钢筋吊杆；钢筋混凝土楼板。试编制纸面石膏板天棚工程量清单。

解：(1)计算天棚吊顶工程量。

$$S=(3\times3-0.12\times2)\times(3\times2-0.12\times2)-0.3\times0.3\times2=50.28(m^2)$$

(2)编制工程量清单。分部分项工程量清单(二十一)见表2-99。

表2-99　分部分项工程量清单(二十一)

序号	项目编码	项目名称	计量单位	工程数量
1	011302001001	1. 天棚吊顶 2. 刮腻子喷乳胶漆二遍 3. 纸面石膏1 200 mm×800 mm×6 mm 4. U形轻钢龙骨 5. 钢筋吊杆 6. 钢筋混凝土楼板	m^2	50.28

【自测及相关实训】

如图2-71所示，现浇板厚100 mm，顶棚抹灰的工程做法：6 mm厚的1∶2.5水泥砂浆抹面；8 mm厚的1∶3水泥砂浆打底；刷素水泥浆一道；现浇混凝土板。①求顶棚抹灰清单工程量；②编制该顶棚抹灰工程量清单。

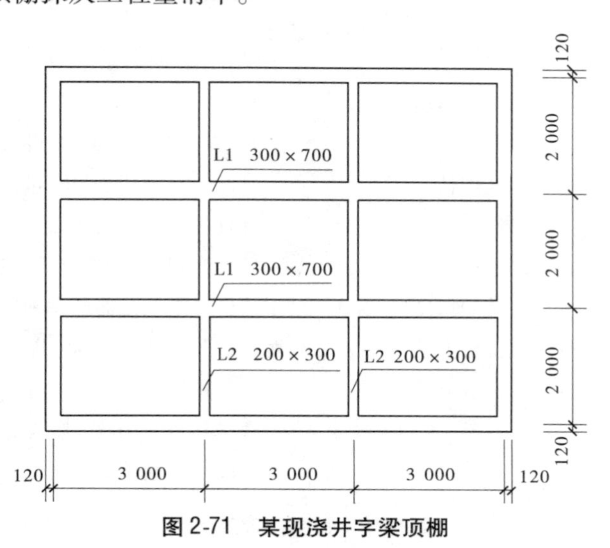

图2-71　某现浇井字梁顶棚

任务2.11 其他常见分部工程工程量清单编制

【任务介绍】 其他常见分部工程工程量清单的编制。

本部分的学习任务是依据《房屋建筑与装饰工程工程量计算规范》(GB 50854—2013)及《建设工程工程量清单计价规范》(GB 50500—2013)的规定,完成其他一些常见分部分项工程量清单的编制。

【知识目标】

1. 理解《房屋建筑与装饰工程工程量计算规范》(GB 50854—2013)中桩基工程的有关说明和工程量计算规则,掌握桩基工程工程量清单的编制步骤和方法。

2. 理解《房屋建筑与装饰工程工程量计算规范》(GB 50854—2013)中金属结构工程的有关说明和工程量计算规则,掌握金属结构工程工程量清单的编制步骤和方法。

3. 理解《房屋建筑与装饰工程工程量计算规范》(GB 50854—2013)中油漆、涂料、裱糊工程的有关说明和工程量计算规则,掌握油漆、涂料、裱糊工程工程量清单的编制步骤和方法。

【能力目标】

依据《房屋建筑与装饰工程工程量计算规范》(GB 50854—2013)的要求和工程图纸,正确列出相关工程量清单项目、描述项目特征及计算工程量。

【相关知识】

2.11.1 桩基工程

2.11.1.1 打桩

打桩工程工程量清单项目设置及工程量计算规则,应按表2-100的规定执行。

表2-100 打桩(编号:010301)

项目编码	项目名称	项目特征	计量单位	工程量计算规则	工程内容
010301001	预制钢筋混凝土方桩	1. 地层情况 2. 送桩深度、桩长 3. 桩截面 4. 桩倾斜度 5. 沉桩方法 6. 接桩方式 7. 混凝土强度等级	1. m 2. m^3 3. 根	1. 以米计量,按设计图示尺寸以桩长(包括桩尖)计算 2. 以立方米计量,按设计图示截面面积乘以桩长(包括桩尖)以实体积计算 3. 以根计量,按设计图示数量计算	1. 工作平台搭拆 2. 桩机竖拆、移位 3. 沉桩 4. 接桩 5. 送桩

续表 2-100

项目编码	项目名称	项目特征	计量单位	工程量计算规则	工程内容
010301002	预制钢筋混凝土管桩	1. 地层情况 2. 送桩深度、桩长 3. 桩外径、壁厚 4. 桩倾斜度 5. 沉桩方法 6. 桩尖类型 7. 混凝土强度等级 8. 填充材料种类 9. 防护材料种类	1. m 2. m^3 3. 根	1. 以米计量,按设计图示尺寸以桩长(包括桩尖)计算 2. 以立方米计量,按设计图示截面面积乘以桩长(包括桩尖)以实体积计算 3. 以根计量,按设计图示数量计算	1. 工作平台搭拆 2. 桩机竖拆、移位 3. 沉桩 4. 接桩 5. 送桩 6. 桩尖制作安装 7. 填充材料、刷防护材料
010301003	钢管桩	1. 地层情况 2. 送桩深度、桩长 3. 材质 4. 管径、壁厚 5. 桩倾斜度 6. 沉桩方法 7. 填充材料种类 8. 防护材料种类	1. t 2. 根	1. 以吨计量,按设计图示尺寸以质量计算 2. 以根计量,按设计图示数量计算	1. 工作平台搭拆 2. 桩机竖拆、移位 3. 沉桩 4. 接桩 5. 送桩 6. 切割钢管、精割盖帽 7. 管内取土 8. 填充材料、刷防护材料
010301004	截(凿)桩头	1. 桩类型 2. 桩头截面、高度 3. 混凝土强度等级 4. 有无钢筋	1. m^3 2. 根	1. 以立方米计量,按设计桩截面面积乘以桩头长度以体积计算 2. 以根计量,按设计图示数量计算	1. 截桩头 2. 凿平 3. 废料外运

注:1. 地层情况按有关规定,并根据岩土工程勘察报告按单位工程各地层所占比例(包括范围值)进行描述。对无法准确描述的地层情况,可注明由投标人根据岩土工程勘察报告自行决定报价。
2. 项目特征中的桩截面、混凝土强度等级、桩类型等可直接用标准图代号或设计桩型进行描述。
3. 打桩项目包括成品桩购置费,如果用现场预制桩,应包括现场预制的所有费用。
4. 打试验桩和打斜桩应按相应项目编码单独列项,并应在项目特征中注明试验桩或斜桩(斜率)。

2.11.1.2　灌注桩

灌注桩工程工程量清单项目设置及工程量计算规则,应按表 2-101 的规定执行。

表 2-101　灌注桩(编号:010302)

项目编码	项目名称	项目特征	计量单位	工程量计算规则	工程内容
010302001	泥浆护壁成孔灌注桩	1. 地层情况 2. 空桩长度、桩长 3. 桩径 4. 成孔方法 5. 护筒类型、长度 6. 混凝土类别、强度等级	1. m 2. m^3 3. 根	1. 以米计量,按设计图示尺寸以桩长(包括桩尖)计算 2. 以立方米计量,按不同截面在桩上范围内以体积计算 3. 以根计量,按设计图示数量计算	1. 护筒埋设 2. 成孔、固壁 3. 混凝土制作、运输、灌注、养护 4. 土方、废泥浆外运 5. 打桩场地硬化及泥浆池、泥浆沟
010302002	沉管灌注桩	1. 地层情况 2. 空桩长度、桩长 3. 复打长度 4. 桩径 5. 沉管方法 6. 桩尖类型 7. 混凝土类别、强度等级			1. 打(沉)拔钢管 2. 桩尖制作安装 3. 混凝土制作、运输、灌注、养护
010302004	挖孔桩土(石)方	1. 土(石)类别 2. 挖孔深度 3. 弃土(石)运距	m^3	按设计图示尺寸截面面积乘以挖孔深度以立方米计算	1. 排地表水 2. 挖土、凿石 3. 基底钎探 4. 运输
010302005	人工挖孔灌注桩	1. 桩芯长度 2. 桩芯直径、扩底直径、扩底高度 3. 护壁厚度、高度 4. 护壁混凝土类别、强度等级 5. 桩芯混凝土类别、强度等级	1. m^3 2. 根	1. 以立方米计量,按桩芯混凝土体积计算 2. 以根计量,按设计图示数量计算	1. 护壁制作 2. 混凝土制作、运输、灌注、振捣、养护

注:1. 地层情况按有关规定,并根据岩土工程勘察报告按单位工程各地层所占比例(包括范围值)进行描述。对无法准确描述的地层情况,可注明由投标人根据岩土工程勘察报告自行决定报价。

2. 项目特征中的桩长应包括桩尖,空桩长度 = 孔深 - 桩长,孔深为自然地面至设计桩底的深度。

3. 项目特征中的桩截面(桩径)、混凝土强度等级、桩类型等可直接用标准图代号或设计桩型进行描述。

4. 泥浆护壁成孔灌注桩是指在泥浆护壁条件下成孔,采用水下灌注混凝土的桩。其成孔方法包括冲击钻成孔、冲抓锥成孔、回旋钻成孔、潜水钻成孔、泥浆护壁的旋挖成孔等。

5. 沉管灌注桩的沉管方法包括锤击沉管法、振动沉管法、振动冲击沉管法、内夯沉管法等。

6. 混凝土种类指清水混凝土、彩色混凝土、水下混凝土等,如在同一地区既使用预拌(商品)混凝土,又允许现场搅拌混凝土时,也应注明。

7. 混凝土灌注桩的钢筋笼制作、安装,按混凝土及钢筋混凝土工程中相关项目编码列项。

2.11.2　金属结构工程

2.11.2.1　钢网架

钢网架项目适用于一般钢网架和不锈钢网架。不论何种节点形式(球形节点、板式节点等)和节点连接方式(焊接、螺栓连接)均使用该项目。

钢网架工程量清单项目设置及工程量计算规则,应按表2-102的规定执行。

表2-102　钢网架(编码:010601)

项目编码	项目名称	项目特征	计量单位	工程量计算规则	工程内容
010601001	钢网架	1. 钢材品种、规格 2. 网架节点形式、连接方式 3. 网架跨度、安装高度 4. 探伤要求 5. 防火要求	t	按设计图示尺寸以质量计算。不扣除孔眼的质量,焊条、铆钉等不另增加质量	1. 制作 2. 安装 3. 探伤 4. 补刷油漆

2.11.2.2　钢屋架、钢托架、钢桁架、钢架桥

钢屋架、钢托架、钢桁架、钢架桥工程量清单项目设置及工程量计算规则,应按表2-103的规定执行。

表2-103　钢屋架、钢托架、钢桁架、钢架桥(编码:010602)

<table>
<tr><th>项目编码</th><th>项目名称</th><th>项目特征</th><th>计量单位</th><th>工程量计算规则</th><th>工程内容</th></tr>
<tr><td>010602001</td><td>钢屋架</td><td>1. 钢材品种、规格
2. 单榀质量
3. 屋架跨度、安装高度
4. 螺栓种类
5. 探伤要求
6. 防火要求</td><td>1. 榀
2. t</td><td>1. 以榀计量,按设计图示数量计算
2. 以吨计量,按设计图示尺寸以质量计算。不扣除孔眼的质量,焊条、铆钉、螺栓等不另增加质量</td><td rowspan="4">1. 拼装
2. 安装
3. 探伤
4. 补刷油漆</td></tr>
<tr><td>010602002</td><td>钢托架</td><td rowspan="2">1. 钢材品种、规格
2. 单榀质量
3. 安装高度
4. 螺栓种类
5. 探伤要求
6. 防火要求</td><td rowspan="3">t</td><td rowspan="3">按设计图示尺寸以质量计算。不扣除孔眼的质量,焊条、铆钉、螺栓等不另增加质量</td></tr>
<tr><td>010602003</td><td>钢桁架</td></tr>
<tr><td>010602004</td><td>钢桥架</td><td>1. 桥架类型
2. 钢材品种、规格
3. 单榀质量
4. 安装高度
5. 螺栓种类
6. 探伤要求</td></tr>
</table>

注:以榀计量,按标准图设计的应注明标准图代号,按非标准图设计的项目特征必须描述单榀屋架的质量。

2.11.2.3　钢柱

钢柱工程量清单项目设置及工程量计算规则，应按表2-104的规定执行。

表2-104　钢柱（编码：010603）

项目编码	项目名称	项目特征	计量单位	工程量计算规则	工程内容
010603001	实腹柱	1.柱类型 2.钢材品种、规格 3.单根柱质量 4.螺栓种类 5.探伤要求 6.防火要求	t	按设计图示尺寸以质量计算。不扣除孔眼的质量，焊条、铆钉、螺栓等不另增加质量，依附在钢柱上的牛腿及悬臂梁等并入钢柱工程量内	1.拼装 2.安装 3.探伤 4.补刷油漆
010603002	空腹柱				
010603003	钢管柱	1.钢材品种、规格 2.单根柱质量 3.螺栓种类 4.探伤要求 5.防火要求		按设计图示尺寸以质量计算。不扣除孔眼的质量，焊条、铆钉、螺栓等不另增加质量，钢管柱上的节点板、加强环、内衬管、牛腿等并入钢管柱工程量内	

注：1.实腹钢柱类型指十字形、T形、L形、H形等。
2.空腹钢柱类型指箱形、格构式等。
3.型钢混凝土柱浇筑钢筋混凝土，其混凝土和钢筋应按混凝土及钢筋混凝土工程中相关项目编码列项。

2.11.2.4　钢梁

钢梁项目适用于钢梁和实腹式型钢混凝土梁、空腹式型钢混凝土梁。钢吊车梁项目适用于钢吊车梁及吊车梁的制动梁、制动板、制动桁架。

钢梁工程量清单项目设置及工程量计算规则，应按表2-105的规定执行。

表2-105　钢梁（编码：010604）

项目编码	项目名称	项目特征	计量单位	工程量计算规则	工程内容
010604001	钢梁	1.梁类型 2.钢材品种、规格 3.单根质量 4.螺栓种类 5.安装高度 6.探伤要求 7.防火要求	t	按设计图示尺寸以质量计算。不扣除孔眼的质量，焊条、铆钉、螺栓等不另增加质量，制动梁、制动板、制动桁架、车挡并入钢吊车梁工程量内	1.拼装 2.安装 3.探伤 4.补刷油漆
010604002	钢吊车梁	1.钢材品种、规格 2.单根质量 3.螺栓种类 4.安装高度 5.探伤要求 6.防火要求			

注：1.梁类型指H形、L形、T形、箱形、格构式等。
2.型钢混凝土梁浇筑钢筋混凝土，其混凝土和钢筋应按混凝土及钢筋混凝土工程中相关项目编码列项。

2.11.2.5　钢板楼板、墙板

钢板楼板、墙板工程量清单项目设置及工程量计算规则,应按表2-106的规定执行。

表2-106　钢板楼板、墙板(编码:010605)

项目编码	项目名称	项目特征	计量单位	工程量计算规则	工程内容
010605001	钢板楼板	1. 钢材品种、规格 2. 钢板厚度 3. 螺栓种类 4. 防火要求	m^2	按设计图示尺寸以铺设水平投影面积计算 不扣除单个面积≤0.3 m^2 柱、垛及孔洞所占面积	1. 拼装 2. 安装 3. 探伤 4. 补刷油漆
010605002	钢板墙板	1. 钢材品种、规格 2. 钢板厚度、复合板厚度 3. 螺栓种类 4. 复合板夹芯材料种类、层数、型号、规格 5. 防火要求		按设计图示尺寸以铺挂展开面积计算 不扣除单个面积≤0.3 m^2 的梁、孔洞所占面积,包角、包边、窗台泛水等不另加面积	

注:1. 钢板楼板上浇筑钢筋混凝土,其混凝土和钢筋应按混凝土及钢筋混凝土工程中相关项目编码列项。
2. 压型钢楼板按钢楼板项目编码列项。

2.11.3　油漆、涂料、裱糊工程

2.11.3.1　门油漆

门油漆工程量清单项目设置及工程量计算规则,应按表2-107的规定执行。

表2-107　门油漆(编码:011401)

项目编码	项目名称	项目特征	计量单位	工程量计算规则	工程内容
011401001	木门油漆	1. 门类型 2. 门代号及洞口尺寸 3. 腻子种类 4. 刮腻子遍数 5. 防护材料种类 6. 油漆品种、刷漆遍数	1. 樘 2. m^2	1. 以樘计量,按设计图示数量计量 2. 以平方米计量,按设计图示洞口尺寸以面积计算	1. 基层清理 2. 刮腻子 3. 刷防护材料、油漆
011401002	金属门油漆				1. 除锈、基层清理 2. 刮腻子 3. 刷防护材料、油漆

注:1. 门类型应分为镶板门、木板门、胶合板门、装饰实木门、木纱门、木质防火门、连窗门、平开门、推拉门、单扇门、双扇门、带纱门、全玻门(带木扇框)、半玻门、半百叶门、全百叶门以及带亮子门、不带亮子门、有门框门、无门框门和单独门框门等油漆。
2. 腻子种类分石膏油腻子(熟桐油、石膏粉、适量水)、胶腻子(大白、色粉、羧甲基纤维素)、漆片腻子(漆片、酒精、石膏粉、适量色粉)、油腻子(矾石粉、桐油、脂肪酸、松香)等。
3. 刮腻子要求指刮腻子遍数(道数)、满刮腻子、找补腻子等。

2.11.3.2　**窗油漆**

窗油漆工程量清单项目设置及工程量计算规则,应按表2-108的规定执行。

表2-108　窗油漆(编码:011402)

项目编码	项目名称	项目特征	计量单位	工程量计算规则	工程内容
011402001	木窗油漆	1. 窗类型 2. 窗代号及洞口尺寸 3. 腻子种类 4. 刮腻子遍数 5. 防护材料种类 6. 油漆品种、刷漆遍数	1. 樘 2. m^2	1. 以樘计量,按设计图示数量计量 2. 以平方米计量,按设计图示洞口尺寸以面积计算	1. 基层清理 2. 刮腻子 3. 刷防护材料、油漆
011402002	金属窗油漆				1. 除锈、基层清理 2. 刮腻子 3. 刷防护材料、油漆

注:窗类型应分为平开窗、推拉窗、提拉窗、固定窗、空花窗、百叶窗以及单扇窗、双扇窗、多扇窗、单层窗、双层窗、带亮子窗、不带亮子窗等。

2.11.3.3　**木扶手及其他板条、线条油漆**

木扶手及其他板条、线条油漆工程量清单项目设置及工程量计算规则,应按表2-109的规定执行。

表2-109　木扶手及其他板条、线条油漆(编码:011403)

项目编码	项目名称	项目特征	计量单位	工程量计算规则	工程内容
011403001	木扶手油漆	1. 断面尺寸 2. 腻子种类 3. 刮腻子遍数 4. 防护材料种类 5. 油漆品种、刷漆遍数	m	按设计图示尺寸以长度计算	1. 基层清理 2. 刮腻子 3. 刷防护材料、油漆
011403002	窗帘盒油漆				
011403003	封檐板、顺水板油漆				
011403004	挂衣板、黑板框油漆				
011403005	挂镜线、窗帘棍、单独木线油漆				

注:1. 木扶手应区别带托板与不带托板,分别编码列项。
2. 楼梯木扶手工程量按中心线斜长计算,弯头长度应计算在扶手长度内。

2.11.3.4 木材面油漆

木材面油漆工程量清单项目设置及工程量计算规则,应按表2-110的规定执行。

表2-110 木材面油漆(编码:011404)

<table>
<tr><th>项目编码</th><th>项目名称</th><th>项目特征</th><th>计量单位</th><th>工程量计算规则</th><th>工程内容</th></tr>
<tr><td>011404001</td><td>木护墙、木墙裙油漆</td><td rowspan="14">1. 腻子种类
2. 刮腻子遍数
3. 防护材料种类
4. 油漆品种、刷漆遍数</td><td rowspan="15">m^2</td><td rowspan="7">按设计图示尺寸以面积计算</td><td rowspan="14">1. 基层清理
2. 刮腻子
3. 刷防护材料、油漆</td></tr>
<tr><td>011404002</td><td>窗台板、筒子板、盖板、门窗套、踢脚线油漆</td></tr>
<tr><td>011404003</td><td>清水板条天棚、檐口油漆</td></tr>
<tr><td>011404004</td><td>木方格吊顶天棚油漆</td></tr>
<tr><td>011404005</td><td>吸音板墙面、天棚面油漆</td></tr>
<tr><td>011404006</td><td>暖气罩油漆</td></tr>
<tr><td>011404007</td><td>其他木材面</td></tr>
<tr><td>011404008</td><td>木间壁、木隔断油漆</td><td rowspan="3">按设计图示尺寸以单面外围面积计算</td></tr>
<tr><td>011404009</td><td>玻璃间壁露明墙筋油漆</td></tr>
<tr><td>011404010</td><td>木栅栏、木栏杆(带扶手)油漆</td></tr>
<tr><td>011404011</td><td>衣柜、壁柜油漆</td><td rowspan="3">按设计图示尺寸以油漆部分展开面积计算</td></tr>
<tr><td>011404012</td><td>梁柱饰面油漆</td></tr>
<tr><td>011404013</td><td>零星木装修油漆</td></tr>
<tr><td>011404014</td><td>木地板油漆</td><td rowspan="2">按设计图示尺寸以面积计算。空洞、空圈、暖气包槽、壁龛的开口部分并入相应的工程量内</td></tr>
<tr><td>011404015</td><td>木地板烫硬蜡面</td><td>1. 硬蜡品种
2. 面层处理要求</td><td>1. 基层清理
2. 烫蜡</td></tr>
</table>

注:工程量以面积计算的油漆、涂料项目,线脚、线条、压条等不展开。

2.11.3.5 金属面油漆

金属面油漆工程量清单项目设置及工程量计算规则,应按表2-111的规定执行。

表 2-111 金属面油漆(编码:011405)

项目编码	项目名称	项目特征	计量单位	工程量计算规则	工程内容
011405001	金属面油漆	1. 构件名称 2. 腻子种类 3. 刮腻子要求 4. 防护材料种类 5. 油漆品种、刷漆遍数	1. t 2. m^2	1. 以吨计量,按设计图示尺寸以质量计算 2. 以平方米计量,按设计展开面积计算	1. 基层清理 2. 刮腻子 3. 刷防护材料、油漆

2.11.3.6 **抹灰面油漆**

抹灰面油漆工程量清单项目设置及工程量计算规则,应按表 2-112 的规定执行。

表 2-112 抹灰面油漆(编码:011406)

项目编码	项目名称	项目特征	计量单位	工程量计算规则	工程内容
011406001	抹灰面油漆	1. 基层类型 2. 腻子种类 3. 刮腻子遍数 4. 防护材料种类 5. 油漆品种、刷漆遍数 6. 部位	m^2	按设计图示尺寸以面积计算	1. 基层清理 2. 刮腻子 3. 刷防护材料、油漆
011406002	抹灰线条油漆	1. 线条宽度、道数 2. 腻子种类 3. 刮腻子遍数 4. 防护材料种类 5. 油漆品种、刷漆遍数	m	按设计图示尺寸以长度计算	
011406003	满刮腻子	1. 基层类型 2. 腻子种类 3. 刮腻子遍数	m^2	按设计图示尺寸以面积计算	1. 基层清理 2. 刮腻子

2.11.3.7 **喷涂涂料**

喷刷涂料工程量清单项目设置及工程量计算规则,应按表 2-113 的规定执行。

表2-113　喷刷涂料(编码:011407)

项目编码	项目名称	项目特征	计量单位	工程量计算规则	工程内容
011407001	墙面喷刷涂料	1.基层类型 2.喷刷涂料部位 3.腻子种类 4.刮腻子要求 5.涂料品种、刷喷遍数	m^2	按设计图示尺寸以面积计算	1.基层清理 2.刮腻子 3.刷、喷涂料
011407002	天棚喷刷涂料				
011407003	空花格、栏杆刷涂料	1.腻子种类 2.刮腻子遍数 3.涂料品种、刷喷遍数		按设计图示尺寸以单面外围面积计算	
011407004	线条刷涂料	1.基层清理 2.线条宽度 3.刮腻子遍数 4.刷防护材料、油漆	m	按设计图示尺寸以长度计算	
011407005	金属构件刷防火涂料	1.喷刷防火涂料构件名称 2.防火等级要求 3.涂料品种、刷喷遍数	1.m^2 2.t	1.以吨计量,按设计图示尺寸以质量计算 2.以平方米计量,按设计展开面积计算	1.基层清理 2.刷防护材料、油漆
011407006	木材构件喷刷防火涂料		m^2	以平方米计量,按设计图示尺寸以面积计算	1.基层清理 2.刷防火材料

注:喷刷墙面涂料部位要注明内墙或外墙。

2.11.3.8　裱糊

裱糊工程量清单项目设置及工程量计算规则,应按表2-114的规定执行。

表2-114　裱糊(编码:011408)

项目编码	项目名称	项目特征	计量单位	工程量计算规则	工程内容
011408001	墙纸裱糊	1.基层类型 2.裱糊部位 3.腻子种类 4.刮腻子遍数 5.黏结材料种类 6.防护材料种类 7.面层材料品种、规格、颜色	m^2	按设计图示尺寸以面积计算	1.基层清理 2.刮腻子 3.面层铺贴 4.刷防护材料
011408002	织锦缎裱糊				

【典型小案例】

【例 2-22】 某工程桩基础是钻孔灌注混凝土桩,如图 2-72 所示, C25 混凝土现场搅拌,一级土,土孔中混凝土充盈系数为 1.25,自然地面标高 -0.45 m,桩顶标高 -3.0 m,设计桩长 12.30 m,桩进入岩层 1 m,桩直径 600 mm,共计 100 根,泥浆外运 5 km,编制灌注柱工程量清单。

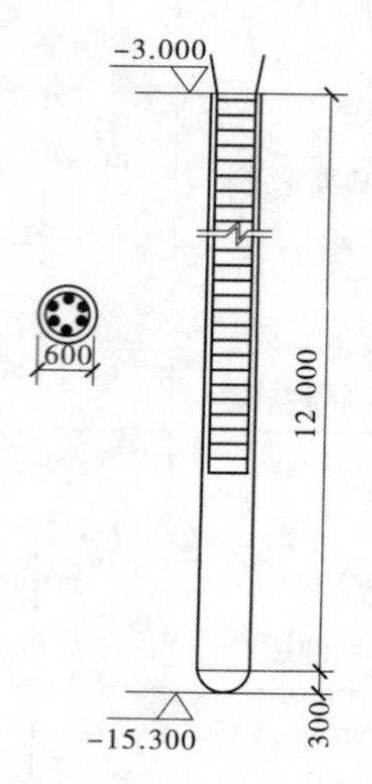

图 2-72 灌注桩剖面

解:(1)清单工程量计算。

设计桩长为 12.3 m,工程量为 $L = 12.3 \times 100 = 1\ 230$(m)

(2)工程量清单编制。分部分项工程量清单(二十二)见表 2-115。

表 2-115 分部分项工程量清单(二十二)

序号	项目编码	项目名称	计量单位	工程量
1	010201003001	混凝土灌注桩 1. 土壤类别:一级土,进入岩层 1 m 2. 单桩长 12.3 m,100 根 3. 泥浆护壁成孔,泥浆外运 5 km 4. 桩直径 600 mm 5. 混凝土强度 C25	m	1 230

【例 2-23】 某工程采用现场制作截面 400 mm×400 mm、长 12 m 的预制钢筋混凝土方桩 280 根,设计桩长 24 m(包括桩尖),采用轨道式柴油打桩机施工,一级土,采用包钢板焊接接桩,已在口桩顶标高为 -4.1 m,室外设计地面标高为 -0.3 m,编制该工程工程量清单。

解:(1)清单工程量计算。

预制钢筋混凝土桩 $L = 24 \times 280 = 6\ 720$(m)

接桩 $N = 280 \times 1 = 280$(个)

(2)工程量清单编制。分部分项工程量清单(二十三)见表 2-116。

表2-116　分部分项工程量清单(二十三)

序号	项目编码	项目名称	计量单位	工程量
1	010201001001	打压预制混凝土桩 1. 土壤类别:一级土 2. 单桩长24 m,280根 3. 桩截面400 mm×400 mm 4. 混凝土强度C30	m	6 720
2	010201002001	接桩 1. 桩截面400 mm×400 mm 2. 焊接接桩	个	280

项目3 工程量清单计价

任务3.1 工程量清单计价文件的编制要求

【任务介绍】 明确多层框架结构办公楼投标报价文件的内容。

阅读招标文件,查找招标控制价的数值,了解招标控制价的作用。学习招标控制价文件的编制要求,熟悉编制多层框架结构办公楼投标报价文件的组成。

【知识目标】

1. 熟悉招标控制价文件的编制要求。
2. 掌握投标报价的编制要求。

【能力目标】

1. 了解工程计价的基本模式。
2. 掌握工程量清单计价的基本过程和方法。
3. 明确招标控制价文件的编制要求。
4. 明确投标报价的编制要求。
5. 熟悉《建设工程工程量清单计价规范》(GB 50500—2013)中的计价表格。

【相关知识】

3.1.1 工程计价概述

3.1.1.1 工程计价的概念

工程计价就是计算和确定建设项目的工程造价,也称工程估价,具体是指工程造价人员在项目实施的各个阶段,根据不同的要求,遵循计价原则和程序,采用科学的计价方法,对投资项目最可能实现的合理价格做出科学的计算,从而确定投资项目的工程造价,编制工程造价的经济文件。

3.1.1.2 工程计价的特征

1. 计价的单价性

工程建设产品生产的单件性,决定了其产品计价的单件性。每个工程建设产品都有专门的用途,都是根据业主的要求进行单独设计并在指定的地点建造的,其结构、造型和装饰、体积和面积、所采用的工艺设备和建筑材料等各不相同。因此,建设工程就不能像工业产品那样按品种、规格、质量成批地定价,只能通过特殊的程序(编制估算、概算、预算、合同价、结算价及最后确定决算价格),就各个工程项目计算工程造价,即单件计价。

2. 计价的多次性

建设项目建设周期长、规模大、造价高,因此按建设程序要求分阶段进行。为满足工程建设过程中不同的计价者（业主、咨询方、设计方和施工方）各阶段工程造价管理的需要，就必须在不同阶段多次进行工程造价的计算，以保证工程造价的准确性和有效性。多次性计价是个逐步深化、细化和接近实际造价的过程。其计价过程如图 3-1 所示。

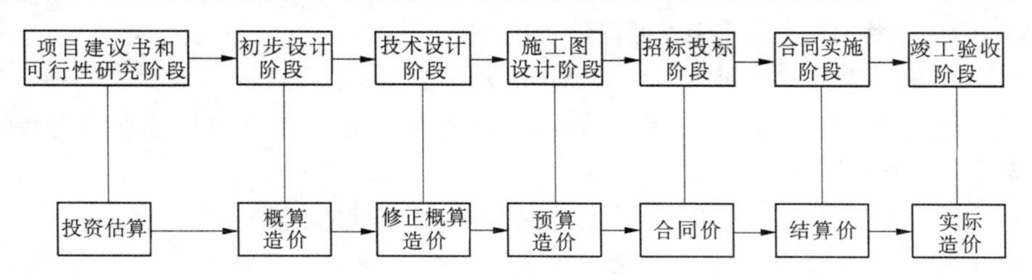

图 3-1 工程多次性计价示意图

从投资估算、设计概算、施工图预算到招标投标合同价，再到工程的结算价和最后在结算价基础上编制的竣工决算，整个计价过程是一个由粗到细、由浅到深，最后确定建设工程实际造价的过程。计价过程各环节之间相互衔接，前者制约后者，后者补充前者。

3. 计价的组合性

工程造价的计算是分部组合而成的，这一特征和建设项目的组合性有关。一个建设项目是一个工程综合体，这个综合体可以分解为许多有内在联系的独立和不能独立的工程。从计价和工程管理的角度来看，分部分项工程还可以分解。由此可以看出，建设项目的这种组合性决定了计价的过程是一个逐步组合的过程。这一特征在计算概算造价和预算造价时尤为明显，同时也反映到合同价和结算价中。其计价程序是：

编制分部分项工程费用→编制单位工程造价→编制单项工程造价→编制建设项目总造价

4. 方法的多样性

工程造价的多次性计价有不同的计价依据，对造价的精确度要求也不相同，这就决定了计价方法有多样性的特征。如计算概、预算造价的方法有单价法和实物法等，计算投资估算的方法有设备系数法、生产能力指数估算法等。不同的方法利弊不同，适应条件也不同，计价时要根据具体情况加以选择。

5. 依据的复杂性

由于影响造价的因素多，所以计价依据的种类也多，主要可以分为以下 7 类：

（1）计算设备和工程量的依据。

（2）计算人工、材料、机械等实物消耗量的依据。

（3）计算工程单价的依据。

（4）计算设备单价的依据。

（5）计算其他费用的依据。

（6）政府规定的税、费依据。

（7）物价指数和工程造价指数的依据。

依据的复杂性不仅使计算过程复杂，而且要求计价人员能熟悉各类依据，并加以正确应用。

3.1.1.3 工程计价的基本方法与模式

1. 工程计价的基本方法

工程计价的形式和方法有多种，各不相同，但工程计价的基本过程和原理是相同的。如果仅从工程费用计算角度分析，工程计价的顺序是：

编制分部分项工程费用→编制单位工程造价→编制单项工程造价→编制建设项目总造价

影响工程造价的主要因素有两个，即基本构造要素的单位价格和基本构造要素的实物工程数量，可用下列基本计算式表达：

$$\text{工程造价} = \sum(\text{实物工程量} \times \text{单位价格}) \tag{3-1}$$

基本子项的单位价格越高，工程造价就越高；基本子项的实物工程数量越大，工程造价也就越高。

在进行工程造价计价时，实物工程量的计量单位是由单位价格的计量单位决定的。如果单位价格计量单位的对象取值较大，得到的工程估算就较粗，反之，则工程估算较细较准确。基本子项的工程实物量可以通过工程量计算规则和设计图纸计算得到，它可以直接反映工程项目的规模和内容。

基本子项的单位价格主要由两大要素构成：完成基本子项所需的资源数量和需要资源的价格。资源主要包括人工、材料、施工机械等。

$$\text{单位价格} = \sum(\text{资源消耗量} \times \text{资源价格}) \tag{3-2}$$

(1)资源消耗量。是指完成基本子项单位实物量所需的人工、材料、机械台班的数量，即工程定额。它是工程造价计价的重要依据，与一定时期的劳动生产率、社会生产力水平、技术和管理水平密切相关。建设单位进行工程造价的计算主要依据国家或地方颁布的、反映社会平均生产力水平的指导性定额，如地方编制并实施的概算定额、预算定额；而建筑施工企业进行投标报价时，则应依据反映本劳动生产率、技术与管理水平的企业定额。

(2)资源价格。进行工程造价计算时所依据的资源价格应是市场价格。

如果单位价格仅由资源消耗量和资源价格形成，则构成工程定额中的工、料、机单价。如果单位价格由规费和税金以外的费用形成，则构成清单计价中的综合单价。

2. 工程计价的模式

1)定额计价模式

定额计价是我国长期以来在工程价格形成中采用的计价模式，是国家通过颁布统一的估价指标、概算定额、预算定额和相应的费用定额，对建筑产品价格有计划地进行管理的一种方式。在计价中以定额为依据，按定额规定的分部分项子目，逐项计算工程量，套用定额单价(或单位估价表)确定直接工程费，然后按取费标准确定构成工程价格的其他费用和利税，获得建筑安装工程造价。

由于定额中工、料、机的消耗量是根据各地社会平均水平综合测定的，费用标准也是根据不同地区平均测算的，因此企业采用这种模式的报价是一种社会平均水平，与企业的技术水平和管理水平无关，体现不了市场公平竞争的基本原则。

2)工程量清单计价模式

工程量清单计价模式，是建设工程招标投标中，招标人或其委托的有资质的咨询机构按照国家统一的工程量清单计价规范，编制反映工程实体消耗和措施消耗的工程量清单，并作为招标文件的一部分提供给投标人，由投标人依据工程量清单，根据各种渠道所获得的工程造价信息和经验数据，结合企业定额自主报价的计价方式。

3.1.2 工程量清单计价

3.1.2.1 工程量清单计价的概念

工程量清单计价是工程造价计价的一种模式，是指在建设工程招投标过程中，招标人按照《建设工程工程量清单计价规范》(GB 50500—2013)中各专业统一的工程量计算规则提供招标工程量清单，投标人依据招标工程量清单、拟建工程的施工方案，结合自身实际情况并考虑风险因素，确定工程项目各部分的单价，进而确定工程总价的过程或活动。

3.1.2.2 工程量清单计价的基本过程

工程量清单计价过程可以分为两个阶段，即工程量清单编制和工程量清单计价。工程量清单编制程序见图3-2，工程量清单计价过程见图3-3。

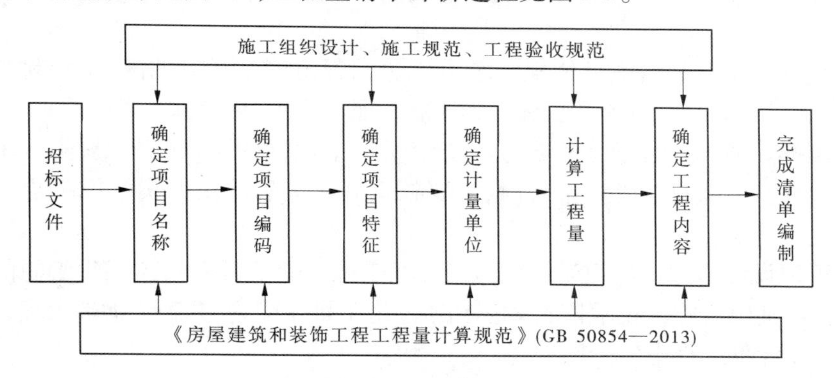

图3-2 工程量清单编制程序

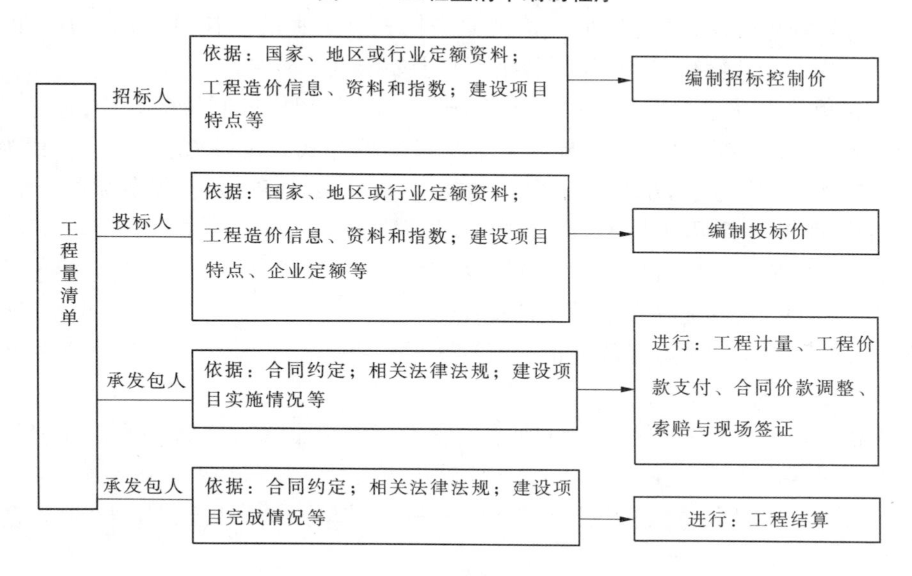

图3-3 工程量清单计价过程

3.1.2.3 工程量清单计价的编制方法

根据《建设工程工程量清单计价规范》(GB 50500—2013)规定,利用综合单价计算清单项目各项费用,然后汇总得到工程总造价,即

(1)分部分项工程费 = ∑分部分项工程量 × 分部分项工程综合单价。

(2)措施项目费 = ∑单价措施项目工程量 × 措施项目综合单价 + ∑总价项目措施费。

(3)其他项目费 = 暂列金额 + 专业工程暂估价 + 计日工 + 总承包服务费。

(4)单位工程报价 = 分部分项工程费 + 措施项目费 + 其他项目费 + 规费 + 税金。

(5)单项工程报价 = ∑单位工程报价。

(6)建筑安装工程总造价 = ∑单项工程报价。

3.1.2.4 工程量清单计价的依据

(1)招标工程量清单。招标人随招标文件发布的工程量清单,是承包商投标报价的重要依据。承包商在计价时需全面了解清单项目特征及其所包含的工程内容,才能做到准确计价。

(2)招标文件。招标文件中具体规定了承发包工程范围、内容、期限、工程材料及设备采购供应办法,只有在计价时按规定进行,才能保证计价的有效性。

(3)施工图样。清单工程量是分部分项工程量清单项目的主项工程量,不一定反映全部工程内容,所以承包商在投标报价时,需要根据施工图和施工方案计算报价工程量(计价工程量)。

(4)施工组织设计。施工组织设计或施工方案是施工单位针对具体工程编制的施工作业指导性文件,其中对施工技术措施、安全措施、施工机械配置、是否增加辅助项目等进行的详细设计,在计价过程中应予以重视。

(5)消耗量定额。消耗量定额有两种,一种是由建设行政主管部门发布的社会平均消耗量定额,如预算定额;另一种是反映企业平均先进水平的消耗量定额,即企业定额。企业定额是确定人工、材料、机械台班消耗量的主要依据。

(6)综合单价。从单位工程造价的构成分析,不管是招标控制价的计价,还是投标报价的计价,还是其他环节的计价,只要采用工程量清单方式计价,都是以单位工程为对象进行计价的。单位工程由分部分项工程费、措施项目费、其他项目费、规费和税金组成,而综合单价是计算以上费用的关键。

(7)《建设工程工程量清单计价规范》(GB 50500—2013)。它是工程量清单计价中计算措施项目清单费、其他项目清单费的依据。

3.1.2.5 工程量清单计价与定额计价的区别

1.项目设置不同

(1)工程量清单计价:工程量清单项目的设置是以一个综合实体考虑的,一般而言,一个清单项目包括若干个定额子目工作内容。

(2)定额计价:采用的定额子目的工作内容一般是单一的,是按施工工序、工艺进行设置的。

2. 定价原则不同

(1)工程量清单计价:按《建设工程工程量清单计价规范》(GB 50500—2013)的要求,由施工企业自主报价,市场决定价格,反映的是市场价格。

(2)定额计价:按工程造价管理机构发布的有关规定及定额基价进行计价,反映的是计划价格。

3. 计价价款构成不同

(1)工程量清单计价:一个单位工程的造价包括完成招标工程量清单项目所需的全部费用,即分部分项工程费、措施项目费、其他项目费、规费和税金。

(2)定额计价:一个单位工程的造价包括人工费、材料费、施工机械使用费、企业管理费、利润、规费和税金。

4. 单价构成不同

(1)工程量清单计价:采用综合单价。综合单价包括人工费、材料费、机械使用费、企业管理费和利润,各项费用均由投标人根据企业自身情况并考虑一定的风险因素自行编制。综合单价依据市场自主报价,反映了企业自身的管理水平和技术水平。

(2)定额计价:采用定额子目基价。定额子目基价只包含定额编制时期完成定额分部分项工程项目所需的人工费、材料费、机械费,并不包含利润和各种风险因素。定额子目基价不能反映企业的真实水平。

5. 价差调整不同

(1)工程量清单计价:按工程承发包双方约定的价格直接计算,除招标文件规定外,不存在价差调整的问题。

(2)定额计价:按工程承发包双方约定的价格与定额价调整价差。

6. 计价过程不同

(1)工程量清单计价:招标方必须设置清单项目并计算其清单工程量,同时必须对清单项目的特征进行清晰、完整地描述,以便投标人报价,所以清单计价模式由两个阶段组成:第一阶段是招标方编制工程量清单;第二阶段是投标方根据招标工程量清单报价。

(2)定额计价:招标方只负责编写招标文件,不设置工程项目内容,也不计算工程量。工程计价时的分部分项工程子目和相应的工程量是由投标方根据设计文件和招标文件确定的。项目设置、工程量计算、工程计价等工作都在一个阶段(即投标阶段)内完成。

7. 资源消耗量不同

(1)工程量清单计价:人工、材料、机械台班消耗量是由投标方根据企业自身情况采用企业定额确定的。这个定额标准是按企业个别水平编制的,它真正反映的是企业的个别成本。

(2)定额计价:人工、材料、机械台班消耗量是采用地区或行业定额确定的。这个定额标准是按社会平均水平编制的,反映的是社会平均成本。

8. 工程量计算规则不同

(1)工程量清单计价:按清单工程量计算规则,计算所得的工程量只包括图示尺寸净量,而措施增量和损耗量由投标人在报价时考虑在综合单价中。

(2)定额计价:按定额工程量计算规则,计算所得的工程量一般包含图示尺寸净量、

措施增量和损耗量三项。

9. 适用范围不同

(1)全部使用国有资金投资的工程建设项目,必须采用工程量清单计价。

(2)非国有资金投资的工程项目可以采用定额计价。

10. 工程风险不同

(1)工程量清单计价:招标人负责编制工程量清单,所以工程量错误风险由招标人承担;投标人自主报价,所以报价风险由投标人承担。

(2)定额计价:定额工程量由投标人确定,投标人不仅承担工程量计算错误风险,而且还承担报价风险。

3.1.3 招标控制价文件的编制要求

招标控制价是指招标人根据国家或省级、行业建设主管部门颁布的有关计价依据和办法,以及拟定的招标文件和招标工程量清单,结合工程具体情况编制的招标工程的最高投标限价。

3.1.3.1 招标控制价的一般规定

(1)国有资金投资的建设工程招标,招标人必须编制招标控制价。

我国对国有资金投资项目的投资控制实行的是投资概算审批制度,国有资金投资的工程原则上不能超过批准的投资概算。

国有资金投资的工程实行工程量清单招标投标,为了客观、合理地评审投标报价和避免哄抬标价,避免造成国有资产流失,招标人必须编制招标控制价,规定最高投标限价。

(2)招标控制价应由具有编制能力的招标人或受其委托具有相应资质的工程造价咨询人编制和复核。

(3)工程造价咨询人接受招标人委托编制招标控制价,不得再就同一工程接受投标人委托编制投标报价。

(4)招标控制价应按照编制依据的具体规定编制,不应上浮或下调。

(5)当招标控制价超过批准的设计概算时,招标人应将其报原设计概算审批部门审核。

(6)招标人在发布招标文件时应公布招标控制价,同时应将招标控制价及有关资料报送工程所在地或有该工程管辖权的行业管理部门工程造价管理机构备查。

招标控制价的作用决定了招标控制价不同于标底,无需保密。为体现招标的公平、公正性,防止招标人有意抬高或压低工程造价,招标人应在招标文件中如实公布招标控制价。

3.1.3.2 招标控制价的编制依据

(1)《建设工程工程量清单计价规范》(GB 50500—2013)。

(2)国家或省级、行业建设主管部门颁发的计价定额和计价办法。

(3)建设工程设计文件及相关资料。

(4)拟建的招标文件及招标工程量清单。

(5)与建设项目相关的标准、规范、技术资料。

(6)施工现场情况、工程特点及常规施工方案。

(7)工程造价管理机构发布的工程造价信息,当工程造价信息没有发布时,参照市场价。

(8)其他的相关资料。

3.1.3.3 招标控制价编制的内容

1.招标控制价的费用组成

建筑工程项目招标控制价按工程造价的组成形式由相应的单项工程造价组成,单项工程造价由相应的单位工程造价组成,单位工程招标控制价由分部分项工程费、措施项目费、其他项目费、规费和税金组成。

$$单位工程招标控制价=分部分项工程费+措施项目费+其他项目费+规费+税金$$

$$单项工程造价=\sum 单位工程造价$$

$$建设工程项目控制价=\sum 单项工程造价$$

2.分部分项工程费的计算

分部分项工程费应根据拟定的招标文件和招标工程量清单中的分部分项工程量清单项目的特征描述及有关要求,按现行计价定额和计价办法规定计算各分部分项工程项目的综合单价,综合单价中应包括招标文件中要求投标人承担的风险范围及其费用。招标文件中没有明确的,如是工程造价咨询人编制,应提请招标人明确;如是招标人编制,应予明确。招标文件提供了暂估单价的材料,按其暂估单价计入综合单价。各分部分项工程清单工程量乘以其综合单价得到相应的分部分项工程费用,汇总得到单位工程的分部分项工程费,即

$$分部分项工程费=\sum(分部分项工程清单工程量\times 综合单价) \tag{3-3}$$

式中,综合单价=人工费+材料费+施工机械使用费+企业管理费+利润+风险范围费用。

3.措施项目费的计算

(1)措施项目中的单价项目,应根据拟订的招标文件招标工程量清单中的特征描述及有关要求,按现行计价定额和计价办法规定计算综合单价。

(2)措施项目中的总价项目,应根据拟订的招标文件和常规施工方案,按照国家或省级、行业建设主管部门的规定计算。

4.其他项目费的计算

(1)暂列金额应按招标工程量清单中列出的金额填写。招标工程量清单中列出的金额可根据工程的复杂程度、设计深度、工程环境条件(包括地质、水文、气候等)进行估算。一般可以分部分项工程费的10%~15%作为参考。

(2)暂估价中的材料、工程设备单价应按招标工程量清单中列出的单价计入综合单价,不再计入其他项目费。暂估价中的材料应按照工程造价管理机构发布的工程造价信息或参考市场价格确定。暂估价中的专业工程金额应按招标工程量清单中列出的金额填写。

(3)计日工应按招标工程量清单中列出的项目,根据工程特点和有关计价依据确定综合单价计算。

(4)总承包服务费,招标人应根据招标工程量清单列出的内容和向承包人提出的要求参照下列标准计算:

①当招标人仅要求对分包的专业工程进行总承包管理和协调时,按分包的专业工程估算造价的1.5%计算。

②当招标人要求对分包的专业工程进行总承包管理和协调并同时要求提供配合服务时,根据招标文件中列出的配合服务内容和提出的要求按分包的专业工程估算造价的3%~5%计算。

③招标人自行供应材料的,按招标人供应材料价值的1%计算。

5. 规费和税金项目费用的计算

规费和税金应按国家或省级、行业建设主管部门的规定计算,不得作为竞争性费用。

3.1.4 投标报价的编制要求

投标报价是指投标人投标时响应招标文件要求所报出的对已标价工程量清单汇总后标明的总价。

3.1.4.1 投标报价编制的一般规定

(1)投标报价应由投标人或受其委托的具有相应资质的工程造价咨询人编制。

(2)投标报价由投标人自主确定,但不得低于工程成本。

当采用工程量清单计价时,建设工程造价由分部分项工程费、措施项目费、其他项目费、规费和税金组成。

(3)投标人应按招标人提供的工程量清单填报价格。项目编码、项目名称、项目特征、计量单位、工程量必须与招标工程量清单一致。

(4)当投标人的投标报价高于招标控制价时应予废标。

3.1.4.2 投标报价的编制依据

(1)《建设工程工程量清单计价规范》(GB 50500—2013)。

(2)国家或省级、行业建设主管部门颁发的计价办法。

(3)企业定额,国家或省级、行业建设主管部门颁发的计价定额。

(4)招标文件、招标工程量清单及其补充通知、答疑纪要。

(5)建设工程设计文件及相关资料。

(6)施工现场情况、工程特点及投标时拟订的施工组织设计或施工方案。

(7)与建设项目相关的标准、规范等技术资料。

(8)市场价格信息或工程造价管理机构发布的工程造价信息。

(9)其他的相关资料。

3.1.4.3 投标报价编制的内容

(1)投标报价的费用组成。建筑工程项目投标报价的费用组成与招标控制价的组成相同。

$$\text{单位工程投标价} = \text{分部分项工程费} + \text{措施项目费} + \text{其他项目费} + \text{规费} + \text{税金}$$

$$\text{单项工程投标价} = \sum \text{单位工程投标价}$$

$$\text{建设工程项目投标价} = \sum \text{单项工程投标价}$$

(2)分部分项工程费的计算。

①计算前的数据准备。根据招标文件的分部分项工程项目,计算各项目施工工程量,并校核工程量清单。

②人、材、机数量测算。企业可以按反映企业水平的企业定额或参照地区消耗量定额确定人工、材料、机械台班的耗用量。必须注意:分部分项工程清单项目是以建筑物的实体量来划分的,一个清单项目包含若干个工作内容,要完成工作内容,需要有很多的施工工序,因此进行组价时,要注意工作内容和消耗量定额子目的对应关系,有时是一对一的关系,有时会一个工作内容要套用多个定额子目或一个定额子目完成多个工作内容

(3)市场调查和询价。根据工程项目的具体情况,考虑人工市场劳务来源是否充沛,材料供应是否充足,价格是否平稳,采用市场价格作为参考,考虑一定的调价系数。分析该工程使用的施工机械是否为常用机械,投标人能否自行配备,根据市场情况考虑施工机械费。

(4)计算综合单价。

①按确定的资源消耗量及查询到的人工、材料、机械台班的单价,对应计算出定额子目单位数量的人工费、材料费和机械费。计算公式如下:

$$人工费 = \sum(人工消耗量 \times 对应人工单价)$$

$$材料费 = \sum(材料消耗量 \times 对应材料单价)$$

$$机械费 = \sum(机械台班消耗量 \times 对应机械台班单价)$$

②企业管理费费率可由投标人根据本企业近年的企业管理费核算数据自行测定,也可以参照当地造价管理部门发布的平均参考值。

③利润率可由投标人根据本企业当前盈利情况、施工水平、拟投标工程的竞争情况及企业当前经营策略自主确定。

④风险费用,指招标文件中要求投标人承担的风险范围及其费用,投标人应在综合单价中予以考虑,通常以风险费率的形式进行计算。风险费率的测算应根据招标人要求,结合投标人当前风险控制水平进行定量测算。

在施工过程中,当出现的风险内容及其范围(幅度)在招标文件规定的范围(幅度)内时,综合单价不得变动,工程款不作调整。

⑤计算各清单项目的综合单价。

$$综合单价 = 人工费 + 材料费 + 施工机械使用费 + 企业管理费 + 利润 + 风险范围费用$$

(5)措施项目费的计算。招标人在招标文件中列出的措施项目清单是根据一般情况确定的,没有考虑不同投标人的具体情况。因此,投标人投标报价时应根据自身拥有的施工装备、技术水平和采用的施工方法、确定的施工方案,对招标人所列的措施项目进行调整,并确定措施项目费。

①措施项目中的单价项目,应根据招标文件和招标工程量清单项目中的特征描述确定,按综合单价计算。

②措施项目中的总价项目,应根据招标文件及投标时拟订的施工组织设计或施工方案,按照《建设工程工程量清单计价规范》(GB 50500—2013)的规定自主确定。其中,安

全文明施工费应按照国家或省级、行业建设主管部门的规定计算，不得作为竞争性费用。

(6)其他项目费的计算。

①暂列金额应按招标工程量清单中列出的金额填写，不得变动；

②材料、工程设备暂估价应按招标工程量清单中列出的单价计入综合单价，不得更改，材料、设备暂估价不再计入其他项目费；

③专业工程暂估价应按招标工程量清单中列出的金额填写，不得更改；

④计日工应按招标工程量清单中列出的项目和数量，自主确定综合单价并计算计日工金额；

⑤总承包服务费应根据招标工程量清单中列出的内容和提出的要求自主确定。

(7)规费和税金项目费用的计算。规费和税金应按国家或省级、行业建设主管部门的规定计算，不得作为竞争性费用。

(8)招标工程量清单与计价表中列明的所有需要填写单价和合价的项目，投标人均应填写且只允许有一个报价。未填写单价和合价的项目，可视为此项费用已包含在已标价工程量清单的其他项目的单价和合价之中。当进行竣工结算时，此项目不得重新组价、调整。

(9)投标总价应当与分部分项工程费、措施项目费、其他项目费和规费、税金的合计金额一致。

3.1.5　单项工程投标报价文件的一般组成

单项工程投标报价各组成文件及其具体格式如下：

(1)投标总价封面。

＿＿＿＿＿＿＿＿＿＿＿＿＿＿＿＿＿＿＿＿工程

投 标 总 价

投　标　人：＿＿＿＿＿＿＿＿＿＿＿＿＿＿＿＿＿＿＿＿

(单位盖章)

年　　月　　日

(2)投标总价扉页。

<table>
<tr><td>

投标总价

招　　标　　人:________________

工　程　名　称:________________

投标总价(小写):________________
　　　　(大写):________________

投　　标　　人:________________

　　　　(单位盖章)

法定代表人
或其授权人:________________

　　　　(签字或盖章)
编　　制　　人:________________
　　　　(造价人员签字,盖专用章)
时　间:　　　年　　月　　日

</td></tr>
</table>

(3)编制说明。

总说明

工程名称:　　　　　　　　　　　　　　　　　　　第　　页共　　页

(4)单项工程投标报价汇总表(见表3-1)。

表3-1　单项工程投标报价汇总表

工程名称:　　　　　　　　　　　　　　　　第　页共　页

序号	单项工程名称	金额(元)	其中:　(元)		
			暂估价	安全文明施工费	规费
合计					

注:本表适用于单项工程招标控制价或投标报价的汇总,暂估价包括分部分项工程中的暂估价和专业工程暂估价。

(5)单位工程报价汇总表(见表3-2)。

表3-2　单位工程投标报价汇总表

工程名称:　　　　　　　　　　　　　　　　第　页共　页

序号	汇总内容	金额(元)	其中暂估价(元)
1	分部分项工程		
1.1			
1.2			
1.3			
1.4			
1.5			
2	措施项目		
2.1	安全文明施工费		
3	其他项目		
3.1	暂列金额		
3.2	专业工程暂估价		
3.3	计日工		
3.4	总承包服务费		
4	规费		
5	税金		
投标报价合计=1+2+3+4+5			

注:本表用于单位工程招标控制价或投标报价的汇总,如无单位工程的划分,单项工程也使用本表汇总。

（6）分部分项工程和单价措施项目清单计价表（见表3-3）。

表3-3　分部分项工程和单价措施项目清单计价表

工程名称：　　　　标段：　　　　第　页　共　页

序号	项目编码	项目名称	项目特征描述	计量单位	工程量	金额（元）		
						综合单价	合价	其中 暂估价
本页小计								
合计								

注：计取规费等时使用，可在表中增设"其中定额人工费"。

（7）总价措施项目清单计价表（见表3-4）。

表3-4　总价措施项目清单计价表

工程名称：　　　　标段：　　　　第　页　共　页

序号	项目编码	项目名称	计算基础	费率（%）	金额（元）	调整费率（%）	调整后金额（元）	备注
		安全文明施工费						
		夜间施工增加费						
		二次搬运费						
		冬雨季施工增加费						
		已完工程及设备保护费						
合　计								

编制人（造价人员）：　　　　复核人（造价工程师）：

注：1. "计算基础"中安全文明施工费可为"定额基价""定额人工费"或"定额人工费＋定额机械费"，其他项目可为"定额人工费"或"定额人工费＋定额机械费"。

2. 按施工方案计算的措施费，若无"计算基础"和"费率"的数值，也可只填"金额"数值，但应在备注栏说明施工方案出处或计算方法。

(8)其他项目清单与计价汇总表(见表3-5)。

表3-5　其他项目清单与计价汇总表

工程名称：　　标段：　　第　页　共　页

序号	项目名称	金额(元)	结算金额(元)	备注
1	暂列金额			明细详见表3-6
2	暂估价			
2.1	材料(工程设备)暂估价	—		明细详见表3-7
2.2	专业工程暂估价			明细详见表3-8
3	计日工			明细详见表3-9
4	总承包服务费			明细详见表3-10
5	索赔与现场签证	—		
合　计				—

注:材料(工程设备)暂估单价计入清单项目综合单价,此处不汇总。

表3-6　暂列金额明细表

工程名称：　　标段：　　第　页　共　页

序号	项目名称	计量单位	暂列金额(元)	备注
1				
2				
3				
4				
5				
6				
7				
8				
9				
合计				—

注:此表由招标人填写,如不能详列,也可只列暂定金额总额,投标人应将上述暂列金额计入投标总价中。

表 3-7　材料暂估单价及调整表

工程名称：　　　　　　　　　　　　　　标段：　　　　　　　　　　第　　页　共　　页

序号	材料（工程设备）名称、规格、型号	计量单位	数量		暂估（元）		确认（元）		差额（元）		备注
			暂估	确认	单价	合价	单价	合价	单价	合价	
合计											

注：此表由招标人填写“暂估单价”，并在备注栏说明暂估价的材料、工程设备拟用清单项目，投标人应将上述材料、工程设备暂估单价计入工程量清单综合单价报价中。

表 3-8　专业工程暂估价及结算表

工程名称：　　　　　　　　　　　　　　标段：　　　　　　　　　　第　　页　共　　页

序号	工程名称	工程内容	暂估金额（元）	结算金额（元）	差额（元）	备注
合计						

注：此表“暂估金额”由招标人填写，投标人应将“暂估金额”计入投标总价中。结算时按合同约定结算金额填写。

表3-9 计日工表

工程名称： 标段： 第 页 共 页

编号	项目名称	单位	暂定数量	实际数量	综合单价（元）	合价（元）	
						暂定	实际
一	人工						
1							
2							
3							
人工小计							
二	材料						
1							
2							
3							
材料小计							
三	施工机械						
1							
2							
3							
施工机械小计							
四、企业管理费和利润							
总计							

注：此表项目名称、暂定数量由招标人填写，编制招标控制价时，单价由招标人按有关计价规定确定；投标时，单价由投标人自主报价，按暂定数量计算合价计入投标总价中。结算时，按发承包双方确认的实际数量计算合价。

表3-10 总承包服务费计价表

工程名称： 标段： 第 页 共 页

序号	项目名称	项目价值(元)	服务内容	计算基础	费率(%)	金额(元)
1	发包人发包专业工程					
2	发包人供应材料					
	合计	—	—		—	

注：此表项目名称、服务内容由招标人填写，编制招标控制价时，费率及金额由招标人按有关计价规定确定；投标时，费率及金额由投标人自主报价，计入投标总价中。

(9)规费、税金项目清单计价表(见表3-11)。

表3-11 规费、税金项目清单计价表

工程名称： 标段： 第 页 共 页

序号	项目名称	计算基础	计算基数	费率(%)	金额(元)
1	规费	定额人工费			
1.1	社会保险费	定额人工费			
(1)	养老保险费	定额人工费			
(2)	失业保险费	定额人工费			
(3)	医疗保险费	定额人工费			
(4)	工伤保险	定额人工费			
(5)	生育保险	定额人工费			
1.2	住房公积金	定额人工费			
1.3	工程排污费	按工程所在地环境保护部门收取标准，按实计入			
2	税金	分部分项工程费＋措施项目费＋其他项目费＋规费－按规定不计税的工程设备金额			
合计					

编制人(造价人员)： 复核人(造价工程师)：

(10)综合单价分析表(见表3-12)。

表3-12　综合单价分析表

工程名称：　　　　　　　　　　　　标段：　　　　　　　　　　　　第　　页共　　页

<table>
<tr><td colspan="2">项目编码</td><td colspan="2"></td><td colspan="2">项目名称</td><td></td><td colspan="2">计量单位</td><td>工程量</td><td colspan="2"></td></tr>
<tr><td colspan="12">清单综合单价组成明细</td></tr>
<tr><td rowspan="2">定额编号</td><td rowspan="2">定额项目名称</td><td rowspan="2">定额单位</td><td rowspan="2">数量</td><td colspan="4">单价</td><td colspan="4">合价</td></tr>
<tr><td>人工费</td><td>材料费</td><td>机械费</td><td>管理费和利润</td><td>人工费</td><td>材料费</td><td>机械费</td><td>管理费和利润</td></tr>
<tr><td></td><td></td><td></td><td></td><td></td><td></td><td></td><td></td><td></td><td></td><td></td><td></td></tr>
<tr><td></td><td></td><td></td><td></td><td></td><td></td><td></td><td></td><td></td><td></td><td></td><td></td></tr>
<tr><td colspan="2">人工单价</td><td colspan="4">小计</td><td></td><td></td><td></td><td></td><td></td><td></td></tr>
<tr><td colspan="2">元/工日</td><td colspan="4">未计价材料费</td><td></td><td></td><td colspan="4"></td></tr>
<tr><td colspan="8">清单项目综合单价</td><td colspan="4"></td></tr>
<tr><td rowspan="5">材料费明细</td><td colspan="5">主要材料名称、规格、型号</td><td>单位</td><td>数量</td><td>单价(元)</td><td>合价(元)</td><td>暂估单价(元)</td><td>暂估合价(元)</td></tr>
<tr><td colspan="5"></td><td></td><td></td><td></td><td></td><td></td><td></td></tr>
<tr><td colspan="5"></td><td></td><td></td><td></td><td></td><td></td><td></td></tr>
<tr><td colspan="7">其他材料费</td><td>—</td><td></td><td>—</td><td></td></tr>
<tr><td colspan="7">材料费小计</td><td>—</td><td></td><td>—</td><td></td></tr>
</table>

注:1. 如不使用省级或行业建设主管部门发布的计价依据,可不填定额编号、名称等。

2. 招标文件提供了暂估单价的材料,按照暂估的单价填入表内"暂估单价"栏及"暂估合价"栏。

(11)承包人提供材料和工程设备一览表(见表3-13、表3-14)。

表3-13　承包人提供主要材料和工程设备一览表(一)

(适用于造价信息差额调整法)

工程名称：　　　　　　　　　　　　标段：　　　　　　　　　　　　第　　页共　　页

序号	名称、规格、型号	单位	数量	风险系数(%)	基准单价(元)	投标单价(元)	发承包人确认单价(元)	备注

注:1. 此表由招标人填写除"投标单价"栏的内容,投标人在投标时自主确定投标单价。

2. 招标人应优先采用工程造价管理机构发布的单价作为基准单价,未发布的,通过市场调查确定其基准单价。

表3-14　承包人提供主要材料和工程设备一览表(二)

(适用于价格指数差额调整法)

工程名称:　　　　　　　　　　　　标段:　　　　　　　　　第　页　共　页

序号	名称、规格、型号	变值权重 B	基本价格指数 F_0	现行价格指数 F_1	备注
	定制权重 A		—	—	
合计		1	—	—	

注:1. "名称、规格、型号""基本价格指数"栏由招标人填写,基本价格指数应首先采用工程造价管理机构发布的价格指数,没有时,可采用发布的价格代替。如人工、机械费也采用本法调整,由招标人在"名称、规格、型号"栏填写。

2. "变值权重"栏由投标人根据该项人工、机械费和材料、工程设备价值在投标总报价中所占的比例填写,1减去其比例为定制权重。

3. "现行价格指数"按约定的付款证书相关周期最后一天的前42天的各项价格指数填写,该指数应首先采用工程造价管理机构发布的价格指数,没有时,可采用发布的价格代替。

任务3.2　分部分项工程清单项目投标报价计算

【任务介绍】　多层框架结构办公楼分部分项工程投标报价计算。

根据某办公楼的土建施工图和招标人提供的建筑与装饰分部分项工程量清单,完成建筑与装饰工程分部分项工程清单项目投标报价的计算。

【任务解析】

1. 了解每一个分部分项工程清单项目的项目特征。

2. 根据每一个分部分项工程清单项目的项目特征和安徽省消耗量定额的使用要求,为每一个清单项目匹配相应的定额项目。

3. 根据安徽省消耗量定额,计算与每一个清单项目匹配的计价工程量。

4. 根据市场信息价,为每一个清单项目计算相应的综合单价。

5. 汇总数据,填入分部分项工程计价表中相应位置。

【知识目标】

1. 根据清单项目特征的描述,匹配相应的定额子目。

2. 计算计价工程量。

3. 计算分部分项工程综合单价。

【能力目标】

1. 研究该房屋建筑与装饰工程的招标文件,熟悉所附的工程量清单和施工图纸。

2. 计算每个清单项目所组合的计价工程量,为计算清单综合单价做准备。

3. 套用定额,计算各分部分项工程的综合单价,进行分部分项工程量清单报价。

【相关知识】

3.2.1 分部分项工程量清单计价流程

工程量清单计价的工程费用均采用综合单价法计算。

分部分项工程量清单计价合计费用计算公式为:

综合单价=人工费+材料费+机械使用费+取费基数×(企业管理费费率+利润率)+风险费用

分项清单合价=综合单价×工程数量

分部清单合价=∑分项清单合价

分部分项工程量清单计价合计费用=∑分部清单合价

分部分项工程量清单计价流程如图3-4所示。

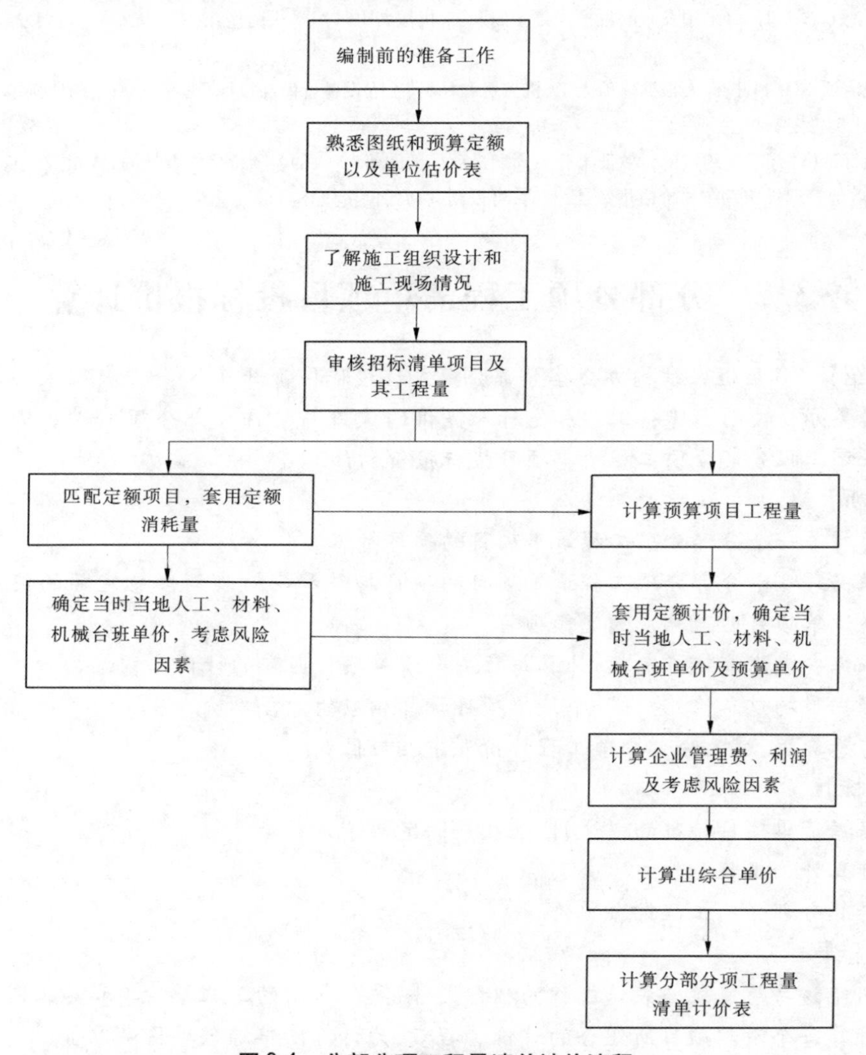

图3-4 分部分项工程量清单计价流程

3.2.2　计价工程量计算

计价工程量也称为报价工程量,是计算工程投标报价的重要数据。用于报价的实际工程量称为计价工程量。

清单工程量作为统一各投标人工程报价的口径,是十分重要的,也是十分必要的。但是,投标人不能根据清单工程量直接进行报价。这是因为施工方案不同,其实际发生的工程量是不同的。例如,基础挖方是否要留工作面,留多少。计价工程量是投标人根据拟建工程施工图、施工方案、清单工程量和所采用的定额及相对应的工程量计算规则计算的,其计算内容一般要多于清单工程量。因为计价工程量不但要计算每个清单项目的主项工程量,而且还要计算所包含的副项工程量。这就要根据清单项目的工程内容和定额项目的划分内容具体确定。例如,M5 水泥砂浆砌砖基础项目,不但要计算主项的砖基础项目,还要计算混凝土垫层的副项工程量。

1. 人工土石方

下面以《安徽省建筑工程消耗量定额》为例,介绍人工土石方工程计价。

1) 说明

(1) 土壤及岩石类别的确定。土壤及岩石类别的划分,依据工程地质勘察资料与"土壤及岩石分类表"对照后确定。

(2) 地下水位标高及排(降)水方法。

(3) 土方、沟槽、基坑挖(填)起止标高,施工方法及运距。

(4) 岩石开凿、爆破方法;石渣清运方法及运距。

(5) 其他有关资料。

2) 工程量计算一般规则

(1) 土方体积均以开挖前的天然密实体积为准计算,如遇有必须以天然密实体积折算的情况,可按表 3-15 折算。

表 3-15　土方体积折算表

虚方体积	天然密实体积	夯实后体积	松填体积
1.00	0.77	0.67	0.83
1.20	0.92	0.80	1.00
1.30	1.00	0.87	1.08
1.50	1.15	1.00	1.25

(2) 挖土一律以设计室外地坪标高为准计算。如实际自然标高与设计地面标高不同,其工程量可以调整。

(3) 按不同的土壤类别、挖土深度,干、湿土分别以体积计算。

(4) 在同一槽、坑内或沟内,有干、湿土时,应分别计算,使用定额时,按槽、坑或沟的全深计算。

3)平整场地工程量计算

(1)人工平整场地是指建筑场地,挖、填土方厚度在±30 cm以内及找平。挖、填土方厚度超过±30 cm时,按场地土方平衡竖向布置图另行计算。

(2)平整场地工程量按建筑物外墙外边线每边各加2 m,以“m^2”计算。

4)沟槽、基坑、土方工程量计算

(1)沟槽、基坑划分。凡图示沟槽底宽在3 m以内,且沟槽长大于槽底宽3倍以上的为沟槽;凡图示基坑底面积在20 m^2以内的为基坑;凡图示沟槽底宽在3 m以上、基坑底面积在20 m^2以上、平整场地挖土方厚度在30 cm以上的均按挖土方计算。

(2)沟槽土方工程量。按沟槽长度乘以沟槽截面面积(m^2)计算。沟槽长度:外墙按图示基础中心线长度计算,内墙按图示基础宽度加工作面宽度之间净长度计算。沟槽宽:按图示宽度加基础施工所需工作面宽度计算。突出墙外的附墙烟囱、垛等挖土体积并入沟槽土方工程量内计算。

(3)当挖沟槽、基坑、土方需放坡时,按施工组织设计规定计算;当施工组织设计无明确规定时,放坡系数按表3-16规定计算。

表3-16 放坡系数表

土壤类别	放坡起点(m)	人工挖土	机械挖土	
			坑内作业	坑上作业
一、二类土	1.20	1:0.5	1:0.33	1:0.75
三类土	1.50	1:0.33	1:0.25	1:0.67
四类土	2.00	1:0.25	1:0.10	1:0.33

注:1. 沟槽、基坑中,当土壤类别不同时,分别按其放坡起点、放坡系数,依不同土壤厚度加权平均计算。

2. 当计算放坡时,在交接处的重复工作量不予扣除,原槽、坑有基础垫层时,放坡自垫层上表面开始计算。

(4)当沟槽、基坑需支挡土板时,挡土板面积按槽、坑边实际支挡板面积计算。

(5)基础施工所需工作面,按表3-17规定计算。

表3-17 基础施工所需工作面

基础材料	每边各增加工作面宽度(mm)
砖基础	200
浆砌毛石、条石基础	150
混凝土基础垫层支模板	300
混凝土基础支模板	300
基础垂直面做防水层	800(防水层面)

(6)管道沟槽长度按图示尺寸中心线长度计算,沟底宽度设计有规定的按设计规定计算;设计无规定的,按表3-18计算。

表3-18　管道地沟底宽度计算表　（单位：mm）

管径	铸铁管、管道、石棉水泥管	混凝土、钢筋混凝土、预应力混凝土管	陶土管
50～70	600	800	700
100～200	700	900	800
250～350	800	1 000	900
400～450	1 000	1 300	1 100
500～600	1 300	1 500	1 400
700～800	1 600	1 800	—
900～1 000	1 800	2 000	—
1 100～1 200	2 000	2 300	—
1 300～1 400	2 200	2 600	—

注：按本表计算管道沟土方工程量时，各种井类及管道接口等处需加宽而增加的土方量不另行计算。对于底面积大于20 m^2 的井类，其增加工程量并入管沟土方内计算。

（7）沟槽（管道地沟）、基坑深度，按图示沟、槽、坑底面至室外地坪深度计算。

5）岩石开凿及爆破工程量

区分石质，按下列规定计算：

（1）人工凿岩石按图示尺寸以"m^3"计算；

（2）爆破岩石按图示尺寸以"m^3"计算，沟槽、基坑深、宽允许超挖：次坚石为200 mm；特坚石为150 mm。超挖部分岩石并入相应工程量内。

6）就地回填土区分夯填、松填工程量

沟槽、基坑回填土体积＝挖土体积－设计室外地坪以下埋设的基础体积（包括基础垫层、管道及其他构筑物）

（1）室内回填土体积按主墙间的净面积乘以回填土厚度计算。

（2）管径在500 mm以内的不扣除管道所占体积，管径在500 mm以上，按表3-19扣除管道所占体积。

表3-19　管道扣除土方体积表　（单位：m^3/m）

管道名称	管道直径（mm）					
	500～600	601～800	801～1 000	1 001～1 200	1 201～1 400	1 401～1 600
钢管	0.21	0.44	0.71	—	—	—
铸铁管	0.24	0.49	0.77	—	—	—
混凝土管	0.33	0.60	0.92	1.15	1.35	1.55

7）余土外运、缺土内运工程量计算

应按施工组织设计规定计算，施工组织设计无规定时按下式计算：

$$运土工程量 = 挖土工程量 - 回填土工程量 \tag{3-4}$$

计算结果正值为余土外运，负值为缺土内运。

运土回填如运浮土，不能另计挖土人工，但遇到已近压实的浮土，可另加Ⅰ、Ⅱ类挖土用工乘0.8系数（其工程量按实方计算，若为虚方按计算规则折算成实方），如挖自然土用作回填土，可另列挖土子目，凡运土回填的均不重套就地回填子目。

2. 桩与地基基础工程

1）混凝土桩

（1）预制钢筋混凝土桩：

①打（压）预制钢筋混凝土桩，按设计桩长（包括桩尖，不扣除虚体积）乘以桩截面面积，以“m^3”计算；管桩的空心体积应扣除，管桩的空心部分设计要求灌注混凝土或其他填充材料时，另行计算。

②送桩：以送桩长度（自桩顶面至自然地坪另加50 cm）乘以桩截面面积，以“m^3”计算。

（2）方桩、管桩接桩：按接头数以“个”计算。

（3）灌注混凝土桩：

①沉管灌注混凝土桩，按设计桩长（包括桩尖，不扣除虚体积）加50 cm，乘以标准管的外径截面面积，以“m^3”计算。

②复打沉管灌注混凝土桩，按单打体积乘以复打次数，以“m^3”计算。

③夯扩沉管灌注混凝土桩，按设计桩长（包括桩尖，不扣除虚体积）加50 cm乘以标准管的外径截面面积，再加投料长度乘以标准管内径截面面积，以“m^3”计算。

④长螺旋或旋挖法钻孔灌注混凝土桩，按设计桩长加50 cm乘以螺旋外径或设计截面面积，以“m^3”计算。

⑤钻孔灌注混凝土桩：

a. 钻土孔与钻岩孔分别计算，钻土孔以地面至岩石表面之间深度乘以设计桩截面面积以“m^3”计算；钻岩孔以入岩深度乘以设计桩截面面积，以“m^3”计算。

b. 混凝土桩身，按设计桩长加50 cm乘设计桩截面面积，以“m^3”计算。

c. 泥浆运输工程量按钻孔体积，以“m^3”计算。

⑥人工挖孔桩：

a. 挖坑井土方和挖坑井石方分别计算。挖坑井土方按图示尺寸从井口顶面至岩石表面，以“m^3”计算；挖坑井石方按图示尺寸从岩石表面至桩底，以“m^3”计算。

b. 护壁按图示尺寸以井口顶面至扩大头处（或桩底），以“m^3”计算。

c. 桩身混凝土按图示尺寸从桩顶至桩底加50 cm，以“m^3”计算。

2）其他桩

（1）沉管灌注砂石（碎石、砂）桩，按设计桩长（不包括桩尖）加15 cm乘以标准管的外径截面面积，以“m^3”计算。

（2）灰土挤密桩，按设计桩长（不扣除桩尖虚体积）乘以钢管下端最大外径的截面面积，以“m^3”计算。

（3）高压旋喷桩，钻孔按自然地面至桩底的长度，以“m”计算，喷浆按设计桩长乘以桩的截面面积，以“m^3”计算。

（4）深层水泥搅拌加固地基的喷浆和喷粉，按设计桩长加50 cm乘以桩的截面面积，以“m^3”计算。空搅工程量按地面至桩顶减 50 cm 长度乘以桩截面面积，以“m^3”计算。

3）基础垫层

基础垫层按图示尺寸以“m^3”计算；外墙基础垫层长度按外墙中心线长度计算；内墙基础垫层长度按内墙基础垫层净长计算。

3. 砌体工程

（1）砌筑工程量一般规则。

①计算墙体工程量时，应扣除门窗洞口、过人洞、空圈、嵌入墙身的钢筋混凝土柱、梁（包括过梁、圈梁、挑梁）和暖气沟、壁龛及内墙板头的体积，不扣除梁头梁垫、外墙板头、檩头、垫木、木楞头、沿椽木、木砖、门窗走头、砖砌体内的加固钢筋、木筋、铁件、钢管及每个面积在 0.3 m^2 以内的孔洞等所占体积。突出墙面的窗台虎头砖、压顶线、山墙泛水、烟囱根、门窗套及三匹砖以内的腰线、挑檐等体积亦不增加。

②附墙砖垛、三匹砖以上的挑檐和腰线等体积，并入墙身体积内计算。

③附墙烟囱、通风道按其外形体积计算，并入所依附的墙体积内，不扣除每个横截面面积在 0.1 m^2 以内的体积，但孔洞内的抹灰工程量亦不增加。

④女儿墙高度，自外梁（板）顶面至女儿墙顶面（有混凝土压顶时，算至压顶底面高度），区分不同墙厚套相应项目。

（2）墙基与墙身的划分。

①砖基础与墙身，以设计室内地面为界（有地下室者以地下室室内设计地面为界）；石基础与墙身的划分，外墙以设计室外地面为界，内墙以室内地面为界，以下为基础，以上为墙身。

②当基础与墙身使用不同材料时，位于室内地面 ±300 mm 以内时，以不同材料为分界线；超过 ±300 mm 时，以设计室内地面为分界线。

③砖、石围墙，以设计室外地面为界线，以下为基础，以上为墙身。

（3）基础长度。

外墙墙基按外墙中心线长度计算。

内墙砖石基础长度按内墙净长计算。基础大放脚 T 形接头处的重叠部分及嵌入基础的钢筋、铁件、管道、基础防潮层及单个面积在 0.3 m^2 以内的孔洞的体积不扣除，但靠墙暖气沟的挑檐亦不增加。附墙垛基础宽出部分体积并入基础工程量内。

（4）墙长度。

外墙按外墙中心线长度计算；内墙按内墙净长线计算。

（5）墙身高度按下列规定计算。

①外墙墙身高度。坡（斜）屋面无檐口天棚者，算至墙中心线屋面板底；无屋面者，算至椽子顶面；有屋架且室内外均有天棚者，算至屋架下弦底面，另加 200 mm；无天棚者，算至屋架下弦再加 300 mm；平屋面算至钢筋混凝土板底面。

②内墙墙身高度。内墙位于屋架下弦者，其高度算至屋架底；无屋架者，算至天棚底，另加 100 mm；有钢筋混凝土楼板隔层者，算至钢筋混凝土楼板底；当有框架梁时，算至梁底面；当同一楼板厚度不同时，按平均高度计算；当墙高度不同时，按平均高度计算；内外山墙的墙身高度，按平均高度计算。

(6)框架间砌体以框架间的净空间面积乘以墙厚计算，套相应定额。框架外表面镶包砖部分套“贴砌砖”定额。

(7)空花墙按空花部分外形体积以“m^3”计算，空花部分不予扣除，其中实砌体部分以“m^3”另列项计算。

(8)空斗墙按外形尺寸以“m^3”计算，墙角、内外墙交接处，门窗洞口立边，平楦、窗台砖及屋檐处的实砌部分已包括在定额内，不另行计算。混凝土楼板、楼板面踢脚线、山墙尖、窗间墙、钢筋砖圈梁、附墙垛实砌体部分另行计算，套“零星砌体”定额。

(9)砖砌围墙按设计图示尺寸以“m^3”计算，其围墙砖垛及压顶应并入墙身工程量内套相应墙体子目；当砖围墙上有混凝土压顶时，混凝土压顶按相应定额另行计算，其围墙高度算至混凝土压顶下表面。

(10)多孔砖墙按图示以“m^3”计算，应扣除门窗洞口、混凝土过梁、圈梁等所占体积。

(11)填充墙按外形体积以“m^3”计算，其实砌部分已经包括在定额内，不另计算。

(12)砖柱不分清水、混水，按图示尺寸以“m^3”计算，柱身、柱基工程量合并套“砖柱”定额。

(13)地下室墙以“m^3”计算，计算方法同普通砖墙，套相应定额。

(14)加气混凝土、硅酸盐砌块墙、小型空心砌块墙按图示尺寸以“m^3”计算，扣除门窗洞口、嵌入墙内的混凝土柱、过梁、圈梁等体积，砌块本身空心体积不予扣除，按设计规定需要镶嵌砖砌体部分已包括在定额内，不另计算。

(15)毛石墙、方整石墙按图示尺寸以“m^3”计算。毛石墙面突出的垛并入墙身工程量内。

4. 混凝土及钢筋混凝土工程

(1)现浇混凝土工程量，按以下规定计算：

①混凝土工程量除另有规定者外，均按施工图示尺寸以体积计算。不扣除构件内钢筋、预埋铁件及墙、板单个面积在0.3 m^2以内的孔洞所占的体积。

②基础：

a. 箱式满堂基础应分别按满堂基础、柱、墙、梁、板有关规定计算，套相应定额项目。

b. 设备基础除块体以外，其他类型设备基础分别按基础、梁、柱、板、墙等相关规定计算，套相应定额项目。

③柱：

a. 有梁板的柱高，应按柱基上表面(或楼板上表面)至上一层楼板的上表面之间的高度计算。

b. 无梁板的柱高，应按柱基上表面(或楼板上表面)至柱帽下表面之间的高度计算。

c. 框架柱的柱高，应按柱基上表面至柱顶高度计算。

d. 构造柱按全高计算，与砖墙嵌接部分的体积并入柱身体积内计算。

e. 依附于柱上的牛腿和升板的柱帽，并入柱身体积内计算。

④梁：按设计图示尺寸以“m^3”计算。梁长按下列规定确定：

a. 当梁与柱连接时，梁长算至柱侧面。

b. 当主梁与次梁连接时，次梁长度算至主梁侧面。

c. 伸入墙内的梁头、梁垫体积并入梁体积内计算。

d. 圈梁、过梁应分别计算。过梁长度按图示尺寸，当图纸无明确表示时，按门窗洞口外围宽度共加500 mm计算。

e. 现浇挑梁的悬梁部分按单梁计算；嵌入墙身部分按圈梁计算。

⑤墙：按图示尺寸以"m^3"计算，应扣除门窗洞口及0.3 m^2以上孔洞所占的体积，墙垛及突出部分并入墙体积内计算。

墙高的确定：

a. 墙与梁平行重叠，墙与梁合并计算。

b. 墙与板相交，墙高算至板底面。

⑥板：按图示尺寸以"m^3"计算，其中：

a. 有梁板包括主、次梁与板，按梁、板体积之和计算。当有柱穿过有梁板时，应扣除其柱穿过板所占的体积。

b. 无梁板按板和柱帽体积之和计算。

c. 平板按板实体积计算。

d. 当现浇挑檐、天沟与板（包括屋面板、楼板）连接时，以外墙面为分界线，与圈梁（包括其他梁）连接时，以梁外边线为分界线，外墙边线以外或梁外边线以外为挑檐、天沟。

e. 各类板伸入墙内的板头并入板体积内计算，与圈梁、过梁连接时，外墙算至梁内侧；内墙按板计算，圈梁、过梁算至板下。

f. 当预制板补缝宽度在60 mm以上时，按现浇平板计算。

g. 阳台、雨篷按伸出墙外的水平投影面积计算，伸出墙外的牛腿不另计算。当伸出墙外超过1.5 m时，按有梁板计算。带翻边的雨篷按展开面积并入雨篷面积内计算。

h. 栏板按长度乘断面面积以"m^3"计算。

⑦整体楼梯包括休息平台、平台梁、斜梁及楼梯的连接梁，按水平投影面积计算。不扣除宽度小于200 mm的楼梯井，伸入墙内部分不另增加。当楼梯与楼板连接时，楼梯算至楼梯梁外侧面；当无楼梯梁时，以楼梯的最后一个踏步边缘加300 mm为界。圆形楼梯按悬挑楼梯段间水平投影面积计算（不包括中心柱）。

⑧台阶（含侧边）按图示尺寸实体积以"m^3"计算，平台与台阶的分界线以最上层踏步外沿加300 mm为界。

⑨预制钢筋混凝土框架柱、梁现浇接头，按设计规定断面和长度以"m^3"计算。

⑩现浇池、槽按实际体积计算。

⑪散水按水平投影面积计算。

⑫后浇带按设计图示尺寸以"m^3"计算。

（2）预制混凝土工程，按下列规定计算：

①混凝土工程均按图示尺寸以"m^3"计算，不扣除构件内的钢筋、预埋铁件、后张法预应力钢筋的灌浆孔及单个尺寸为300 mm×300 mm以内的孔洞所占体积，扣除空心板、烟道、通风道孔洞所占体积。

②预制桩按桩全长（不扣除桩尖虚体积）乘以桩断面以"m^3"计算；预制桩尖按实体积计算。

③混凝土与钢杆件组合的构件，混凝土部分按构件实体积以“m^3”计算，钢构件按金属结构相应的定额计算。

(3)构筑物钢筋混凝土工程量，按下列规定计算：

①构筑物混凝土除另有规定者外，均按图示尺寸扣除 0.3 m^2 以上孔洞所占体积，以实体积计算。

②水塔。

a. 筒身与槽底以与槽底连接的圈梁底为界，以上为槽底，以下为筒身。

b. 筒式塔身及依附于筒身的过梁、雨篷挑檐等，并入筒身体积内计算；柱式塔身，柱、梁合并计算。

c. 塔顶及槽底，塔顶包括顶板及圈梁，槽底包括底板挑出的斜壁板和圈梁等合并计算。

③储水池不分平底、锥底、坡底，均按池底计算；壁基梁、池壁不分圆形壁和矩形壁，均按池壁计算；其他项目均按现浇混凝土部分相应项目计算。

④储仓如由柱支承，其柱与基础按现浇混凝土相应项目计算。

⑤普通水塔、倒锥壳水塔、烟囱基础及构筑物，定额中没有的项目按现浇混凝土部分相应或相近项目计算。

⑥现浇支架、地沟、预制支架安装，均按现浇混凝土、预制混凝土构件安装相应项目计算。

⑦构筑物中有关项目的分界线，按构筑物模板工程量规定界定。

(4)钢筋混凝土构件接头灌缝：

①钢筋混凝土构件接头灌缝，包括构件坐浆、灌缝、堵板孔、塞板、梁缝等，均按钢筋混凝土构件实体积以“m^3”计算。

②柱与柱基的灌缝，按首层柱体积计算；首层以上柱灌缝按各层柱体积计算。

③空心板堵塞端头孔的人工材料，已包括在定额内。

(5)设备基础二次灌浆以螺栓孔体积计算，不扣除螺栓所占体积。

5. 厂库房大门、特种门、木结构工程

(1)厂库房大门、特种门制作、安装工程量均按门窗洞口面积计算。无框厂库房大门、特种门，按设计门扇外围面积计算。

(2)木屋架的制作安装工程量，按以下规定计算：

①木屋架制作安装均按设计断面竣工木料以“m^3”计算，其后备长度及配制损耗已包括在项目内不另计算。附属于屋架的夹板、垫木等已并入相应的屋架制作项目中，不另计算；与屋架连接的挑檐木、支撑等，其工程量并入屋架竣工木料体积内计算。

②屋架的制作安装应区别不同跨度，其跨度应以屋架上下弦杆的中心线交点之间的长度为准，带气楼的屋架并入所依附屋架的体积内计算。

③屋架的马尾、折角和正交部分半屋架，应并入相连接的屋架的体积内计算。

④钢木屋架区分圆、方木，按竣工木料以“m^3”计算。

(3)圆木屋架连接的挑檐木、支撑等如为方木，其方木部分按矩形檩木计算。

(4)檩木按竣工木料以“m^3”计算。简支檩长度按设计规定计算，如设计无规定，按屋架或山墙中距增加20 cm计算，如两端出山墙，檩条长度算至博风板；连续檩条的长度按设计长度计算，接头长度按全部连续檩木总体积的5%计算。檩条托木已包括在项目中，不另计算。

(5)屋面木基层，按屋面的斜面积计算。天窗挑檐重叠部分按设计规定计算，屋面烟囱及斜沟部分所占面积不扣除。

(6)封檐板按图示檐口的外围长度计算，博风板按斜长度计算，每个大刀头增加长度500 mm。

(7)木楼梯按水平投影面积计算，但楼梯井宽度超过300 mm时应予扣除。定额已包括踏步板、踢脚板、休息平台和伸入墙内部分的工料，但未包括楼梯及平台底面的钉天棚。其天棚工程量以楼梯投影面积乘以系数1.1，按装饰定额中相应天棚面层计算。

6. 金属结构工程

(1)金属结构构件制作按图示尺寸以"t"计算，不扣除孔眼、切边、切肢的质量，焊条、铆钉、螺栓等质量，已包括在定额内，不另计算。在计算不规则或多边形钢板质量时，以其外接矩形面积乘以厚度再乘以单位理论质量计算。

(2)制动梁的制作工程量，包括制动梁、制动桁架、制动板质量。墙架的制作工程量，包括墙架柱、墙架梁及连接拉杆的质量。钢柱制作工程量，包括依附于柱上的牛腿及悬臂梁质量。

(3)天窗挡风架、柱侧挡风板、遮阳板支架制作工程量，均按挡风架子目计算主材质量。

(4)依附于钢柱上的牛腿及悬臂梁的主材质量，并入柱身主材质量内计算。

(5)钢屋架单榀质量在0.5 t以下者，按轻钢屋架子目计算。

(6)压型钢板墙，按设计图示尺寸以铺挂面积计算。不扣除单个0.3 m^2以内孔洞所占面积，包角、包边、窗台泛水等不另增加面积。

7. 屋面及防水工程

(1)平瓦、波瓦屋面、金属压型板(含挑檐部分)均按图示尺寸的水平投影面积乘以屋面坡度系数(见表3-20)以"m^2"计算，不扣除房上烟囱、竖风道、风帽底座、屋顶小气窗和斜沟等所占面积，屋面小气窗的出檐部分亦不增加。屋脊已包括在定额内，不另行计算。

表3-20　屋面坡度系数表

坡度 $B(A=1)$	高跨比 $B/(2A)$	坡角角度 α	延尺系数 C $(A=1)$	隅延尺系数 D $(A=1)$
1	1/2	45°	1.414 2	1.732 1
0.750		36°52′	1.250 0	1.600 8
0.700		35°	1.220 7	1.577 9
0.666	1/3	33°40′	1.201 5	1.562 0
0.650		33°01′	1.192 6	1.556 4

续表 3-20

坡度 $B(A=1)$	高跨比 $B/(2A)$	坡角角度 α	延尺系数 C $(A=1)$	隅延尺系数 D $(A=1)$
0.600		30°58′	1.166 2	1.536 2
0.577		30°	1.154 7	1.527 0
0.550		28°49′	1.141 3	1.517 0
0.500	1/4	26°34′	1.118 0	1.500 0
0.450		24°14′	1.096 6	1.483 9
0.400	1/5	21°48′	1.077 0	1.469 7
0.350		19°17′	1.059 4	1.456 9
0.300		16°42′	1.044 0	1.445 7
0.250		14°02′	1.030 8	1.436 2
0.200	1/10	11°19′	1.019 8	1.428 3
0.150		8°32′	1.011 2	1.422 1
0.125		7°08′	1.007 8	1.419 1
0.100	1/20	5°42′	1.005 0	1.417 7
0.083		4°45′	1.003 5	1.416 6
0.066	1/30	3°49′	1.002 2	1.415 7

坡屋面示意图如图 3-5 所示。图 3-5 中:①两坡排水屋面面积为屋面水平投影面积乘以延尺系数 C;②四坡排水屋面斜脊长度 $= A \times D(S = A)$;③沿山墙泛水长度 $= A \times C$。

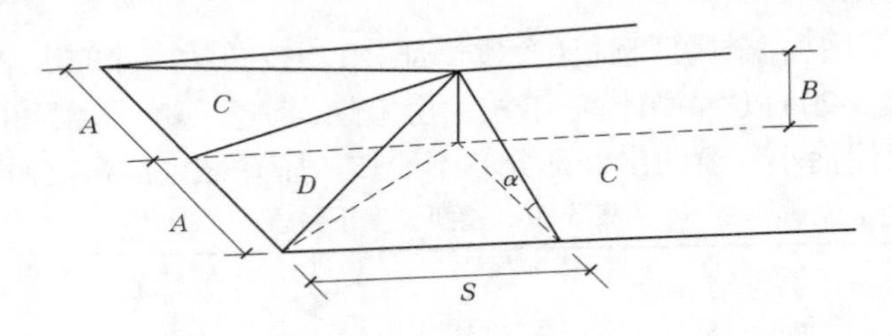

图 3-5 坡屋面示意图

(2)卷材屋面工程量按以下规定计算:

①卷材屋面按图示尺寸展开面积以"m^2"计算,不扣除房上烟囱、竖风道、风帽底座、屋顶小气窗和斜沟所占面积。女儿墙、伸缩缝和天窗等处弯起高度,按图示尺寸并入屋面工程量计算。如图纸无规定,伸缩缝、女儿墙的弯起部分可按 250 mm 计算,天窗弯起部分可按 500 mm 计算,并入屋面工程量内。

②卷材屋面的附加层、接缝、收头、找平层的嵌缝、冷底子油、基地处理剂已计入定额内,不另计算。

(3)刚性屋面和涂膜屋面工程量的计算同卷材屋面。涂膜屋面的油膏嵌缝、玻璃布盖缝,以“延长米”计算。

坡度小于3°49′的屋面工程量按图示尺寸水平投影面积计算。

(4)防水工程工程量按下列规定计算:

①建筑物地面防水、防潮层,按主墙间净空面积计算,扣除凸出地面的构筑物、设备基础等所占的面积,不扣除柱、垛、间壁墙、附墙烟囱及0.3 m^2以内孔洞所占的面积。与墙连接处高度在500 mm以内者按展开面积计算,并入平面工程量内,当超过500 mm时,按立面防水层计算。

②构筑物及建筑物地下室防水层,按实铺面积计算,但不扣除0.3 m^2以内孔洞面积。平面与立面交接处的防水层,当其上卷高度超过500 mm时,按立面防水计算。

③防水卷材的附加层、接缝、收头、冷底子油等人工、材料均已计入定额内,不另计算。

④ 变形缝按“延长米”计算。

(5)屋面排水工程量按以下规定计算:

①铁皮排水按图示尺寸以展开面积计算;如图纸未标注尺寸,按表3-21(铁皮排水单体零件面积折算表)规定计算;咬口和搭接等已计入定额中,不另计算。

② 铸铁、玻璃钢及塑料落水管,区分不同直径、规格,按图示尺寸以“延长米”计算;雨水口、水斗、弯头、短管以“个(套)”计算。

表3-21 铁皮排水单体零件面积折算表

名称		单位	天沟(m)	斜沟、天窗窗台泛水(m)	天窗侧面泛水(m)	烟囱泛水(m)	通气管泛水(m)	滴水檐头泛水(m)	滴水(m)
铁皮排水	天沟、斜沟、天窗窗台泛水、天窗侧面泛水、烟囱泛水、通气管泛水、滴水檐头泛水、滴水	m^2	1.30	0.50	0.70	0.80	0.22	0.24	0.11

8. 防腐、隔热、保温工程

1)防腐工程

防腐工程项目应区别不同防腐材料种类及其厚度,按设计图示尺寸以面积计算。平面防腐:扣除凸出地面的构筑物、设备基础等所占面积;立面防腐:砖垛等突出部分按展开面积并入墙面积内;踢脚线防腐:扣除门窗洞口所占面积并相应增加门洞侧壁面积。

2)隔热、保温工程

(1)保温隔热层应区别不同保温隔热材料,除另有规定外,均按设计图示尺寸以面积计算。

(2)保温隔热层的厚度按隔热材料(不包括胶结材料)净厚度计算。

(3)隔热层地面按设计图示尺寸以面积计算,不扣除柱、垛所占的面积。

(4)保温隔热墙:按设计图示尺寸以面积计算,扣除门窗洞口所占面积;当门窗洞口

侧壁需做保温时，并入保温墙体工程量内。

(5)保温柱：按设计图示以保温层中心线展开长度乘以保温层高度计算。

(6)其他有关说明：

①保温隔热墙的装饰面层，应按装饰工程中相应项目套用。

②柱帽保温隔热应并入天棚保温隔热工程量内。

③池槽保温隔热，池壁、池底应分别列项，池壁应并入墙面保温隔热工程量内，池底应并入地面保温隔热工程量内。

9. 楼地面工程

楼地面面层相关项目工程量计算：

(1)地面垫层。地面垫层面积同地面面积，应扣除沟道所占面积乘以垫层厚度，以体积计算。

(2)防潮层。地面防潮层面积同地面面积，墙面防潮按图示尺寸以面积计算，不扣除 0.3 m^2 以内的孔洞。

(3)防滑条按楼梯踏步两端距离减 300 mm，以“m”计算。

(4)弯头按个计算。

(5)楼地面嵌金属分隔条按图示尺寸以“m”计算。

10. 墙柱面工程

(1)内墙面抹灰计价工程量计算。内墙面抹灰面积按主墙间净长乘以高度计算，扣除墙裙、门窗洞口及单个 0.3 m^2 以外的孔洞面积，不扣除踢脚线、挂镜线和墙与构件交接处的面积，门窗洞口和侧壁及顶面不增加面积。附墙柱、梁、垛、烟囱侧壁并入相应墙面面积内。抹灰高度是：有吊顶者，其高度自楼地面至天棚下皮另加 10 cm 计算；有墙裙者，其高度自墙裙顶点至天棚底面另加 10 cm 计算。

(2)外墙窗间墙抹灰，以展开面积计算。

(3)墙(柱)面镶贴块料面层按实贴面积计算。

(4)墙面装饰抹灰相关项目工程量计算，抹灰厚度增减及分格嵌缝以面积计算。

(5)装饰板墙面中不锈钢卡口槽的工程量以“延长米”计算。

11. 天棚工程

(1)天棚吊顶计价工程量计算。天棚吊顶天棚面装饰面积，按主墙间净空面积计算，不扣除间壁墙、检查口、附墙烟囱、柱、垛和管道所占面积，应扣除独立柱及与天棚相连的窗帘盒所占的面积。天棚中的折线、迭落等圆弧形、拱形、高低灯槽及其他艺术形式天棚面层均按展开面积计算。

(2)天棚吊顶相关项目工程量计算。

①各种吊顶天棚龙骨按主墙间净空面积计算，不扣除间壁墙、检查口、附墙烟囱、柱垛和管道所占面积，但天棚中的折线、迭落等圆弧形、高低吊灯槽等面积也不展开计算。

②天棚基层按展开面积计算。

③铝扣板收边线、石膏板缝按“延长米”计算。

④保温层按实铺面积计算。

⑤灯光槽按延长米计算。

12. 门窗工程

(1)门窗计价工程量计算。

①除电子感应门、转门、电动伸缩门以樘为单位计算外,其他各种门、窗按框外围面积以 m^2 计算。纱门扇与纱亮子以门框中槛的上皮为分界线。

②塑钢门(窗)纱扇的工程量按实际安装纱扇框外围面积计算。

③铝合金弧形、异形门窗按展开面积计算。门带窗分别计算套用相应子目,门算至门框外边线。

④铝合金卷闸门按面积计算(门高度按洞口高度加600 mm,宽度按闸门实际宽度计算)。电动装置安装以套计算,小门安装以个计算。防火卷帘门以楼地面算至端板顶点乘以设计宽度计算。

$$铝合金卷闸门面积 = 宽度 \times (洞口高度 + 600\ mm)$$

(2)特殊五金计价工程量计算。

①吊装滑动门轨工程量以"延长米"计算。

②门锁、地锁、门轧头、防盗门扣、门眼、电子锁工程量以"把"为单位计算。

③门碰珠工程量以"只"为单位计算。

④暗插销工程量以"件"为单位计算。

(3)窗台板计价工程量计算。木窗台板按实铺面积计算,石材窗台板按"立方米"计算。

3.2.3 综合单价的分析与确定

3.2.3.1 综合单价的计算

综合单价的计算采用定额组价的方法,即以计价定额为基础进行组合计算。因《计算规范》和"定额"中的工程量计算规则、计量单位、工程内容不尽相同,综合单价的计算不是简单地将其所含的各项费用进行汇总,而是需通过具体计算后综合而成。综合单价的编制步骤见图3-6。

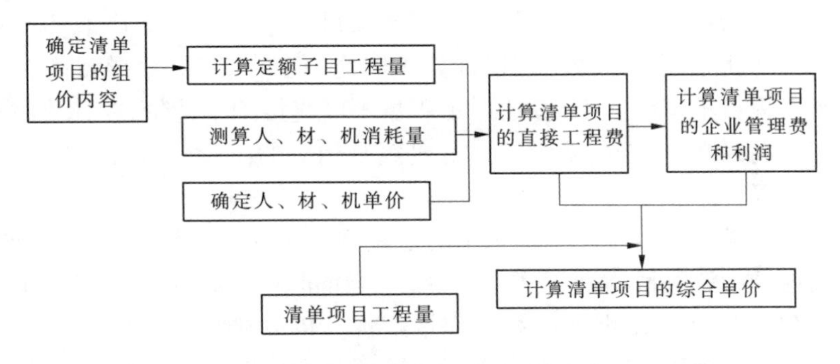

图3-6 综合单价的编制步骤

$$\begin{aligned}&分部分项工程量清单项目综合单价\\&= \sum(清单项目所含分项工程内容的综合单价 \times 其工程量) \div 清单项目工程量\end{aligned} \tag{3-5}$$

$$规定计量单位项目人工费 = \sum(人工消耗量 \times 单价) \tag{3-6}$$

$$规定计量单位项目材料费 = \sum(材料消耗量 \times 单价) \tag{3-7}$$

$$规定计量单位项目机械使用费 = \sum(机械台班消耗量 \times 单价) \tag{3-8}$$

人工、材料、机械台班的消耗量,可按企业定额或“定额消耗量”并结合工程情况分析确定。

人工、材料、机械台班单价,可根据自行采集的市场价格或省、市工程造价管理机构发布的市场价格信息,并结合工程情况确定。

以《安徽省建设工程工程量清单计价依据》为例,人工费市场单价为31元/工日。企业管理费和利润,按确定的建筑工程消耗量定额综合单价中人工费、机械费为计算基数,即

$$企业管理费 = (人工费 + 机械费) \times 管理费费率 \tag{3-9}$$

$$利润 = (人工费 + 机械费) \times 利润率 \tag{3-10}$$

3.2.3.2　综合单价的组合方法

1. 确定清单项目的组价内容

清单项目一般以一个“综合实体”列项,其包含了较多的工程内容,这样计价时可能出现一个清单项目对应多个定额子目的情况。因此,确定综合单价时,首先就是比较清单项目的工程内容与相应定额项目的工程内容,结合清单项目的特征描述,确定拟组价清单项目应该由哪几个定额子目来组合。

例如:“实心砖墙”清单项目,《计算规范》规定的工程内容是砂浆制作、运输、砌砖、勾缝、砖压顶砌筑、材料运输。定额包括的工程内容与《计算规范》规定的工程内容一致,实心砖墙清单项目直接套砌砖墙定额组价。例如:“现浇混凝土基础”清单项目,《计算规范》规定的工程内容是铺设垫层、混凝土制作、运输、浇筑、振捣、养护、地脚螺栓二次灌浆。定额分别列有垫层铺设、混凝土基础施工、地脚螺栓二次灌浆,所以“现浇混凝土基础”清单项目由垫层、基础、地脚螺栓二次灌浆预算基价项目复合组价。

2. 计算组价内容的工程量

由于一个清单项目可能对应几个定额子目,而清单工程量计算的是主项工程量,与各地定额子目的工程量可能不一致;即便一个清单项目对应一个定额子目,也可能由于清单工程量计算规则与所采用的定额工程量计算规则之间存在差异,而导致两者的计价单位和计算出来的工程量不一致。因此,清单工程量不能直接用于计价,在计价时必须考虑施工方案等各种影响因素,根据所采用的计价定额及相应的工程量计算规则重新计算各定额子目的施工工程量。

定额子目工程量应严格按照与所采用的定额相对应的工程量计算规则计算。

例如:“门窗”清单项目,《计算规范》规定的计量单位是“樘”,规定的计量单位是“m^2”,两者工作内容相同,需重新计算工程量组价。再以建筑工程土石方工程中的基础土方工程量的计算为例,清单附录中规定了清单项目的计算规则:“按设计图示尺寸以基础垫层底面积乘以挖土深度计算”。招标方就是按照这个计算规则进行清单项目的工程量计算,最终完成招标文件编制的。这个计算规则的优点是计算简便,使工程量的计算和项目编码变得简单而快捷,但这样计算出来的数据是一个虚数。因为在实际工作中,凡是构成大中型项目的基础土方工程,只要不采用基坑支护,一定要考虑工作面和放坡。清单

报价时，实方单位体积是可以根据现行定额进行计价的，也有市场价格可参考。因此，投标方在报价时还要进行二次计算，计算出实方体积的定额工程量。按照《建设工程工程量清单计价规范》（GB 50500—2013）的要求，招标人只需要公布清单工程量，而定额层次的工程量由投标人自行报价计算。

3. 综合单价的组合方法

综上所述，综合单价的组合方法有以下几种方法：直接套用定额组价、重新计算计价工程量组价、复合组价、重新计算工程量复合组价。

1）直接套用定额组价

直接套用定额组价指一个分项清单项目工程的单价仅由一个定额计价项目组合而成。这种组价方法较简单，定额包括的工程内容与《计算规范》规定的工程内容一致，在一个单位工程中大多数的分项清单工程可利用这种方法。

2）重新计算工程量组价

重新计算工程量组价，是指工程量清单给出的分项工程项目的单位，与所用定额的单位不同，或工程量计算规则不同，需要按定额的计算规则重新计算工程量来组价综合单价。此种方法工程量清单项目和定额子目的工程内容一样，只是工程量不同。

重新计算工程量组价，主要按照所使用定额中的工程量计算规则计算工程量。

3）复合组价

复合组价，指工程量清单项目的单位、工程量计算规则与定额子目相同，但两者工程内容不同。这是因为清单项目原则上是按实体设置的，而实体是由多个单一项目综合而成的，清单项目的工程内容是由主体项目和相关项目构成的，清单项目的名称是主体项目，主体项目和若干相关项目各为一个定额的子目，复合组价是对清单项目的各组成子目计算出合价并进行汇总后折算出该清单项目的综合单价。

4）重新计算工程量复合组价

重新计算工程量复合组价，是指工程量清单给出的分项工程项目的单位，与所用的定额子目的单位不同，或工程量计算规则不同，并且两者工程内容也不同。需要根据清单项目的工程内容确定由哪些定额子目组成，按定额的计算规则重新计算主体项目的计价工程量，各定额子目计价计算出合价并进行汇总后折算出该清单项目的综合单价。

重新计算工程量复合组价，主要是根据《计算规范》的工作内容和工程量清单文件计算主体项目的计价工程量、相关项目的工程量。

【任务实施】

1. 实践准备

（1）熟悉工程量清单（部分）项目及其项目特征。配套工程分部分项工程工程量清单项目表（部分）如表3-22所示。

（2）熟悉计价工程量的计算规则。

（3）熟悉清单综合单价的要求。

2. 任务实施

（1）根据每一个清单项目的项目特征和安徽省消耗量定额的使用要求，为每一个清单项目匹配相应的定额项目，并计算清单匹配定额项目的工程量。

①定额套取分析。

②定额项目工程量计算分析。

③定额项目工程量计算。

表 3-22　分部分项工程工程量清单项目表（部分）

序号	项目编码	项目名称	项目特征	计量单位	工程量
	A.1	土方工程			
1	010101001001	平整场地	1. 土壤类别：三类土 2. 弃土运距：投标人自行考虑 3. 取土运距：投标人自行考虑	m^2	736.22
2	010101004001	挖基坑土方 J－1	1. 土壤类别：三类土 2. 挖土深度：4.65 m	m^3	117.18
3	010103001001	回填方	1. 密实度要求：夯填 2. 回填部位：基础回填	m^3	101.04
	D.2	砌块砌体			
4	010402001001	砌块墙	1. 砖的品种、规格：蒸压加气混凝土砌块 2. 墙体类型：200 mm 厚 3. 砂浆强度等级：M5 混合砂浆 4. 部位：±0.00 以上	m^3	12.59
	E.1	现浇混凝土基础			
5	010501003001	独立基础 J－1	1. 混凝土种类：现浇钢筋混凝土 2. 混凝土强度等级：C25	m^3	7.53

（2）计算分部分项工程工程量清单项目综合单价。

①建筑装饰 A.1 第 1 项，项目编码 010101001001；项目名称：平整场地，三类土；业主提供的工程量清单为（底层面积）736.22 m^2。

a. 投标人按综合基价计算规则计算场地平整工程量：

$S_{平} = S_{首层建筑面积} + 2L_{外} + 16$

$= 736.22 + 2 \times [(49 + 0.175 \times 2 + 16.7 + 1.5 + 3) \times 2] + 16$

$= 736.22 + 2 \times 141.1 + 16$

$= 1\ 034.42(m^2)$

b. 平整场地费用分析，执行子目为 1－26：

人工费＝0.99×1 034.42＝1 024.08（元）

管理费＝（人工费＋机械费）×21.5%＝（1 024.08＋0）×21.5%＝220.18（元）

利润＝（人工费＋机械费）×15%＝（1 024.08＋0）×15%＝153.61（元）

平整场地合价＝1 024.08＋220.18＋153.61＝1 397.87（元）

综合单价＝1 397.87÷736.22＝1.90（元）

②建筑装饰 A.1 第4项;项目编码 010101004001;项目名称:挖基坑土方 J－1,三类土,挖土深度 4.65 m;业主提供的工程量清单为(不考虑放坡与留施工工作面等因素)117.18 m^3。

a. 挖基坑费用分析

投标人根据施工组织设计及施工方案要求可知:土壤类别为三类土,挖深超过 1.5 m,需放坡,放坡系数 $K=0.33$,混凝土垫层留工作面 $C=300$ mm;扣除回填土后余土采用自卸汽车运输,运距 3 km。

根据公式 $V=(a+2c+kh)(b+2c+kh)\times h+1/3k^2h^3$,计算计价工程量:

阅读结施2基础平面布置图及图2.5,获知:

$$a=1.8+0.1\times2=2.0(\text{m});b=1.9+0.1\times2=2.1(\text{m})$$

本工程场地平整至室外设计地坪位置,本工程室外设计地坪为 −0.45 m,故挖土深度

$$h=5+0.1-0.45=4.65(\text{m})$$

J－1 挖基坑土方体积 $V=[(2.0+2\times0.3+0.33\times4.65)\times(2.1+2\times0.3+0.33\times4.65)\times4.65+1/3\times0.33^2\times4.65^3]\times6=510.36(\text{m}^3)$

费用分析执行子目 A1－22(H):

人工费＝23.77×510.36＝12 131.26(元)

管理费＝(人工费＋机械费)×21.5%＝2 608.22(元)

利润＝(人工费＋机械费)×15%＝1 819.69(元)

挖 J－1 基坑土方合价＝12 131.26＋2 608.22＋1 819.69＝16 559.17(元)

b. 土方运输费用分析

运土体积＝(510.36－101.04)÷1 000＝409.32÷1 000＝0.41(m^3)

费用分析执行子目 A1－180:

人工费＝186×0.41＝76.26(元)

机械费＝8 929.6×0.41 ＝3 661.14(元)

管理费＝(人工费＋机械费)×21.5%＝803.54(元)

利润＝(人工费＋机械费)×15%＝560.61(元)

土方运输合价＝76.26＋3 661.14＋803.54＋560.61＝5 101.55(元)

综合单价＝(16 559.17＋5 101.55)÷117.18＝184.85(元)

③建筑装饰 A.3 第1项;项目编码 010103001001;项目名称:基础土方回填(夯填);业主提供的工程量清单为 101.04 m^3。

投标人计算计价工程量为:$V=494.22$ m^3

基础土方回填(夯填)费用分析执行子目 A1－29:

人工费＝7.56×494.22＝3 736.30(元)

机械费＝1.77×494.22＝874.77(元)

管理费＝(人工费＋机械费)×21.5%＝991.38(元)

利润＝(人工费＋机械费)×15%＝691.66(元)

土方回填合价＝3 736.30＋874.77＋991.38＋691.66＝6 294.11(元)

综合单价＝6 294.11÷101.04＝62.29(元)

④建筑装饰 D.2 第1项;项目编码 010402001001;项目名称:砌块墙、蒸压加气混凝土砌块、200 mm 厚、±0.00 以上 M5 混合砂浆砌筑;业主提供的工程量清单为(一层①～

②轴办公室）12.59 m^3。

投标人计算计价工程量为：$V=12.59\ m^3$

费用分析执行子目 A3－31：

人工费＝28.99×12.59＝364.98（元）

材料费＝164.38×12.59＝2 069.54（元）

机械费＝0.80×12.59＝10.07（元）

管理费＝（人工费＋机械费）×21.5%＝80.64（元）

利润＝（人工费＋机械费）×15%＝56.26（元）

砖基础合价＝364.98＋2 069.54＋10.07＋80.64＋56.26＝2 581.49（元）

综合单价＝2 581.49÷12.59＝205.43（元）

⑤建筑装饰 E.1 第 3 项；项目编码 010501003001；项目名称：C25 现浇钢筋混凝土独立基础（J－1）；业主提供的工程量清单为 7.53 m^3。

投标人计算计价工程量为：$V=7.53\ m^3$

费用分析执行子目 A4－4（换）：

人工费＝29.02×7.53＝218.52（元）

材料费＝182.50×7.53＝1 374.23（元）

机械费＝12.55×7.53＝94.50（元）

管理费＝（人工费＋机械费）×21.5%＝67.30（元）

利润＝（人工费＋机械费）×15%＝46.95（元）

独立基础合价＝218.52＋1 374.23＋94.50＋67.30＋46.95＝1 801.5（元）

综合单价＝1 801.5÷7.53＝239.24（元）

（3）将计算的清单项目的综合单价，填入分部分项工程工程量清单计价表中，如表 3-23所示。

表 3-23　分部分项工程工程量清单计价表

序号	项目编码	项目名称	项目特征	计量单位	工程数量	金额（元）	
						综合单价	合价
	A.1	土方工程					
1	010101001001	平整场地	1. 土壤类别：三类土 2. 弃土运距：投标人自行考虑 3. 取土运距：投标人自行考虑	m^2	736.22	1.90	1 398.82
2	010101004001	挖基坑土方 J－1	1. 土壤类别：三类土 2. 挖土深度：4.65 m	m^3	117.18	184.85	21 660.72
3	010103001001	回填方	1. 密实度要求：夯填 2. 回填部位：基础回填	m^3	101.04	62.29	6 293.78
		小计					29 353.32

续表 3-23

序号	项目编码	项目名称	项目特征	计量单位	工程数量	金额(元)	
						综合单价	合价
	D. 2	砌块砌体					
4	010402001001	砌块墙	1. 砖的品种、规格:蒸压加气混凝土砌块 2. 墙体类型:200 mm 厚 3. 砂浆强度等级:M5 混合砂浆 4. 部位:±0.00 以上	m^3	12. 59	205. 43	2 586. 36
	E. 1	现浇混凝土基础					
5	010501003001	独立基础 J－1	1. 混凝土种类:现浇钢筋混凝土 2. 混凝土强度等级:C25	m^3	7. 53	239. 24	1 801. 48

【典型小案例】

1. 计价工程量计算

【例 3-1】 某单位传达室基础平面图及基础详图见图 3-7,土壤为三类土、干土,场内运土,计算人工挖地槽工程量。

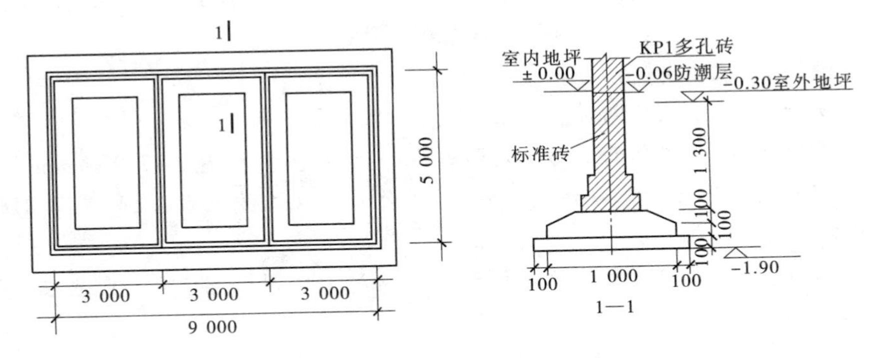

图 3-7　基础平面图及基础详图

【相关知识】

(1) 挖土深度从设计室外地坪至垫层底面,三类土,挖土深度超过 1. 5 m,按 1∶0. 33 放坡。

(2) 垫层需支模板,工作面从垫层边至槽边,$c = 300$ mm。

(3) 地槽长度:外墙按基础中心线长度计算,内墙按扣去基础宽和工作面后的净长线计算,放坡增加的宽度不扣。

解:工程量计算。

(1)挖土深度:1.90 − 0.30 = 1.60(m)

(2)槽底宽度(加工作面):1.20 + 0.30 × 2 = 1.80(m)

(3)槽上口宽度(加放坡长度):1.80 + 1.60 × 0.33 × 2 = 2.86(m)

(4)地槽长度:

外:(9.0 + 5.0) × 2 = 28.0(m)

内:(5.0 − 1.80) × 2 = 6.40(m)

(5)体积:1.60 × (1.80 + 2.86) × 1/2 × (28.0 + 6.40) = 128.24(m^3)

(6)挖出土场内运输:128.24 m^3

【例 3-2】 某建筑物地下室见图 3-8,地下室墙外壁做涂料防水层,施工组织设计确定用反铲挖掘机挖土,土壤为三类土,机械挖土坑内作业,土方外运 1 km,回填土已堆放在距场地 150 m 处,计算挖土方工程量及回填土工程量。

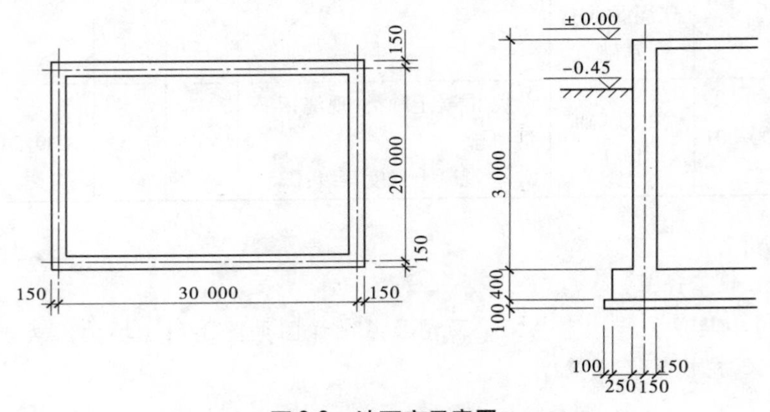

图 3-8　地下室示意图

【相关知识】

(1)三类土、机械挖土深度超过 1.5 m,按 1∶0.25 放坡。

(2)垂直面做防水层,工作面从防水层的外表面至地坑边,按表 3-17,800 mm。

(3)机械挖不到的地方人工修边坡,整平的工作量需人工挖土方,但量不得超过挖土方总量的 10%。

(4)计算回填土时,用挖出土总量减设计室外地坪以下的垫层、整板基础、地下室墙及地下室净空体积。

解:工程量计算。

(1)挖土深度:　　3.50 − 0.45 = 3.05(m)

(2)坑底尺寸(加工作面,从墙防水层外表面至坑边):

30.30 + 0.80 × 2 = 31.90(m)

20.30 + 0.80 × 2 = 21.90(m)

(3)坑顶尺寸(加放坡长度):

放坡长度 = 3.05 × 0.25 = 0.76(m)

31.90 + 0.76 × 2 = 33.42(m)

21.90 + 0.76 × 2 = 23.42(m)

(4)体积:$(31.9\times21.9+33.42\times23.42+65.32\times45.32)\times3.05/6=2\ 257.82(m^3)$

其中,人工挖土方量

坑底整平 $0.2\times31.9\times21.9=139.72(m^3)$

修边坡 $0.10\times(31.9+33.42)\times1/2\times3.14\times2=20.51(m^3)$

$0.10\times(21.9+23.42)\times1/2\times3.14\times2=14.23(m^3)$

小计:

人工挖土方 $139.72+20.51+14.23=174.46(m^3)$(未超过挖土方总量的10%)

机械挖土方 $2\ 257.82-174.46=2\ 083.36(m^3)$

(5)回填土挖土方总量:$2\ 257.82\ m^3$

垫层量:$0.10\times31.0\times21.0=65.10(m^3)$

减底板:$0.40\times30.80\times20.80=256.26(m^3)$

减地下室:$2.55\times30.30\times20.30=1\ 568.48(m^3)$

回填土量:$2\ 257.82-65.10-256.26-1\ 568.48=367.98(m^3)$

【例3-3】 某建筑物基础打预制钢筋混凝土方桩120根,桩长(桩顶面至桩尖底)9.5 m,断面尺寸为250 mm×250 mm。(1)求打桩工程量;(2)若将桩送入地下0.5 m,求送桩工程量。

解:预制钢筋混凝土桩的工程数量计算如下。

按设计图示尺寸以桩长(包括桩尖)或根数计算。

桩长为9.5 m,断面尺寸为250 mm×250 mm,数量为120根,打预制钢筋混凝土方桩的工程量为$9.5\times120=1\ 140(m)$(或120根)。

单根方桩送桩长度为$0.5+0.5=1.0(m)$,则总工程量为$1.0\ m\times120=120(m)$。

如果是施工企业编制投标报价,应按建设主管部门规定方法计算工程量。

(1)打桩工程量

$$V=F\times L\times N=0.25\times0.25\times9.5\times120=71.25(m^3)$$

(2)送桩工程量

送桩长度为:$0.5+0.5=1.0(m)$

则送桩工程量$=F\times$送桩长度$\times$送桩数量$=0.25\times0.25\times1.0\times120=7.5(m^3)$

【例3-4】 某工程为人工挖孔灌注混凝土桩,混凝土强度等级C20,数量为60根,设计桩长8 m,桩径1.2 m,已知土壤类别为四类土,求该工程混凝土灌注桩的工程数量。

解:混凝土灌注桩的工程数量计算如下。

按设计图示尺寸以桩长(包括桩尖)或者根数计算。

土壤类别为四类土、混凝土强度等级为C20、数量为60根、设计桩长8 m、桩径1.2 m、人工挖孔灌注混凝土桩的工程数量:$8\times60=480(m)$(或60根)。

如果是施工企业编制投标报价,应按建设主管部门规定方法计算工程量。

单根桩工程量:

$$V_{桩}=\pi\times(\frac{1.2}{2})^2\times8=9.043(m^3)$$

总工程量 $=9.043\times60=542.58(m^3)$

【例 3-5】 某单位传达室基础平面图及基础详图见图 3-9,室内地坪 ±0.00 m,防潮层 -0.06 m,防潮层以下用 M10 水泥砂浆砌标准砖基础,防潮层以上为多孔砖墙身。计算砖基础、防潮层的工程量。

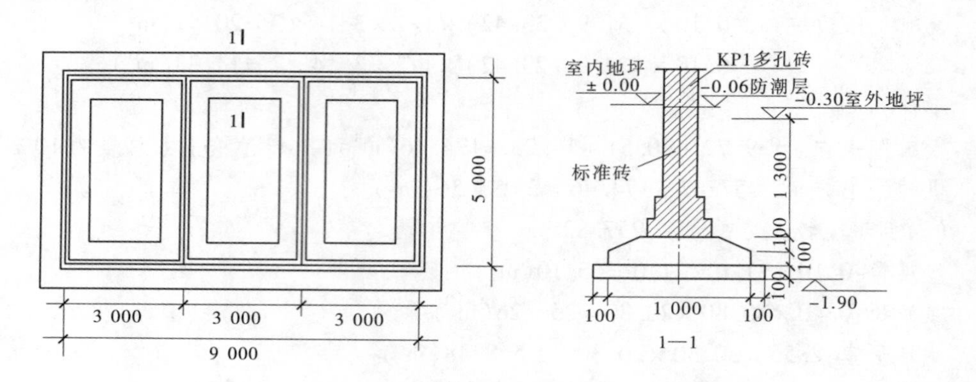

图 3-9 基础平面图及基础详图

【相关知识】

(1)基础与墙身使用不同材料的分界线位于 -60 mm 处,在设计室内地坪 ±300 mm 范围以内,因此 -0.06 m 以下为基础,-0.06 m 以上为墙身。

(2)墙的长度计算:外墙按中心线,内墙按净长,大放脚 T 形接头处重叠部分不扣除。

解:工程量计算。

(1)外墙基础长度:$(9.0+5.0)\times 2=28.0(\mathrm{m})$

内墙基础长度:$(5.0-0.24)\times 2=9.52(\mathrm{m})$

(2)基础高度 $1.30+0.30-0.06=1.54(\mathrm{m})$

240 厚墙,2 层,双面,0.197 m

(3)体积 $0.24\times(1.54+0.197)\times(28.0+9.52)=15.64(\mathrm{m}^3)$

(4)防潮层面积 $0.24\times(28.0+9.52)=9.00(\mathrm{m}^2)$

【例 3-6】 某单位传达室基础平面图、剖面图、墙身大样图见图 3-10,构造柱 240 mm × 240 mm,有马牙槎与墙嵌接,圈梁 240 mm × 300 mm,屋面板厚 100 mm,门窗上口无圈梁处设置过梁厚 120 mm,过梁长度为洞口尺寸两边各加 250 mm,窗台板厚 60 mm,长度为窗洞口尺寸两边各加 60 mm,窗两侧有 60 mm 宽砖砌窗套,砌体材料为 KP1 多孔砖,女儿墙为标准砖,计算墙体工程量。

【相关知识】

(1)墙的长度计算:外墙按外墙中心线,内墙按内墙净长线;墙的高度计算:现浇平屋(楼)面板算至板底,女儿墙自屋面板顶算至压顶底。

(2)计算工程量时,要扣除嵌入墙身的柱、梁、门窗洞口,突出墙面的窗套不增加。

(3)扣构造柱要包括与墙嵌接的马牙槎,本图构造柱与墙嵌接面有 20 个。

(4)因《计算规范》中 KP1 多孔砖内、外墙为同一定额子目,若砌筑砂浆强度等级一致,可合并计算。

解:工程量计算。

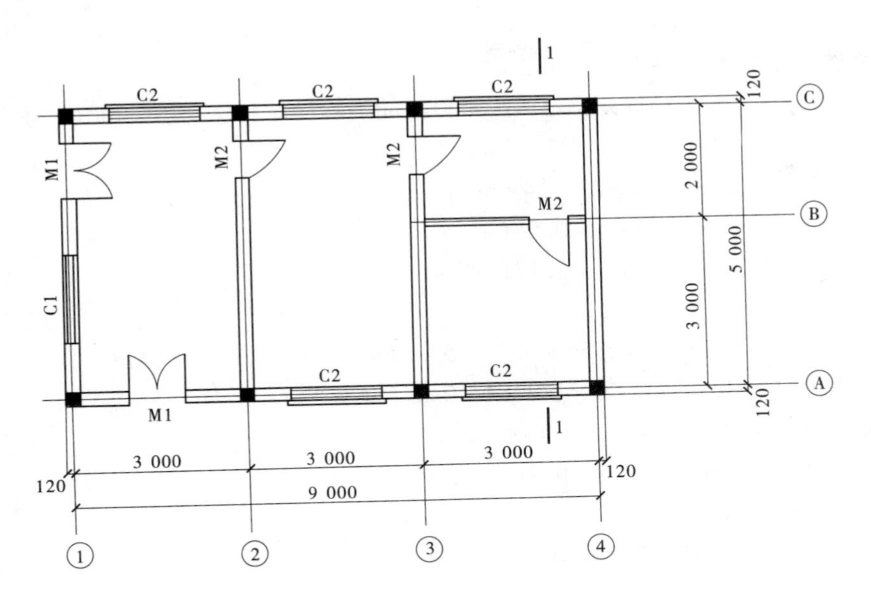

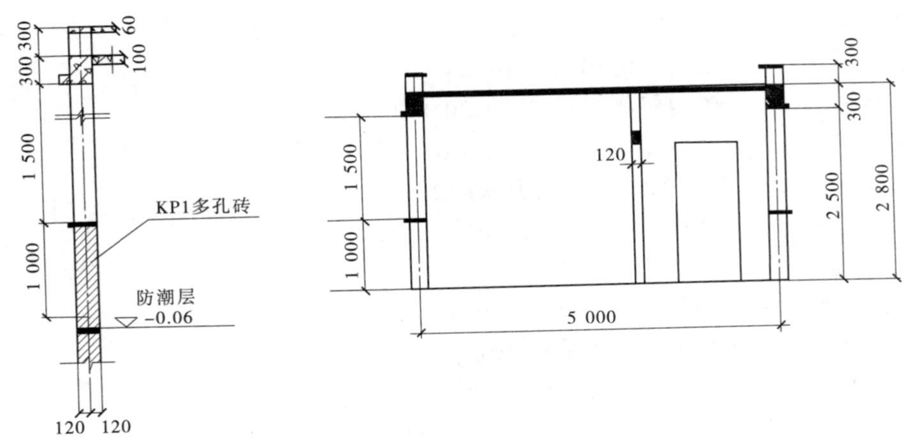

编号	宽	高	樘数
M1	1 200	2 500	2
M2	900	2 100	3
C1	1 500	1 500	1
C2	1 200	1 500	5

图 3-10 基础平面图、剖面图、墙身大样图

(1)一砖墙。

①墙长度 外:(9.0 +5.0) ×2 =28.0(m)

内:(5.0 -0.24) ×2 =9.52(m)

②墙高度 (扣圈梁、屋面板厚度,加防潮层至室内地坪高度)

2.8 -0.30 +0.06 =2.56(m)

③外墙体积 外:0.24 ×2.56 ×28.0 =17.20(m^3)

减构造柱:0. 24 ×0. 24 ×2. 56 ×8 =1. 18(m³)

减马牙槎:0. 24 ×0. 06 ×2. 56 ×1/2 ×16 =0. 29(m³)

减 C1 窗台板:0. 24 ×0. 06 ×1. 62 ×1 =0. 02(m³)

减 C2 窗台板:0. 24 ×0. 06 ×1. 32 ×5 =0. 10(m³)

减 M1:0. 24 ×1. 20 ×2. 50 ×2 =1. 44(m³)

减 C1:0. 24 ×1. 50 ×1. 50 ×1 =0. 54(m³)

减 C2:0. 24 ×1. 20 ×1. 50 ×5 =2. 16(m³)

外墙体积 =11. 47(m³)

④内墙体积　　内:0. 24 ×2. 56 ×9. 52 =5. 85(m³)

减马牙槎:0. 24 ×0. 06 ×2. 56 ×1/2 ×4 =0. 07(m³)

减过梁:0. 24 ×0. 12 ×1. 40 ×2 =0. 08(m³)

减 M2:0. 24 ×0. 90 ×2. 10 ×2 =0. 91(m³)

内墙体积 =4. 79(m³)

⑤一砖墙合计　11. 47 +4. 79 =16. 26(m³)

(2)半砖墙。

①内墙长度　　3. 0 −0. 24 =2. 76(m)

②墙高度　　2. 80 −0. 10 =2. 70(m)

③体积　　0. 115 ×2. 70 ×2. 76 =0. 86(m³)

减过梁　　0. 115 ×0. 12 ×1. 40 =0. 02(m³)

减 M2　　0. 115 ×0. 90 ×2. 10 =0. 22(m³)

④半砖墙合计　0. 86 −0. 02 −0. 22 =0. 62(m³)

(3)女儿墙。

①墙长度　　(9. 0 +5. 0) ×2 =28. 0(m)

②墙厚度　　0. 30 −0. 06 =0. 24(m)

③体积　　0. 24 ×0. 24 ×28. 0 =1. 61(m³)

【例 3-7】　某工业厂房柱的断面尺寸为 400 mm ×600 mm,杯形基础尺寸如图 3-11 所示,试求杯形基础的混凝土工程量。

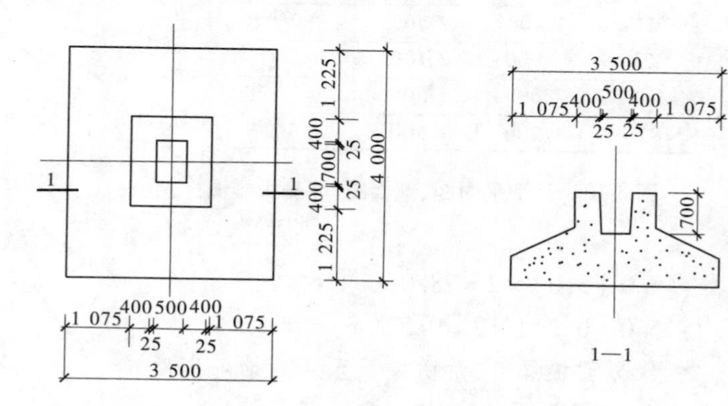

图 3-11　杯形基础图

解：

(1)下部矩形体积 V_1。

$$V_1=3.5\times4\times0.5=7(\mathrm{m}^3)$$

(2)中部棱台体积 V_2。

根据图3-11，已知 $a_1=3.5$ m，$b_1=4$ m；$h=0.5$ m；$a_2=3.5-1.075\times2=1.35(\mathrm{m})$

$$b_2=4-1.225\times2=1.55(\mathrm{m})$$

$$V_2=1/3\times0.5\times[3.5\times4+1.35\times1.55+(3.5\times4\times1.35\times1.55)^{\frac{1}{2}}]=3.58(\mathrm{m}^3)$$

(3)上部矩形体积 V_3。

$$V_3=1.35\times1.55\times0.6=1.26(\mathrm{m}^3)$$

(4)杯口净空体积 V_4。

$$V_4=1/3\times0.7\times[0.55\times0.75+0.5\times0.7+(0.55\times0.75\times0.5\times0.7)^{\frac{1}{2}}]$$
$$=0.27(\mathrm{m}^3)$$

(5)杯形基础体积。

$$V=V_1+V_2+V_3-V_4=7+3.58+1.26-0.27=11.57(\mathrm{m}^3)$$

【例3-8】　某建筑物基础采用C20钢筋混凝土，平面图形和结构构造如图3-12所示，试计算钢筋混凝土的工程量。(图中基础的轴心线与中心线重合，括号内为内墙尺寸)。

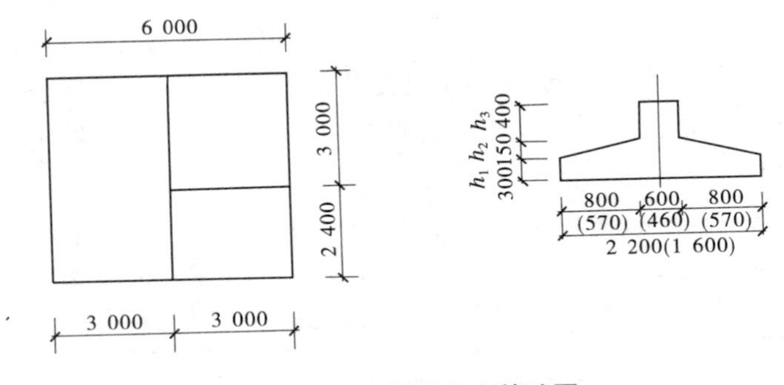

图3-12　钢筋混凝土基础图

解：

(1)计算长度。

$L_{外}=(6+3+2.4)\times2=22.8(\mathrm{m})$

$L_{内}=3+2.4+3=8.4(\mathrm{m})$

(2)外墙基础。

$$V_1=[0.4\times0.6+(0.6+2.2)\times0.15/2+0.3\times2.2]\times22.8=25.31(\mathrm{m}^3)$$

(3)内墙基础。

$$V_{2-1}=0.3\times1.6\times(8.4-2.2-1.1-0.8)=2.06(\mathrm{m}^3)$$

$$V_{2-2}=0.4\times0.46\times(8.4-0.6-0.3-0.23)=1.34(\mathrm{m}^3)$$

$$V_{2-3}=(0.46+1.6)\times0.15/2\times(8.4-1.4-0.7-0.515)=0.89(\mathrm{m}^3)$$

内墙基础小计为4.29 m^3。

(4)钢筋混凝土带形基础体积合计为 29.6 m^3。

【例 3-9】 求 10 块多边形连接钢板的质量,最大的对角线长 640 mm,最大宽度 420 mm,板厚 4 mm,如图 3-13 所示。

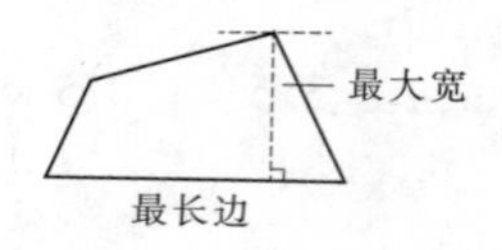

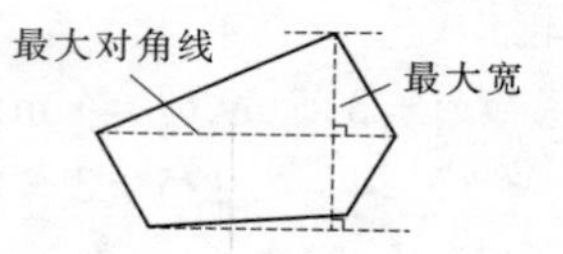

图 3-13 多边形钢板

【相关知识】

在计算不规则或多边形钢板质量时均以矩形面积计算。

解:

(1)钢板面积: $0.64 \times 0.42 = 0.2688(m^2)$

(2)查预算手册,钢板每平方米理论质量 31.4 kg/m^2

(3)图示质量: $0.2688 \times 31.4 = 8.44(kg)$

(4)工程量: $8.44 \times 10 = 84.4(kg)$

2. 综合单价分析

1)直接套用定额组价

【例 3-10】 某建筑工程清单项目如下:010403001001 基础梁 3.18 m^3。已知梁底标高为 -0.6 m,梁截面尺寸为 240 mm×240 mm,混凝土强度等级为 C20,混凝土现场搅拌,石子粒径为 40 mm。根据企业定额及市场行情确定各分项人工、材料、机械单价如表 3-24 所示,计算综合单价。

其中管理费费率为 25%,利润率为 18%,不考虑风险因素。

根据安徽省消耗量定额及市场行情确定各分项人工、材料、机械单价如表 3-24 所示。

表 3-24 现浇混凝土梁

定额编号		A4-16	A4-17	A4-18
定额名称		基础梁	单梁、连续梁、框架梁	异形梁、挑梁
计量单位		m^3	m^3	m^3
其中	人工费(元)	63.67	65.84	75.73
	材料费(元)	183.60	183.55	183.56
	机械费(元)	7.77	7.77	7.77

解:根据题意,套用定额编号 A4-16,计算过程如下:

企业管理费 = (人工费 + 机械费) × 25%

= (63.67 + 7.77) × 25% = 17.86(元)

利润 = (人工费 + 机械费) × 18%

= (63.67 + 7.77) × 18% = 12.86(元)

分部分项工程工程量清单综合单价计算表见表 3-25。

表 3-25　分部分项工程工程量清单综合单价计算表(一)

工程名称:某建筑工程　　计量单位: m^3
项目编号: 010403001001　　工程数量: 3.18
项目名称: 基础梁　　综合单价: 285.76 元/m^3

序号	定额编号	工程内容	单位	数量	人工费	材料费	机械费	管理费	利润	风险	小计
1	A4 - 16	矩形柱	m^3	3.18	63.67	183.60	7.77	17.86	12.86	0	285.76
		合计	元								285.76

分部分项工程工程量清单项目综合单价

= ∑(清单项目所含分项工程内容的综合单价 × 其工程量) ÷ 清单项目工程量

= (285.76 × 3.18) ÷ 3.18 = 285.76(元/m^3)

其中:人工费 = 63.67 元/m^3 × 3.18 m^3 ÷ 3.18 m^3 = 63.67(元/m^3)

材料费 = 183.60 元/m^3 × 3.18 m^3 ÷ 3.18 m^3 = 583.85(元/m^3)

机械费 = 7.77 元/m^3 × 3.18 m^3 ÷ 3.18 m^3 = 24.71(元/m^3)

管理费 = 17.86 元/m^3 × 3.18 m^3 ÷ 3.18 m^3 = 17.86(元/m^3)

利润 = 12.86 元/m^3 × 3.18 m^3 ÷ 3.18 m^3 = 12.86(元/m^3)

分部分项工程工程量清单综合单价分析表见表 3-26。

表 3-26　分部分项工程工程量清单综合单价分析表(一)

工程名称:某建筑工程　　计量单位: m^3
项目编号: 010403001001　　工程数量: 3.18
项目名称: 基础地圈梁　　综合单价: 285.76 元/m^3

序号	项目编码	项目名称	项目特征及工程内容	单位	综合单价组成(元/m^3)						
					人工费	材料费	机械费	管理费	利润	风险	综合单价
1	010403001001	基础地圈梁	小计	m^3	63.67	183.60	7.77	17.86	12.86		285.76
			梁底标高: -0.6 m 梁截面尺寸: 240 mm × 240 mm 混凝土强度等级: C20 混凝土:现场搅拌 石子粒径:40 mm	m^3	63.67	183.60	7.77	17.86	12.86		

2)重新计算工程量组价

【例 3-11】　清单项目如下: 020406007001,塑钢窗,单层,10 樘。

塑钢窗尺寸:1 800 mm × 1 800 mm,根据《安徽省装饰工程消耗量定额综合单价》,计算综合单价。其中管理费费率 16%,利润率为 7.5%,不考虑风险因素。

根据安徽省消耗量定额及市场行情确定各分项人工、材料、机械单价如表 3-27 所示。

表 3-27　门窗表

定额编号		B4－20	B4－45	B4－55	B4－61
定额名称		铝合金推拉窗 双扇带亮	塑钢窗 单层	实木门框	装饰板门扇制作 装饰面层
计量单位		100 m^2	100 m^2	100 m	100 m^2
其中	人工费(元)	3 011.34	1 736.00	310.00	1 581.00
	材料费(元)	16 106.73	23 470.87	865.38	3 699.34
	机械费(元)	151.96	58.84	0.00	0.00

解:根据题意,套用定额编号 B4－45,计算过程如下:

塑钢窗尺寸为 1 800 mm × 1 800 mm,计价工程量:1.80 × 1.80 × 10 = 32.40(m^2)

企业管理费 =(人工费 + 机械费)× 16%

=(1 736.00 + 58.84)× 16% = 287.17(元)

利润 =(人工费 + 机械费)× 7.5%

=(1 736.00 + 58.84)× 7.5% = 134.61(元)

分部分项工程工程量清单综合单价计算表见表 3-28。

表 3-28　分部分项工程工程量清单综合单价计算表(二)

工程名称:某建筑工程　　计量单位:樘

项目编号:020406007001　　工程数量:10

项目名称:塑钢窗　　综合单价:832.27 元/樘

序号	定额编号	工程内容	单位	数量	人工费	材料费	机械费	管理费	利润	风险	小计
1	B4－45	塑钢窗 制作安装	100 m^2	0.324	1 736.00	23 470.87	58.84	287.17	134.61		25 687.49
		合计	元								832.27

分部分项工程工程量清单项目综合单价

= Σ(清单项目所含分项工程内容的综合单价 × 其工程量)÷ 清单项目工程量

=(25 687.49 × 0.324)÷ 10 = 832.27(元/樘)

其中:人工费 = 1 736.00 元/樘 × 0.324 m^2 ÷ 10 樘 = 56.25(元/m^2)

材料费 = 23 470.87 元/樘 × 0.324 m^2 ÷ 10 樘 = 760.46(元/m^2)

机械费 = 58.84 元/樘 × 0.324 m^2 ÷ 10 樘 = 1.91(元/m^2)

管理费 = 287.17 元/樘 × 0.324 m^2 ÷ 10 樘 = 9.30(元/m^2)

利润 = 134.61 元/樘 × 0.324 m^2 ÷ 10 樘 = 4.36(元/m^2)

分部分项工程工程量清单综合单价分析表见表 3-29。

表 3-29 分部分项工程工程量清单综合单价分析表(二)

工程名称:某建筑工程　　计量单位:樘
项目编号:020406007001　　工程数量:10
项目名称:塑钢窗　　综合单价:832.27 元/樘

序号	项目编码	项目名称	项目特征及工程内容	单位	综合单价组成(元/樘)						
					人工费	材料费	机械费	管理费	利润	风险	综合单价
1	020406007001	塑钢窗	小计	樘	56.25	760.46	1.91	9.30	4.36		832.27
			窗类型:单层 窗尺寸:1 800 mm × 1 800 mm	樘	56.25	760.46	1.91	9.30	4.36		

【例 3-12】 平整场地清单项目如下:010101001001,建筑物首层外墙外边线尺寸如图 3-14 所示。

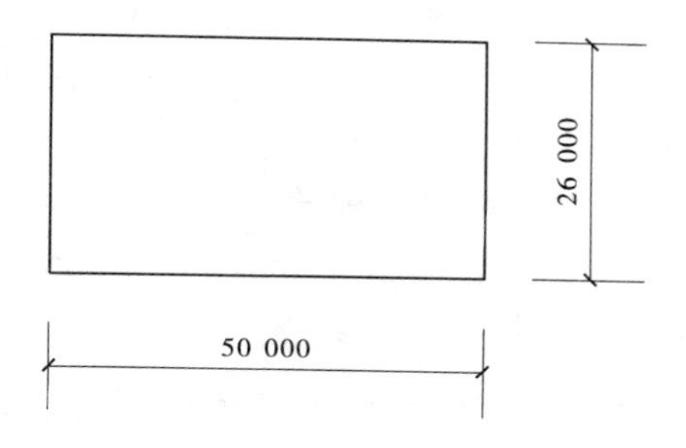

图 3-14 建筑物首层外墙外边线示意图

(1)人工费市场单价为 31 元/工日,企业管理费率为 19%,利润率为 15%,不考虑风险因素。

(2)《安徽省建筑工程消耗量定额》如表 3-30 所示。

表 3-30 场地平整、回填土、打夯

工作内容:场地平整厚度在 30 cm 以内,地挖、填、找平　　单位:m^2

定额编号			A1-26
项目名称			场地平整
名称		单位	消耗量
人工	综合工日	工日	0.032
机械	电动夯实机	台班	

解:根据计价规范计算规则,平整场地是按建筑物首层面积计算的:

工程量 $=50\times26=1\ 300(m^2)$

根据预算定额计算规则为周边各加 2 m 计算工程量:

工程量 $=(50+4)\times(26+4)=1\ 620(m^2)$

规定计量单位项目人工费 = ∑(人工消耗量 × 单价)

=0.032 工日 ×31 元/工日 =0.992(元)

规定计量单位项目材料费 = ∑(材料消耗量 × 单价) =0

规定计量单位项目机械使用费 = ∑(机械台班消耗量 × 单价) =0

企业管理费 =(人工费 + 机械费) ×19%

=(0.992 +0) ×19% =0.19(元)

利润 =(人工费 + 机械费) ×15%

=(0.992 +0) ×15% =0.15(元)

分部分项工程工程量清单综合单价计算表见表 3-31。

表 3-31　分部分项工程工程量清单综合单价计算表(三)

工程名称:某建筑工程　　计量单位: m^2

项目编号: 010101001001　　工程数量: 1 300

项目名称: 平整场地　　综合单价: 1.66 元/m^2

序号	定额编号	工程内容	单位	数量	综合单价组成(元/m^2)					小计
					人工费	材料费	机械费	管理费	利润	
1	A1 -26	30 cm 以内地挖、填、找平	m^2	1 620	0.992	—	—	0.19	0.15	1.33
		合计								1.66

分部分项工程工程量清单项目综合单价

= ∑(清单项目所含分项工程工程内容的综合单价 × 其工程量) ÷ 清单项目工程量

$=(1.33\times 1\ 620)\div 1\ 300=1.67$(元/$m^2$)

分部分项工程工程量清单综合单价分析表见表 3-32。

表 3-32　分部分项工程工程量清单综合单价分析表(三)

工程名称:某建筑工程　　计量单位: m^2

项目编号: 010101001001　　工程数量: 1 300

项目名称: 平整场地　　综合单价: 1.66 元/m^2

序号	项目编码	项目名称	项目特征及工程内容	综合单价组成(元/m^2)					综合单价
				人工费	材料费	机械费	管理费	利润	
1	010101001001	场地平整	30 cm 以内地挖、填找平	1.24	—	—	0.24	0.19	1.66

3)复合组价

【例 3-13】　清单项目如下:010702001001,屋面卷材防水及找平层,150.24 m^2,根据《安徽省建筑工程消耗量定额综合单价》,计算综合单价。其中管理费费率 19%,利润率为13%，不考虑风险因素。

其清单项目工程内容，包括1∶2水泥砂浆20 mm厚；SBS改性沥青防水卷材热熔法（满铺）一层。

根据安徽省消耗量定额及市场行情确定各分项人工、材料、机械单价如表3-33所示。

表3-33　屋面卷材防水

定额编号		A7－27	B1－18
定额名称		SBS改性沥青防水卷材热熔法（满铺）一层	1∶2水泥砂浆20 mm厚
计量单位		m^2	100 m^2
其中	人工费（元）	2.20	241.80
	材料费（元）	26.63	490.97
	机械费（元）	0	8.50

解：根据题意，套用定额编号A7－27、B1－18，计算过程如下：

SBS改性沥青防水卷材：

管理费＝（2.20＋0）×19%＝0.42（元）

利润＝（2.20＋0）×13%＝0.29（元）

小计＝人工费＋材料费＋机械费＋管理费＋利润

＝2.20＋26.63＋0＋0.42＋0.29＝29.54（元）

1∶2水泥砂浆20 mm厚：

管理费＝（241.80＋8.50）×19%＝47.56（元）

利润＝（241.80＋8.50）×13%＝32.54（元）

小计＝人工费＋材料费＋机械费＋管理费＋利润

＝241.80＋490.97＋8.50＋47.56＋32.54＝821.37（元）

分部分项工程工程量清单综合单价计算表见表3-34。

表3-34　分部分项工程工程量清单综合单价计算表（四）

工程名称：某建筑工程　　计量单位：m^2

项目编号：010702001001　　工程数量：150.24

项目名称：屋面卷材防水及找平层　　综合单价：37.74 元/m^2

序号	定额编号	工程内容	单位	数量	人工费	材料费	机械费	管理费	利润	风险	小计
1	A7－27	SBS改性沥青防水卷材热熔法（满铺）一层	m^2	150.24	2.20	26.63	0	0.42	0.29		29.54
2	B1－18	1∶2水泥砂浆20 mm厚	100 m^2	1.50	241.80	490.97	8.50	47.56	32.54		821.37
		合计	元								37.74

分部分项工程工程量清单项目综合单价

＝∑（清单项目所含分项工程内容的综合单价×其工程量）÷清单项目工程量

$=(29.54\times150.24+821.37\times1.50)\div150.24=37.74$(元/$m^2$)

分部分项工程工程量清单综合单价分析表见表 3-35。

表 3-35　分部分项工程工程量清单综合单价分析表(四)

工程名称:某建筑工程　　　　计量单位: m^2

项目编号: 010702001001　　　　工程数量: 150.24

项目名称: 屋面卷材防水及找平层　　　　综合单价: 37.74 元/m^2

序号	项目编码	项目名称	项目特征及工程内容	单位	综合单价组成(元/m^2)						
					人工费	材料费	机械费	管理费	利润	风险	综合单价
1	010702001001	屋面卷材防水及找平层	小计	m^2	4.61	31.53	0.08	0.90	0.62		37.74
			SBS 改性沥青防水卷材热熔法(满铺)一层	m^2	2.20	26.63	0	0.42	0.29		
			1:2水泥砂浆 20 mm 厚	100 m^2	2.41	4.90	0.08	0.47	0.32		

4)重新计算工程量复合组价

【例 3-14】　计算某建筑楼地面工程的综合单价。要求列出计算过程,将计算结果填入分部分项工程工程量清单综合单价分析表中。(管理费费率为6.9%,利润率为5.4%,计算结果保留2位小数)

(1)经业主根据施工图计算:水泥砂浆楼地面工程,工程数量为66.54 m^2。

(2)经投标人根据地质资料和施工方案计算:

①水泥砂浆地面 66.54 m^2

②水泥砂浆踢脚线 33 m

③混凝土基础垫层 6.654 m^3

(3)根据安徽省消耗量定额及市场行情确定各分项人工、材料、机械单价如表 3-36 所示。

表 3-36　水泥砂浆楼地面

定额编号		A2－273	B1－1	B1－141
项目		基础垫层	水泥砂浆楼地面	水泥砂浆踢脚线
单位		m^3	100 m^2	100 m^2
其中	人工费(元)	42.44	318.37	1 033.54
	材料费(元)	162.41	502.41	392.41
	机械费(元)	4.89	20.96	20.35

解:根据题意,套用定额编号 A2－273、B1－1、B1－141,计算过程如下:

水泥砂浆踢脚线的面积 $=22\times0.15=3.3(m^2)$

管理费 =(人工费+机械费)×6.9%

利润 =(人工费+机械费)×5.4%

分部分项工程工程量清单综合单价计算表见表3-37。

表3-37　分部分项工程工程量清单综合单价计算表(五)

工程名称:某装饰工程　　计量单位：m^2

项目编号：020101001001　　工程数量：66.54

项目名称：水泥砂浆楼地面　　综合单价：31.17 元/m^2

序号	定额编号	工程内容	单位	数量	人工费	材料费	机械费	管理费	利润	风险	小计
1	A2-273	混凝土 无筋 现浇	m^3	6.654 0	42.44	162.41	4.89	3.27	2.56		215.57
2	B1-1	水泥砂浆楼地面 20 mm 厚	100 m	0.665 4	318.37	502.41	20.96	23.41	18.32		883.47
3	B1-141	水泥砂浆踢脚线	100 m^2	0.033 0	1 033.54	392.41	20.35	72.72	56.91		1 575.93

综合单价 $=(6.654\ m^3 \times 215.57$ 元/$m^3 + 0.665\ 4 \times 883.47$ 元/$m^2 + 0.033\ m^2 \times 1\ 575.93$元/$m^2)/66.54\ m^2 = 31.17$(元/$m^2$)

分部分项工程工程量清单综合单价分析表见表3-38。

表3-38　分部分项工程工程量清单综合单价分析表(五)

工程名称:某装饰工程　　计量单位：m^2

项目编号：020101001001　　工程数量：66.54

项目名称：水泥砂浆楼地面　　综合单价：31.17(元/m^2)

序号	项目编码	项目名称	项目特征及工程内容	单位	综合单价组成(元/m^2)						
					人工费	材料费	机械费	管理费	利润	风险	综合单价
1	020101001001	水泥砂浆楼地面	小计		7.94	21.46	0.71	0.60	0.47		31.17
			混凝土 无筋 现浇	m^3	4.24	16.24	0.49	0.33	0.26		21.56
			水泥砂浆 楼地面 20 mm 厚	100 m^2	3.18	5.02	0.21	0.23	0.18		8.83

【自测及相关实训】

(1)某工程坑底面积为矩形,尺寸为32 m×16 m,深为2.8 m(见图3-15),地下水位距自然地面为2 m,土为坚土,试计算人工挖土方的工程量。

(2)如图3-16所示,底宽1.2 m,挖深1.5 m,土质为三类土,人工挖地槽两侧边坡各放宽多少?

(3)某工程实心砖墙工程量清单示例如表3-39所示。按照表3-39提供的实心砖墙工程量清单,计算实心砖墙清单项目的综合单价(企业管理费费率取20%,利润率取9%)。

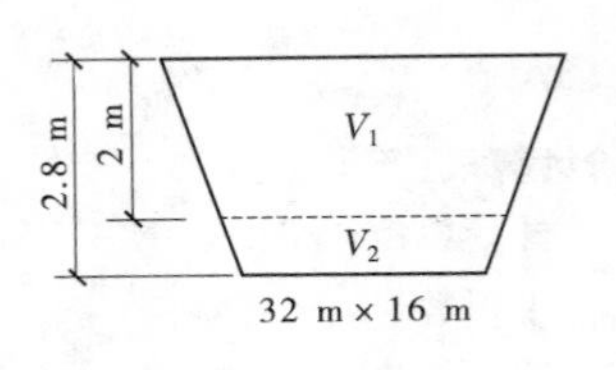

图 3-15

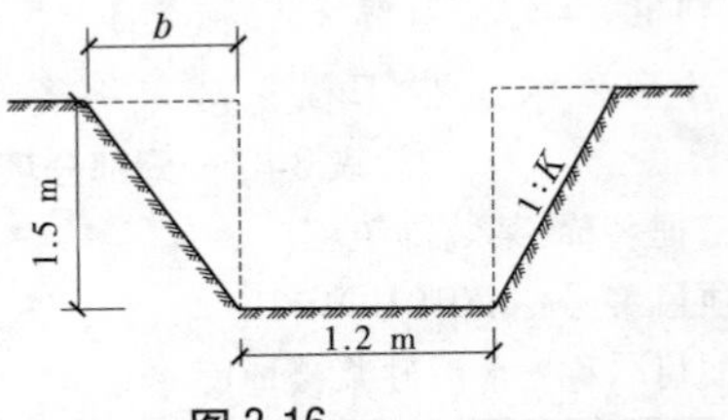

图 3-16

表 3-39　砌筑工程工程量清单

序号	项目编码	项目名称	计量单位	工程数量
1	010302001001	实心砖外墙：Mu10 水泥实心砖，墙厚一砖，M5.0 混合砂浆砌筑	m^3	120
2	010302001002	实心砖窗下外墙：Mu10 水泥实心砖，墙厚 3/4 砖，M5.0 混合砂浆砌筑；外侧 1∶2水泥砂浆加浆勾缝	m^3	8.1
3	010302001003	实心砖内隔墙：Mu10 水泥实心砖，墙厚 3/4 砖，M5.0 混合砂浆砌筑（墙顶现浇楼板长 24.6 m，板厚 0.12 m）	m^3	60

因窗下墙单独采用加浆勾缝，砌体计价组合内容与内隔墙不同，故单独列项。

①M5.0 混合砂浆砌筑 Mu10 水泥实心砖一砖厚外墙。

套用《安徽省建筑工程消耗量定额综合单价》A3 －9 子目：人工费 47.06 元/m^3，材料费 172.55 元/m^3，机械费 2.34 元/m^3。

②M5.0 混合砂浆砌筑 Mu10 水泥实心砖 3/4 砖厚内隔墙。

套用《安徽省建筑工程消耗量定额综合单价》A3 －8 子目：人工费 58.28 元/m^3，材料费 170.05 元/m^3，机械费 2.22 元/m^3。

（4）如图 3-17 所示构造柱，总高为 24 m，16 根，混凝土为 C25，计算构造柱现浇混凝土工程量，并确定其综合单价（企业管理费费率取 20%，利润率取 9%）。

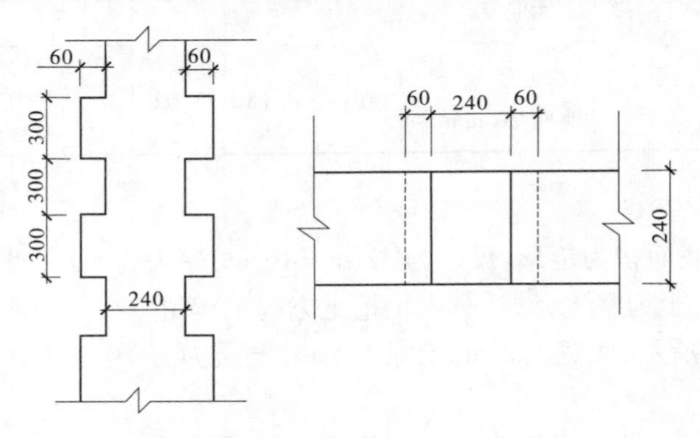

图 3-17

查《安徽省建筑工程消耗量定额综合单价》A4 －15 子目：人工费 73.73 元/m^3，材料费370元/m^3,机械费7.77元/m^3。

任务3.3　措施项目投标报价计算

【任务介绍】　多层框架结构办公楼措施项目的投标报价的计算。

根据某办公楼的土建施工图和施工组织方案,完成本工程措施项目的报价任务。

【任务解析】

1. 研究该房屋建筑与装饰工程的招标文件,熟悉所附的工程量清单和施工图纸。
2. 依据本工程的施工组织方案,列出本工程的清单措施项目。
3. 根据每一项措施项目的计价要求计算其费用。
4. 汇总措施项目费。

【知识目标】

根据施工方案列出措施项目并计算其费用。

【能力目标】

措施项目投标报价的计算方式分为两种:单价措施项目和总价措施项目。其中单价措施项目投标报价的计算步骤与分部分项工程清单项目投标报价计算步骤相同。

1. 掌握措施项目的计价方式。
2. 掌握单价措施项目的费用计算。
3. 掌握总价措施项目的费用计算。

【相关知识】

3.3.1　措施项目清单计价流程

措施项目费是指不直接形成工程主体,而有助于工程实体形成的各项费用,包括发生于该工程施工前和施工过程中技术、生活、安全等方面的非工程实体项目费用。

施工措施费分为施工技术措施费和施工组织措施费。其中,施工技术措施费按《安徽省建设工程工程量清单计价规范》和《安徽省建设工程消耗量定额》的规定确定,施工组织措施费按《安徽省建设工程清单计价费用定额》规定,结合工程实际情况确定。

工程量清单文件中列出了与本工程有关的各类施工措施项目名称,没有具体的工程量,是招标人根据一般情况提出的,没有考虑不同投标人的“个性”。编制工程标底时按照各专业预算基价和计价办法中的施工措施项目计价规定计算。投标报价时参照各专业预算基价和计价办法中的施工措施项目计价规定计算,也可根据投标人情况自主计算,报价必须附计算说明。

措施项目清单计价流程如图3-18所示。

3.3.2　措施项目清单计价方法

措施项目清单计价有两种方法:

(1)国家计量规范规定予以计量的措施项目,其计算公式为:

$$措施项目费=\sum(措施项目工程量\times综合单价)\tag{3-11}$$

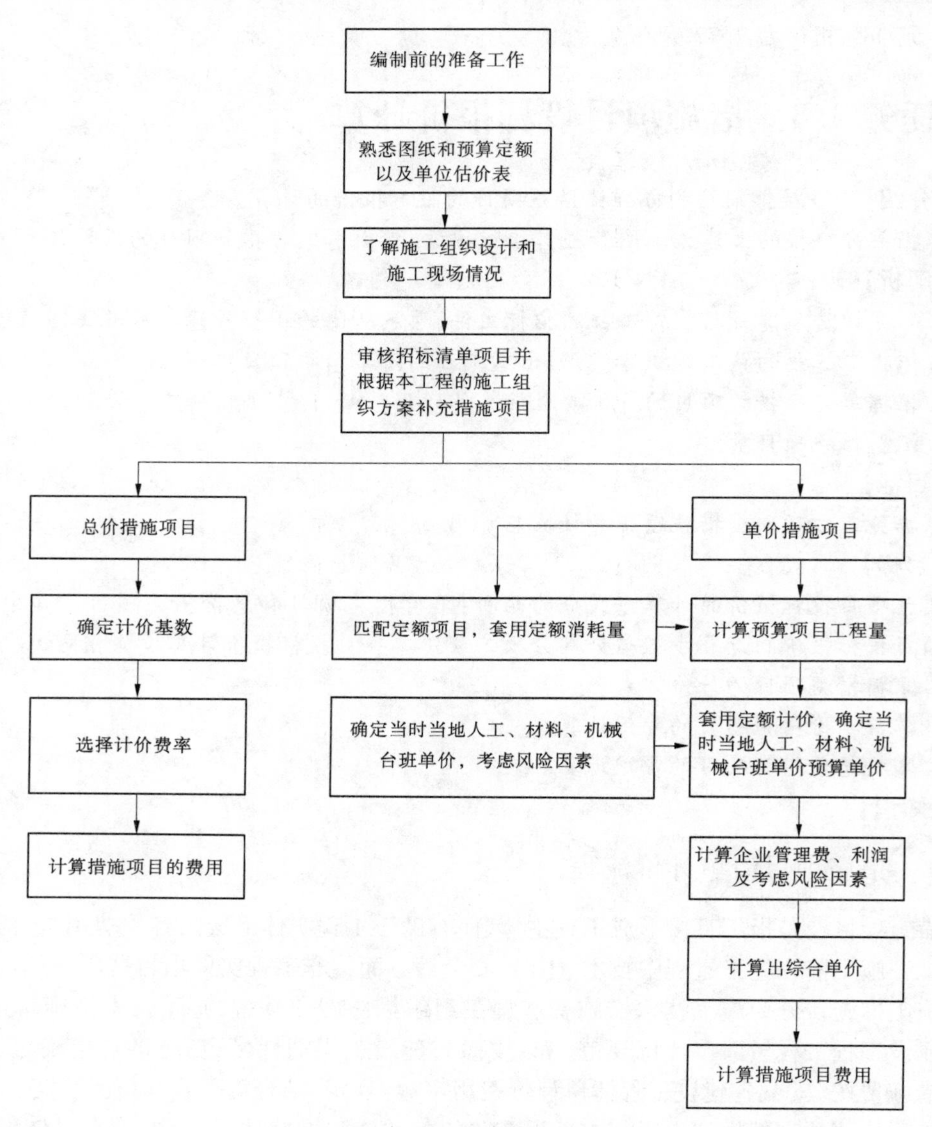

图3-18　措施项目清单计价流程

(2)国家计量规范规定不宜计量的措施项目,其计算方法如下:

$$措施项目费 = \sum(计算基数 \times 相应措施项目费费率) \tag{3-12}$$

3.3.2.1　按综合单价计价的方法

1.综合单价计价

按综合单价计价时一般按下列顺序进行:

(1)根据施工措施项目清单和拟建工程的施工组织设计,确定施工措施项目。

(2)确定该施工措施项目所包含的工程内容。

(3)以现行的建筑和装饰定额规定的工程量计算规则,分别计算该施工措施项目所含每项工程内容的工程量。

(4)按消耗量定额的规定确定每项工程内容的人工、材料、机械的消耗量。

(5)确定工日单价、材料价格、施工机械台班单价，计算每项工程内容人工费、材料费、施工机械使用费。

$$人工费 = 工程量 \times 分项工程每一计量单位的人工费 \tag{3-13}$$

$$材料费 = 工程量 \times 分项工程每一计量单位的材料费 \tag{3-14}$$

$$机械费 = 工程量 \times 分项工程每一计量单位的机械费 \tag{3-15}$$

(6)计算每项工程内容的管理费和利润。

$$管理费 = (人工费 + 机械费) \times 管理费费率 \tag{3-16}$$

$$利润 = (人工费 + 机械费) \times 利润率 \tag{3-17}$$

(7)计算每项工程内容的综合价格，汇总形成该项施工措施费的综合单价(施工措施项目以“项”为单位)。

$$综合价格 = 人工费 + 材料费 + 机械费 + 企业管理费 + 利润 \tag{3-18}$$

$$施工措施费的综合单价 = 汇总每项工程内容的综合价格 \tag{3-19}$$

用此种方法计价的措施项目有:脚手架、现浇混凝土和钢筋混凝土模板及支架、垂直运输、超高增加、大型机械设备进出场及安拆、施工排水和降水等。

2. 单价措施项目工程量计算规则

1)脚手架工程量

脚手架工程量，按以下规定计算:

(1)凡砌筑高度超过1.2 m的砌体，均需计算脚手架。

(2)外脚手架按外墙中心线乘以檐高，以“m^2”计算，不扣除门窗洞口、车辆通道、变形缝等所占面积。突出墙外超过24 cm的墙垛、附墙烟囱，按图示尺寸展开长度乘以高度计算，并入脚手架工程量内。

(3)当同一建筑物高度不同时，按不同高度分别计算，山墙尖部分的高度应折半计算。

(4)砌筑高度在3.6 m以内者，按里脚手架计算;超过3.6 m，按外脚手架计算。砖柱脚手架，按柱断面周长加3.6 m，乘以柱高以“m^2”计算。围墙脚手架按室外自然地坪至围墙顶面的砌筑高度乘以围墙长度，以“m^2”计算。

(5)现浇钢筋混凝土框架柱、梁、板均不计算脚手架。若为安装预制钢筋混凝土板者，其高度超过3.6 m时，以框架部分轴线面积计算脚手架。8 m以内的按满堂脚手架基本层定额乘以系数0.3计算，超过8 m部分按增加层定额乘以系数0.3计算。

(6)室内单独的梁、柱，可计算混凝土梁、柱脚手架，柱按外围尺寸加3.6 m乘以柱的高度，以“m^2”计算;梁按梁的净长度乘以室内地坪至梁顶面高度，以“m^2”计算。高度在3.6 m以上者，按外脚手架定额乘以系数0.3计算。

(7)现浇钢筋混凝土剪力墙脚手架按照砌筑脚手架规则计算。

(8)现浇钢筋混凝土满堂基础及深度(自设计室外地坪下)超过2 m的混凝土独立基础、设备基础，均按搭设的满堂基础脚手架面积，套用满堂脚手架基本层定额乘以系数0.3计算。

(9)外装饰脚手架按设计外墙装饰长度乘以室外地坪至装饰面顶端高度，以“m^2”计

算。不扣除门窗、洞口、车辆通道以及原有装饰面层所占的面积。

(10)当室内天棚抹灰距设计室内地坪3.6 m以上时,应按楼地面中心线面积计算满堂脚手架,不扣除柱、垛所占的面积。当满堂脚手架高度在3.6~5.2 m时,计算基本层;超过5.2 m时,每增加1.2 m,按增加一层计算,不足0.6 m的不计。

(11)当室内柱面、梁面、墙面装饰高度超过3.6 m,不能利用原脚手架时,可计算装饰脚手架。装饰脚手架根据不同高度套用外脚手架相应项目乘以系数0.2。其中:柱面按图示结构外围周长加3.6 m乘以柱的高度,以"m^2"计算。梁面、墙面按梁、墙净长乘以室内地坪至楼板底之间的高度,以"m^2"计算。

(12)斜道,区别不同高度以座计算。

(13)水平防护架,按实际铺设的水平投影面积,以"m^2"计算。

(14)垂直防护架,按自然地坪至最上一层横杆之间的搭设高度,乘以实际搭设长度,以"m^2"计算。

(15)结构用电梯井脚手架按单孔,以"座"计算。

(16)挑脚手架按搭设长度和层数,以"延长米"计算。

(17)悬空脚手架,按装饰面的水平投影面积,以"m^2"计算。

(18)架空运输道脚手架按搭设长度以"延长米"计算,搭设宽度以超过2 m为准。如宽度超过2 m时,应按相应项目乘以系数1.2;超过3 m时,按相应项目乘以系数1.5。

(19)立挂式安全网按挂网部分实挂长度乘以实挂高度,以"m^2"计算。

(20)挑出式安全网按挑出的水平投影面积,以"m^2"计算。

(21)烟囱、水塔脚手架,区别不同的直径和搭设高度,以座计算。采用滑模施工的钢筋混凝土烟囱、筒仓、水塔不计算脚手架。

(22)砌筑储仓脚手架,部分单筒或储仓组均按单筒外边线周长,乘以设计室外地坪到储仓上口的高度,以"m^2"计算。

(23)脚手架应综合利用,如遇特殊构造而影响施工,不可避免发生再次搭拆的,可在施工组织设计中说明,并在搭拆前办妥签证。

2)现浇混凝土及钢筋混凝土模板工程量

现浇混凝土及钢筋混凝土模板工程量,按以下规定计算:

(1)现浇混凝土及钢筋混凝土模板工程量除另有规定者外,均按混凝土与模板的接触面积,以"m^2"计算。

(2)钢筋混凝土墙、板上单孔面积在0.30 m^2以内的孔洞,不予扣除,洞侧壁模板不另增加,但突出墙面、板面的侧壁模板应相应增加。单孔面积在0.30 m^2以外的孔洞,应予扣除,洞侧壁模板面积并入墙、板模板工程量之内计算。

(3)现浇钢筋混凝土框架分别按梁、板、柱、墙有关规定计算,墙上单面附墙柱,并入墙内工程量计算;双面附墙柱,按柱工程量计算。

(4)预制混凝土板间或边补现浇板缝,缝宽在60 mm以上者,模板按平板定额计算。宽度在60 mm以内时不计。

(5)杯形基础杯口高度大于杯口长度时,套高杯基础定额子目。

(6)构造柱外露面应按图示外露部分计算模板面积,留马牙槎的按最宽面计算模板宽度。构造柱与墙接触部分不计算模板面积。

(7)现浇混凝土雨篷、阳台、水平挑板,按图示挑出墙面以外板底尺寸的水平投影面积计算(附在阳台梁上的混凝土线条不计算水平投影面积)。挑出墙外的牛腿梁及板边模板不另计算。封口梁及翻边,按混凝土与模板接触面积并入阳台、雨篷内计算。

(8)钢筋混凝土楼梯包括楼梯段、中间休息平台、平台梁、斜梁及楼梯与楼板连接的梁,按水平投影面积计算。不扣除宽度小于200 mm的梯井,伸入墙内的部分不另增加。

(9)混凝土台阶不包括侧墙,按图示台阶尺寸的水平投影面积计算,台阶端头及两侧不另计模板面积。侧模板按与混凝土的接触面积套圈梁定额。

(10)柱与梁、柱与墙、梁与梁等连接的重叠部分以及伸入墙内的梁头板头,均不计算模板面积。

(11)设备基础螺栓套留孔分不同深度,以“个”计算。

(12)栏板、栏杆按“延长米”计算,栏板、栏杆的斜长按水平投影长度乘以系数1.15计算。

(13)现浇混凝土柱、板、墙和梁的支模高度以净高(底层无地下室者需另加室内外高差)在3.60 m以内为准,超过3.60 m的部分,另按超过部分每增加1 m计算增加支撑工程量。不足0.50 m时不计,超过0.50 m按1 m计算。

(14)支模高度净高是指:

①柱:无地下室层是指设计室外地面至上层板底面,楼层板顶面至上层板底面。

②板:无地下室层是指设计室外地面至上层板底面,楼层板顶面至上层板底面。

③梁:无地下室层是指设计室外地面至梁底面,楼层梁顶面至上层梁底面。

④墙:整板基础板顶面(或反梁顶面)至上层板底面,楼层板顶面至上层板底面。

(15)劲性混凝土柱模板,按现浇柱定额执行。

3)垂直运输工程量

垂直运输工程量,按以下规定计算:

(1)建筑物基础部分垂直运输按设计室内地坪(±0.00)以下的地下室或半地下室建筑面积,以“m^2”计算。

(2)建筑物上部建筑部分垂直运输按室内地坪(±0.00)以上的建筑面积总和,以“m^2”计算。同一建筑物有高低层时,应按不同高度垂直分界面的建筑面积分别计算。

(3)构筑物垂直运输以座计算,超过规定高度,按每增高1 m定额项目计算,高度不足1 m,按1 m计算。

3.3.2.2　按费率计价的方法

按费率计价的方法,是指以计算基数乘以相应的费率计算,此方法计算的施工措施费有安全文明施工费、夜间施工增加费、二次搬运费、冬雨季施工增加费等。

措施项目清单计价合计费用:施工技术措施费应按照综合单价法计算。施工组织措施费,按照《安徽省建设工程清单计价费用定额》规定计算。

【任务实施】

1.单价措施项目费用计算

本工程房屋建筑与装饰工程的单价措施项目如表3-40所示,其计算步骤同分部分项

工程费的计算步骤。单价措施项目计价步骤简化为：

(1)计算工程量。

(2)套用定额，计算措施项目的综合单价。

(3)计算措施项目的合价。

表 3-40 本工程单价措施项目表

序号	项目编码	项目名称	项目特征	计量单位	工程量
1	011701001001	脚手架使用费			
2	011702	现浇混凝土模板及支架			
2.1	011702001001	基础			
2.2	011702002001	矩形柱			
2.3	011702009001	过梁			
2.4	011702014001	有梁板			
2.5	011702024001	楼梯			
3	011713001001	垂直运输			
…					

2. 总价措施项目费用的计算

本工程房屋建筑与装饰工程的总价措施项目包括安全文明施工费，其计算步骤如下：

(1)根据分部分项工程清单项目和单价措施项目的综合单价，分析各清单项目的人工费合计、材料费合计、机械费合计汇总，获得房屋建筑与装饰工程的人工费、材料费和机械费总值。

(2)依据《安徽省建设工程清单计价费用定额》，确定安全文明施工费的费率，费率如表 3-41 所示。

表 3-41 安全文明施工费费率表

定额编号	项目名称	计算基数	费率(%)
A1 - 1	环境保护费	人工费 + 机械费	0.4 ~ 1.0
A1 - 2	文明施工费		
A1 - 2.1	非市区工程	人工费 + 机械费	3.2 ~ 4.0
A1 - 2.2	市区工程	人工费 + 机械费	4.0 ~ 6.0
A1 - 3	安全施工费	人工费 + 机械费	3.0 ~ 5.0
A1 - 4	临时设施费	人工费 + 机械费	4.8 ~ 9.2

3. 措施项目费用汇总

单价措施项目和总价措施项目的费用汇总，即为房屋建筑与装饰工程的措施项目投标报价。

【自测及相关实训】

根据清单规范和配套的办公楼图纸要求，将表3-42措施项目计价表填写完整。

表3-42　措施项目计价表

序号	项目编码	项目名称	项目特征	计量单位	工程量	综合单价
1	011702002001	现浇混凝土矩形柱模板及支架	矩形柱组合钢模板	m^2		
2	011713001001	垂直运输	1.矩形平面，框架结构 2.檐口高度11.85 m，建筑物最高处为4层	m^2		

参考文献

[1] 闫俊爱,张素姣. 建筑工程概预算[M]. 北京:化学工业出版社,2015.
[2] 高红孝,边玉超. 工程量清单计价[M]. 北京:北京出版集团,2014.
[3] 何俊,何军建. 房屋建筑与装饰工程计量与计价[M]. 北京:中国电力出版社,2016.
[4] 满广生,何芳. 建筑工程计量与计价[M]. 合肥:中国科学技术大学出版社,2013.
[5] 包永刚,赵淑萍. 房屋建筑与装饰工程计量与计价[M]. 郑州:黄河水利出版社,2015.
[6] 王朝霞. 建筑工程计量与计价[M]. 3 版. 北京:机械工业出版社,2015.
[7] 徐秀维. 建筑工程计量与计价[M]. 北京:机械工业出版社,2011.
[8] 中华人民共和国住房和城乡建设部,中华人民共和国质量监督检验检疫总局. GB 50500—2013. 建设工程工程量清单计价规范[S]. 北京:中国计划出版社,2013.
[9] 中华人民共和国住房和城乡建设部. GB 50854—2013 房屋建筑与装饰工程工程量计算规范[S]. 北京:中国计划出版社,2013.
[10] 中华人民共和国住房和城乡建设部. GB 50353—2013 建筑工程建筑面积计算规范[S]. 北京:中国计划出版社,2013.
[11] 安徽省工程建设标准定额总站. DBJ 34/T—206—2005 安徽省建设工程工程量清单计价规范[S]. 北京:中国计划出版社,2005.
[12] 安徽省工程建设标准定额总站. 安徽省建筑工程消耗量定额[S]. 北京:中国计划出版社,2005.
[13] 柯洪. 建设工程计价[M]. 北京:中国计划出版社,2017.